실전

협동조합
교육론

실전

협동조합
교육론

전성군 · 송춘호 · 장동헌 공저

한국학술정보

서문

　지금 우리 사회가 추구하는 상생의 가치 구현에는 협동조합이 최선이라고 본다. 협동조합은 지역사회, 환경, 고객, 조합간 상생을 그 원칙으로 명시하고 있기 때문이다. 협동조합은 친환경 제품을 생산해 판매하며, 이익을 지역사회에 환원하고, 소규모 인원과 자본으로 설립이 가능해 일자리 나누기가 상대적으로 유리하다.

　최근 이런 협동조합에 대한 기대와 관심이 뜨겁다. 우리나라에는 2010년 기준 1만2천607개의 협동조합이 있다. 그중에서 농업협동조합은 세계 4대 협동조합에 선정될 정도로 그 규모나 위상이 제일 크다.

　그런데 성공한 농업협동조합에는 몇 가지 공통점이 있다. 국가와 지역 및 업종을 불문하고 반드시 정신적 지도자의 교육 철학과 반세기에 걸친 지속적인 협동과 연대 그리고 지속적인 교육을 통해 발전의 기틀을 쌓아왔다는 점이다.

　협동조합원칙은 1937년 국제협동조합연맹(ICA)가 처음으로 채택한 이후 두 번 개정이 됐다. 이어 ICA가 1995년 협동조합의 정체성과 선언과 7대원칙을 발표했다.

　제1원칙은 자발적이고 개방된 조합원 제도, 제2원칙은 조합원에 의한 민주적 관리, 제3원칙은 조합원의 경제적 참여, 제4원칙은 자율과 독립, 제5원칙은 교육·훈련 및 정보제공, 제6원칙은 협동조합 간 협동, 제7원칙은 지역사회에 대한 기여 등이다.

　이중에 제5원칙은 교육·훈련 및 정보제공이다. 협동조합발전에 효과적으로 기여하도록 교육과 훈련을 해야 한다는 것으로 특히 젊은 세대와 여론 지도층에 협동의 본질과 장점에 대한 정보를 제공해야 한다는 뜻이다.

　미국 농무부는 21세기 농협의 전망에서 협동조합의 성공전략 구상은 두 가지 주제가 중심을 이루고 있다고 했다.

　첫째는 협동조합의 구성원에 대한 투자확대가 필요하다는 것이다. 조합원과 이사, 경영진과 직원은 21세기의 과제를 해결하기 위해 필요한 교육과 훈련을 받아야 한다는 것이다.

둘째는 실용주의와 수익성에 강조점을 두어야 한다는 것이다. 협동조합은 사업체이며 미래에도 사업에 관한 문제를 해결하고 조합원에게 가치를 제공하는데 초점을 모아야 한다고 했다. 그렇지 않으면 조합원들이 조합을 이용하지 않고 빠져나갈 것이다라고 하고 일곱 가지 사항을 권고했다. 그 내용은 변화의 수용, 경쟁력 있는 이사 확보, 자기자본 토대 구축, 교육 강화, 조직효율화, 농정활동 강화, 협동조합의 정체성 유지이다.

농업협동조합은 지역주민의 참여와 협동이 전제되어질 때 비로소 지역경제에 뿌리를 내리고 지속적인 발전에 기여할 수 있다. 이에 선진농업 협동조합들은 조합원과 직원대상 교육기회를 확대하는 추세이다. 즉, 지속적인 교육환경 조성 및 교육 확대만이 협동조합간의 연대를 이끌 수 있는 토대를 구축하는 길이 되기 때문이다.

'협동조합교육론'은 농업협동조합교육 관련자로서의 준비와 역할수행을 위해 협동조합교육의 시스템적 흐름을 파악하고, 적절한 학습내용의 전정과 조직, 효율적인 교수－학습방법을 익히도록 하는데 목적을 두고 있다.

1부에서는 우리나라 협동조합의 대표격인 농업협동조합 교육의 프로세스를 이해하는데 초점을 맞추었고, 2부에서는 농업협동조합 교육프로세스에 적합한 역할을 수행하기 위해 교수자가 갖추어야 할 자질과 교수법 능력을 배양할 수 있는 방안을 제시하고자 했다.

아무쪼록 이 교과목이 협동조합교육의 이론과 실제를 통합한 과목으로 협동조합교육을 담당하는 모든 분들에게 필수과목이면서 또 협동조합교육 지도의 지침서가 될 수 있기를 기대해 본다.

저자 일동

C · o · n · t · e · n · t · s

02 CHAPTER

협동조합교육 강의전략

CHAPTER 01

협동조합교육의
이해

제1절 협동조합교육의 역사

1. 농업교육의 환경변화

우리나라는 해방 후 농촌실행협동조합[1]과 구농협[2] 시절을 거쳐 종합농협이 탄생

---

[1] 해방 후 농림부는 농협법의 제정이 늦어지자 농업인 스스로 자조적 협동조직을 만들도록 추진하였다. 농림부는 1952년 부터 전국의 읍면 단위에서 한 사람씩의 지도요원을 선발하여 농협이론 및 영농기술에 관한 교육을 실시한 후 이들이 자기 고장으로 돌아가 자연발생적인 협동조합운동을 전개하도록 하였고 이렇게 해서 설립된 것이 농촌실행협동조합이 다. 농촌실행협동조합은 공동구판장의 설치와 운영을 담당하였고 일부 농산물의 일용품과의 물물교환 등을 실시하였다. 농촌실행협동조합은 1955년을 전후하여 이동조합(里洞組合)이 13만 628개, 시군조합(市郡組合)이 146개에 이를 정도로 세력이 커졌으나 1957년 농협법이 제정되면서 이들 조합은 합법적인 협동조합으로 인정받지 못하고 모두 해산되었다.

[2] 해방 후 협동조합의 조직화를 위한 논의 과정에서 그 설립이 자생적이어야 하는 가 아니면 협동조합법의 입법을 전제 로 한 법적 조직이어야 하는가가 주요한 쟁점이 되어 왔다. 그래서 이러한 논쟁은 결국 우리나라의 정치·사회적 여건 에 따라 협동조합법안의 제정을 주장하는 쪽으로 대세가 결정되었다. 1955년을 기점으로 나누어 설명하면 1948년 8월 정부 수립 후 수년간에 걸쳐 농림부, 기획처, 재무부 등이 경쟁적으로 농업협동조합의 입법화를 추진하였으나, 그때마 다 부처간의 의견 대립만 발생할 뿐 입법화에는 성공하지 못하였다. 1955년 8월에는 주한경제조정관실(OEC)의 초청으 로 존슨(E.C. Johnson)박사가 내한하여 1개 월간의 조사를 마친 후 '한국농업신용의 발전을 위한 건의'라는 제목의 보 고서를 작성·제출하였다. 이상의 건의 내용에 대해 또다시 논란이 거듭되다가 우리나라의 농촌경제여건에 비추어 볼 때 농업은행과 농업조합의 유기적 연결이 힘들 것이라는 의견이 지배적이어서 결국 존슨안은 채택되지 못하였다. 1956 년 2월 협동조합 전문가이며 일본의 농협법 입안에도 참여했던 미국의 쿠퍼(J. Cooper)가 내한, 존슨안을 재검토하여 '한국의 협동조합금융법에 관한 건의안'을 제출하였다. 쿠퍼의 건의안은 농업조합, 농업신용조합, 농업은행으로 조직의 골격을 짜는 것으로 되어 있는데, 기존의 금융조합 조직을 활용한다는 점에 있어서는 존슨안과 유사하였으나 조직구성 이나 농업자금 공급 등에서 차이가 있었다. 존슨안과의 차이점을 설명하면 금융조합은 신용조합으로 개편하고 금융조 합연합회는 농업은행으로 개편한다. 농업조합은 부락조합, 농업조합과 특수조합, 시군농업연합회, 중앙회의 4단계로 새 로 조직한다. 부락조합, 농업조합, 특수조합은 신용업무를 포함한 종합농협으로 하고, 시군연합회와 중앙회는 신용업무 를 제외한 사업만을 행한다. 신용조합은 농업조합, 특수조합 및 부락조합에 대하여 농업자금을 공급한다. 농업은행은 원칙적으로 신용조합에 대하여 대출한다는 것이다. 쿠퍼안이 제출되면서 농협법의 입법활동이 다시 활발해지기 시작했 다. 먼저 농림부에서는 쿠퍼안을 토대로 '농업협동조합법안'을 기초하였고, 재무부 또한 쿠퍼안을 기초로 '농업은행법 안'과 '신용조합법안'을 별도로 작성하였으나 이들 3개 법안은 국무회의에서 합의점을 찾지 못해 심의가 지연되었다. 그러다가 1956년 3월 이승만 대통령이 농업자금의 공급을 원활하게 한다는 명목 아래 국회의 동의가 없더라도 설립이 가능한 농업은행을 조속한 시일 내에 발족시키라는 지시를 하자 농업은행의 설립문제는 급진전되어 새로운 양상을 띠 게 되었다. 이에 따라 1956년 5월 '한국은행법' 및 '일반은행법'에 의한 주식회사농업은행이 그동안 심의되어 온 정부 안과는 별도로 국회의 심의를 거치지 않고 설립되기에 이르렀다. 정부는 1956년 3월 '은행법'에 의거, 주식회사 농업은 행을 설립할 것을 결정하고 '농업은행설립요강'을 제정하여 1956년 5월 1일을 기해 금융조합과 동 연합회를 모체로 하

하던 1961년 8월 15일은 우리나라가 1945년 일제로부터 해방된 지 16년째 되는 광복절 기념일이다. 우리나라가 최초 민주주의를 도입·시행·착오를 반복하던 혼란스런 사회분위기 속에서 5.16 혁명으로 박정희 정권이 수립된 지 꼭 3개월 째 되는 시기였다. 박정희 정권은 곧바로 경제개발 5개년 계획을 착수하여 몇 차례에 걸쳐 성공적으로 추진한 결과 국민경제는 괄목할만한 성장을 이룩하였으나 성장위주의 공업정책으로 인해 그간 우리 경제의 근간이었던 농업부문은 상대적으로 위축될 수 밖에 없었다. 이러한 농업 소외현상은 5·6공화국을 거쳐 문민정부, 국민의 정부가 들어선 후에도 계속되어 농업인구는 1967년 16백만명을 정점으로 하여 2002년에는 3,591천명으로 무려 4.5배가 감소했으며, GNP 중 농림어업 비중은 1962년 36.6%에서 2002년에는 4%로 급감하는 등 농촌공동화 현상이 갈수록 심화되고 있다.

제2차 세계대전 후 50여년간 우리나라처럼 급격하고 빠른 환경변화를 겪은 나라는 세계역사상 그 유례를 찾아볼 수 없었다고 하는데 한국의 협동조합 역시 그만큼이나 격동의 세월 속에 태어난 역사적 산물이라고 볼 수 있다.

전통적으로 우리나라 농촌지역에는 두레와 향약 등 상부상조와 협동관행이 깊숙이 뿌리내리고 있었으나 근대적 의미의 농협운동의 시작은 종합농협 탄생3) 이후로

는 주식회사 농업은행을 설립하였다. 주식회사 농업은행은 본점 1개소, 도지부 및 군지점 162개소, 출장소 551개소로 운영되었으며 금융조합과 금융조합연합회 의 재산과 업무를 그대로 인수하였다. 주식회사 농업은행은 금융조합과 동 연합회를 모체로 하여 그 업무가 농업금융에 국한된 것을 제외하면 일반은행과 별 차이가 없었다. 많은 문제점을 갖고 있었다. 주식회사 농업은행은 특별법에 의하지 않았기 때문에 자기자본의 부족을 비롯해서 '은행법'과 '한국은행법'의 제약으로 기한 1년 이상의 중장기자금의 차입과 대출에 제약을 받았으며 주식회사 조직이었기 때문에 이윤 확보와 경영안정화의 원칙상 농업인을 위한 대출 금리의 인하, 무담보 신용대출, 융자조건의 완화 등과 같은 시책을 수행할 수 없었다. 이에 따라 1957년에 다시 국회 등에서 농업은행 문제가 제기되었다. 그런데 국회에서 농협의 신용사업 취급은 시기상조이므로 별도의 농업금융기관이 설립되어야 한다는 재경위 안이 채택되어 '농업협동조합법'과는 별도로 '농업은행법'이 1957년 2월 2일에 국회를 통과하게 된 것이다. 그러나 '농업은행법'은 통과 후에도 몇 가지 시행상의 문제점으로 인해 실시가 보류되어 오다가 1958년 문제조항을 수정한 '농업은행법' 개정안이 다시 국회를 통과한 후 1958년 4월 1일을 기해 정식으로 발족하게 되었다. 수정된 내용을 살펴보면 출자자에서 정부를 삭제하였고, 시군지점에 융자위원회(지점장, 군수, 시군조합장, 조합에서 선출한 4인 등 총 7명으로 구성) 설치 조항을 삭제했다. 이에 따라 오랫동안 논의되어 오던 농협의 신용사업은 이를 분리·운영하는 것으로 귀결되었다. 특별법에 의한 농업은행은 주식회사 농업은행을 모체로 하여 발족하였고, 총회와 운영위원회를 설치하였다. 총회는 정관의 변경, 일부 운영위원의 선출, 감사의 선임, 결산승인, 기타 중요사항의 건의 등을 의결사항으로 하고 운영위원회는 은행의 업무·운영·관리에 관한 기본방침을 수립하고 이를 지시·감독하는 최고의결기관으로서 재무부장관, 농림부장관, 한국은행총재, 농업은행총재, 농업협동조합중앙회장, 그리고 총회에서 선출된 4인의 위원으로 구성되어 있다. 또한 농업은행은 법에 의하여 총재, 부총재, 5인 이내의 이사, 감사 1인을 두었다. 총재는 운영위원회의 추천에 의하여 대통령이 임명하고, 부총재와 이사는 운영위원회의 의결을 얻어 총재가 임명하였으며, 감사는 총회에서 선출하되 초대감사는 총회에서 감사를 선출할 때까지 운영위원회에서 선출하도록 하였다. 농업은행은 농업금융을 중심으로 한 포괄적인 신용업무를 대상으로 하였으나 농업자금의 차입은 농업은행만이 할 수 있도록 하였다. 이처럼 농업은행은 정책금융기관의 성격을 가지면서도 경영은 기업적인 독립채산 원칙에 의하도록 하여 정부의 출자나 정부로부터의 손실보전제도 등이 전혀 고려되지 않는 등 여러 가지 문제점을 내포하고 있었다. 주식회사 농업은행의 설립으로 '농업협동조합법'제정 문제는 잠시 정체상태에 빠졌다가 1956년 말부터 국회에서 다시 논의되기 시작했다. 국회 농림위에서는 신용사업을 겸영하도록 하는 '농업협동조합법안'을 국회에 상정하였으나 재경위에서 이를 수정하여 이동조합은 신용업무중 여신업무만 취급하는 종합농협으로 하되 시군농협과 기타 원예·축산계 특수조합은 경제사업만을 행하도록 하는 '농업협동조합법안'을 다시 상정하여 다음 해인 1957년 2월 1일 마침내 국회를 통과하였다.

보아야 할 것이다. 정부의 농업근대화 정책의 효율적 수행을 위해 하향식으로 설립된 농협은 사업기반을 다져 나가는 한편 농가소득증대와 농업인조합원의 권익보호를 위한 농협체질개선운동을 1964년부터 전개하게 된다. 그 내용을 보면 자조, 자립, 봉사를 이념으로 하여 농업생산력을 증진하고 농업인의 경제적, 사회적 지위향상을 도모하며 이를 위한 농정활동을 전개하는 지도이념의 정립운동, 농협은 농업인의 것

3) 통합 이전 농촌조직이 농업은행과 농업협동조합(구농협)으로 이원화되어, 농업인을 위한 경제사업은 농업협동조합에서, 신용사업은 농업은행에서 분담하였다. 다 같이 농업생산력의 증진과 농업인의 경제적·사회적 지위 향상을 도모함으로써 국민경제의 균형 있는 발전을 기한다는 설립목적 아래 출범한 양 기구는 실제 운영 면에서 많은 문제점을 드러내게 되었다. 농업인과 농협 및 중앙회, 농업단체에 대한 융자업무를 담당키로 한 농업은행은 농업신용제도를 확립하여 농협의 발전에 기여케 한다는 당초의 설립목적과는 달리 대부분의 자금을 농업인에게 직접 융자하고 농협에 대해서는 경영여건 불비 등 수용태세의 미비를 이유로 적극적인 자금지원을 꺼렸다. 경제사업을 담당하고 있던 농업협동조합은 전국에 걸쳐 방대한 조직망을 갖추고 출발하였으나 조직기반이 취약하였고 정치적인 영향마저 받고 있어서 그 역할을 다하지 못하였다. 더구나 신용사업의 제약으로 자체 자금조달 능력이 부족한데도 정부나 농업은행으로부터 자금지원을 제대로 받지 못하게 되자 사업활동이 극히 부진할 수밖에 없었으며 이에 따라 경영면에서도 고전을 면치 못하였다. 두 기관이 똑같이 농업인의 경제적·사회적 지위를 향상시킨다는 공동목적 아래 출범하였으면서도 실제 운영과정에서는 서로 유기적인 협조가 이루어지지 않았던 이유는 신용사업과 경제사업에 대한 정책당국의 이해와 판단이 부족했기 때문이다. 즉 농업인을 대상으로 한 경제사업과 신용사업이 본질적으로 불가분의 관계에 있었음에도 불구하고 실제로는 담당기관이 분리되었고 또한 그 운영상의 특징에 있어서도 현격한 차이가 있었기 때문에 상호유기적인 연계가 이루어지지 못하였던 것이다. 결국 농업신용제도의 확립을 통해 농업협동조합의 발전과 농촌경제의 진흥을 도모한다는 당초 정부의 의도는 소기의 성과를 거두지 못하게 되었고 이에 따라 농업은행과 농협의 이원화문제는 재검토되어야 한다는 논의가 강력히 대두되기 시작하였다. 농업은행과 농업협동조합의 통합과정을 살펴보면 1960년 4·19혁명이 일어나면서 민주당 정권이 들어서자 농업협동조합(구농협)과 농업은행을 통합·개편하는 문제가 공식적으로 논의되기 시작하였고 1960년 6월에 농림시책자문위원회에서는 '농업협동조합법'과 '농업은행법'의 개정 문제를 검토하기 위한 소위원회를 구성하기로 결정하였다. 이후 1961년 1월에 민주당 정책위원회에서 농업은행을 개편하여 농업협동조합중앙금고를 설치한다는 방침을 세우고 농림부에서 개편작업에 착수하였다. 그러나 이 작업은 농업은행과 재무부의 강력한 반대에 부딪쳐 진전을 보지 못하였다. 그러다가 5·16혁명이 일어나자 농업협동조합(구농협)과 농업은행의 통합문제는 급속한 진전을 보게 되었고 중농정책을 표방한 군사정부는 1961년 5월 31일에 발표한 혁명정부 기본경제정책에서 "협동조합을 재편성하여 농촌경제를 향상시킨다"는 방침을 천명하였다. 이어 1961년 6월 16일에 국가재건최고회의는 농업협동조합(구농협)과 농업은행 두 기구의 통합을 의결하고, 6월 16일에는 의장명의로 농림부장관에게 통합처리 방안을 지시함에 따라 통합처리위원회가 구성되었다. 통합처리위원회는 농림부장관을 위원장으로 하고 재무부차관을 부위원장으로 하여 구농협, 농업은행, 한국은행 및 학계 등에서 위촉된 12명으로 구성되었다. 통합처리위원회는 8차례의 회의를 거듭한 후 새로운 농업협동조합안을 작성하여 7월 3일 국가재건최고회의에 제출하였으며, 1961년 7월 29일에 기존의 '농업협동조합법'과 '농업은행법'이 폐기되고 새로운 '농업협동조합법'이 법률 제670호로 공포되었다. 새로운 '농업협동조합법'이 공포되면서 많은 변화가 있었다. 우선 농업협동조합·농업은행통합 준비위원회가 설립되었다. 1961년 8월 4일에는 초대 농협중앙회장과 2인의 감사, 5인의 운영위원이 임명되었고 8월 7일에는 농협중앙회 제1차 운영위원회를 개최하여 부회장 2인, 이사 5인을 임명하고 중앙회 정관을 원안대로 가결하는 한편, 직제와 간부직원의 임명을 승인하였다. 그리고 8월 11일에는 '농협중앙회정관'에 대한 농림부장관의 승인을 얻었고 조직을 정비하여 중앙회에 총무부, 조사부, 계리부, 관리부, 지도부, 감사부, 구매부, 판매부, 금융부, 영업부의 10개 부와 문서과를 비롯한 20개 과를 두는 외에 8개소의 도지부를 설치하였다. 또한 140개소의 군조합, 383개소의 군조합 지소, 101개소의 특수조합, 2만 1,042개소의 이동조합에 대한 조직을 완료함으로써 3단계 계통조직을 갖추고 8월 15일에 새로운 출발을 하였다. 종합농협이 발족하면서 중소기업금융 전담기구로 중소기업은행이 농업은행에서 분리되어 설립되었다. 중소기업은행의 분리는 1957년 2월 2일 국회의 '농업은행법' 통과 시에 전국 10개 도시에 산재하고 있는 농업은행의 도시점포는 '농업은행법'이 실시된 후 1년 이내에 도시의 중소기업자를 위한 은행으로 분리·설립할 것이라고 부대 의결한 데 따른 것이었다. 이후 1961년 7월 1일 '중소기업은행법'이 공포되어 중소기업은행이 설립되었는데, 농업은행 점포 중 도시지역의 점포(31개)가 중소기업은행으로 이관되었다, 조합임원에 대한 선임 절차를 살펴보면 '농업협동조합법'에 의한 조합임원의 선임에 있어서는 이동조합의 경우 조합장은 이 사회에서 호선하고, 이사 및 감사는 총회에서 조합원 중에서 선출하도록 하였다. 그리고 군조합의 경우 조합장 및 감사는 총회에서 이동조합의 조합원 중에서 선임하고, 이사는 총회에서 이동조합의 조합장이 모여 읍면별로 1인을 호선하되 15인 이내로 하였다. 특수조합의 경우에는 조합장, 이사, 감사를 총회에서 조합원 중에서 선출하도록 하였다. 중앙회의 경우 회장은 운영위원회의 추천에 의하여 농림부장관이 재무부장관과 합의하여 제청하면 대통령이 임명하고, 부회장과 이사는 운영위원회의 승인을 얻어 회장이 임명하며, 감사는 총회에서 선출하도록 하였다. 그런데 1962년 2월 12일 '농업협동조합 임원 임면에 관한 임시조치법'이 제정되었다. 갑자기 '농업협동조합 임원 임면에 관한 임시조치법'이 제정된 이유와 골자는 농협의 건전한 육성을 기하기 위하여 조합장을 중앙회장이 농림부장관의 승인을 얻어 임명토록 하고 이동조합장의 임명에 있어서는 중앙회장이 그 권한을 도지부장에게 위임할 수 있다는 것이었다. 그러나 이 법은 1972년 12월과 1980년 12월 2차례에 걸쳐 개정된 이후 1988년 12월에 폐지되었다.

이라는 주체의식 제고운동, 농협지도 이념에 투철한 농협적 경영자의 확보운동, 농업생산을 위주로 한 경영체질의 확보운동, 관제농협의 이미지 불식을 위한 자조, 자립적 경영체질에의 순화운동, 이동조합과 특수조합 등 기본단위조합의 지역적 특수사정에 부합하는 사업과 조직의 강화운동이 그것이다.

종합농협 설립 당시 농협의 조직체계는 이동조합, 시군조합, 중앙회의 3단계 조직으로 구성되어 있었다. 1961년 농협설립 당시 구농협법에 의해 설립된 이동조합은 조합마다 지도업무 내실화를 위해 개척원제를 도입하여 조합육성을 모색해왔으나 조합원수 100명 내외에다 사업규모도 350천원 정도로 매우 영세한 실정이어서 농가 경제활동의 중심체로서 기능을 발휘할 수 없었다. 이처럼 이동조합의 기능이 미약함에 따라 공제, 비료, 농약, 영농자금 공급 등 대조합원 지원업무는 시군조합과 중앙회에서 주로 담당하였으며, 사업의 형태는 정부의 농업 정책사업이 주류를 이루었다.

따라서 1964년부터 1976년에 걸쳐 대대적인 합병계획이 추진되었으며, 1969년도부터는 1읍면 1조합 합병운동을 추진한 결과 1972년까지 합병이 거의 완료되었다. 1970년대 후반까지 단위조합 사업기능이 확충되고 농협운영체제가 조합중심으로 전환됨에 따라 시군조합이 담당하던 대부분의 대농업인 사업은 단위조합으로 이관하고 1981년 1월 1일자로 시군조합이 탈법인화 되면서 농협은 단위조합과 중앙회의 2단계 조직으로 개편되기에 이른다. 그리고 법률 제3276호에 의거 축산업협동조합법이 제정되면서 축산부문이 1980년 1월 1일자로 축협중앙회로 분리되었다.

1970년대에는 1972년부터 정부에서 범국민적으로 실시한 새마을 운동이 자조, 자립, 협동을 주 내용으로 하는 이념적 측면이나 사업의 성격 측면에서 농협의 생활운동과 일맥상통하여 농협운동에 시너지 효과를 나타내게 되었다. 특히 새마을 운동과정에서 필요한 자료, 물자, 인력, 교육 등을 농협에서 지원함에 따라 새마을 교육과 소득증대사업을 농협이 주도적으로 추진하게 되었다. 새마을 운동과 농협의 교육대상자가 주로 읍·면의 조합원이다 보니 이들이 교육이 하나로 동일시되기도 했었다.

1980년대에는 민주농협 출범[4]과 더불어 단위조합이 성장하여 지원역량이 강화되

---

4) 1987년 6.29선언 이후, 정치, 경제, 사회전반에 걸친 민주화와 자율화의 열기 속에서 농협운영의 민주화와에 대한 농업인 조합원의 기대와 욕구가 커짐에 따라 1988년말 농협법이 개정되었다. 그 결과 농협임원 임면에 관한 임시조치법이 폐지되고 농업인 조합원이 그들의 대표자를 투표에 의해 조합장으로 직접 선출하게 되었다. 1989년 3월부터 90년 3월까지 직선제로 조합장이 선출되고, 90년 4월 18일, 회원조합장을 직접투표로 초대 직선 중앙회장이 선출되었다. 이것은 민주농협의 출범을 의미하기도 한다. 1988년에 개정된 농협법에서는 그동안 농협의 자율성을 제약해 온 조합들이 크게 수정되고, 완화되어 농협은 자율경영체제를 확립할 수 있게 되었다. 아울러 단위조합 육성 목표를 복지조합을 구현하는 데 두고, 단위조합의 발전 형태를 종전의 지원조합, 성장조합, 봉사조합에서 성장조합, 봉사조합, 복지조합으로 변경하였다.

었고 상업농을 요구하는 농업주변 여건의 변화에 따른 조합원의 교육수요 변화에 따라 조합원의 수요에 맞는 교육부문의 대응이 요구되었다.

1990년대는 1986년부터 시작하여 1994년에 타결된 우루과이라운드의 영향으로 세계무역질서가 미국의 절대권에 기초한 국제경제 질서가 붕괴되고 미·일·EU·제3세계국가 등 다자간 무역협상체제로 다극화되면서 각국은 자국의 산업부문별 경쟁력 비교우위정책을 강화하게 되었는데, 우리의 경우에도 대외경쟁력을 갖추지 못한 농업부문과 금융서비스 부문이 일대 타격을 입게 된다. 따라서 농업부문도 제2기 민주농협[5] 출범과 더불어 글로벌 경쟁시대에 걸 맞는 구조조정과 기술경쟁력 확보가 불가피하고도 시급한 과제가 되었으며, 농협에서는 우리농산물 애용운동을 범국민적으로 확산, 전개해 나갔다. 서울역, 터미널, 각종 행사장, 농협 금융점포 등 대중이 모이는 곳이면 때와 장소를 가리지 않았으며, KBS, MBC 등 방송국과 연예인들이 공동으로 캠페인을 벌여 사회운동으로 확산되면서 신토불이 운동 또한 정착되기에 이른다. 어느 곳이던 우리농산물 애용캠페인이 다양하게 전개되었는데, 그 중 1991년 11월에 범국민적으로 전개된 쌀수입 개방반대 천만인 서명 운동은 우리 쌀 지키기를 위한 국민적인 공감대가 형성되어 최단기간 최다인원의 서명으로 기네스북에 등재되기도 하였다.

UR협정의 사법부적 역할을 갖고 1995년 출범한 WTO는 우리에게 개방을 위한 확실하고 분명한 선택을 요구하고 있다. 정부는 농업보조금을 삭감해야 하고, 쌀을 포함한 모든 농산물은 예외없이 개방을 하지 않을 수 없는 상황에 직면하게 되었다. 1997년부터 시작된 IMF 위기를 힘겹게 극복해 나왔으나, 대내외적 변화의 소용돌이 속에서 다시 농협은 2000. 7. 1자로 농·축·인삼협의 통합농협이 출범과 2005년 7월 1일 농협법 개정[6] 등으로 농업·농촌이 처한 여러 난관을 슬기롭게 극복하여 왔다.

---

5) 1993년 2월 우리는 문민정부를 출범함과 동시에 정부는 정치, 경제, 사회 등 전분야에 걸쳐 광범위한 개혁을 추진하였다. 농업분야에 있어서도 정부는 새로운 차원의 농업정책을 수립하기 위해 대통령직속으로 '농어촌발전위원회'를 설치하고, 농정개혁을 마련하였다. 1993년 당시 문민정부는 농정개혁을 이루고자 하였고, 당시 농업과 농촌의 어려움이 모두 농협 때문에 비롯된 것처럼 대두되는 위기였다. 이 같은 상황에서 농협은 1994년 3월23일 중앙회장선거를 통해 제2대 직선회장이 선출됨으로써 제2기 민주농협이 출범하게 된다. 특히 제2기 민주농협은 농업인 본위, 항재농장, 실사구시라는 운영방침을 설정하고, 농협개혁실천결의대회를 열었다. 또 임직원의 정신개혁운동을 전개하였다. 그것은 바로 '하나로 거듭나기 운동'이다.

6) 농협법 개정을 2003년 10월 4일 입법예고를 시작으로 2004년 대통령의 공포를 거쳐 2005년 7월 1일 시행되었다. 정부에서 마련한 농협법 개정 내용은 다음과 같다. 먼저 중앙회 관련으로 ① 회장의 역할 변화이다. 즉, 비상임, 이사회 및 총회의장으로서 종합조정, 전문경영인 감시, 농협역할 전념, 농정역할 전념 및 역할수행 등 회장이 수행해왔던 교육지원사업을 신설된 전무이사에게 이관, ② 이사회의 기능 강화와 사업부문별 소이사회 신설 운영. 즉, 이사회가 업무집행의 의사결정 및 경영진에 대한 실질적 통제의 권한을 가짐. 사업부별 소이사회를 신설하여 전문성과 효율성 도모 ③ 감사제도를 폐지하고 이사회 내에 감사위원회를 두어 전무이사, 대표이사의 업무집행을 감사, 감독하도록 하였음. ④ 부가의결권 제도를 도입하여 대의원 선출시에 한해 3표까지 의결권을 행사토록 함. 즉, 표의 등가성 문제 및 조합합병에 따른 의결권 감소의 불평등 해결. ⑤ 중앙회의 회원가입에 대한 거절근거를 마련. ⑥ 중앙회가 사업수행을 위하여 자회

GATT 개편을 통해 어렵사리 출범한 WTO체제를 강화하기 위한 도하개발어젠다 (DDA)협상이 회원국간의 다양한 이해관계조정의 벽에 부딪침으로써 세계각국이 FTA를 중심으로 한 경제블럭화의 움직임에 적극 나서면서 무역의존도가 매우 높은 우리나라는 시장 선점화 전략으로 한·칠레FTA에 뒤이어 동시 다발적인 FTA협상을 추진해왔다.

2002년 한·칠레 FTA 타결 이후 10년간에 싱가포르, 유럽자유무역지대(EFTA)4개 국, 동남아시아국가연합(ASEAN)10개국, 인도, EU 27개국, 페루, 미국, 터키, 콜롬비 아 등 총 47개국과 10개의 FTA를 체결하기에 이르렀다. 그중 2006년 협상개시 이후 4년간의 협상을 거쳐 2012년 3월에 발효한 한·미 FTA 이행결과가 우리 농업에 미 칠 영향에 가장 큰 관심이 집중되고 있다.

최근에는 한국·중국 자유무역협정(FTA) 협상이 1단계 중 6차 협상을 끝내고 숨 고르기에 들어갔다. 한중 FTA는 여타 FTA와 달리 2단계로 나눠 진행되는데 협상의 틀(모델리티)이 결정되는 1단계 협상이 매우 중요하다. 2단계는 모델리티에 기초해 일괄타결방식으로 진행되기 때문에 첫 단추를 잘 꿰어야 한다. 정치적 타산을 떠나 인구 13억 5,000만명에 명실상부한 주요2개국(G2)이며 연평균 8% 가까이 성장하는 중국은 누구에도 매력적인 시장이다. 우리의 최대 교역국이기도 하지만, 연간 교류 인구가 640만명을 넘어 제주도나 남대문시장을 가면 중국인을 쉽게 만날 수 있다. 작부체계와 주곡 등 식생활습관도 우리와 유사해 농업인들은 한중 FTA 협상결과에 노심초사하고 있다. 밀려오는 개방의 파고를 거역할 수 없는 것이 시대적 조류라고 하지만, 생명산업인 농업, 환경보전 산업인 농업, 식량안보에 필수적인 농업이라는 다각적 측면에서 검토하여, 장기적 안목에서의 해법을 찾아야 할 것이다. 이해를 돕 기 위해서 농업·농촌·농협의 여건을 살펴보면 다음과 같다.

사를 설립하는 경우, 조합과 공동출자하는 것을 원칙으로 하는 규정 정비. ⑦ 상호금융특별회계와 공제특별회계를 신 용사업회계와 독립된 회계로 분리할 수 있는 법적근거마련. ⑧ 신경분리와 관련하여 중앙회는 법 시행 후 1년내에 세 부활동 추진계획을 농림부장관에게 제출하고 농림부장관은 중앙회의 세부추진계획을 제출받은 후 각계 의견을 수렴하 여 확정토록 함. 이어서 회원조합 관련해서는 ①공동사업법인제도 도입. 즉, 경제사업을 규모화 하여 농축산업판매사업 을 활성화 함. ② 지역조합이 품목조합연합회의 준회원 가입을 허용하고 품목조합연합회의 자금 차입선을 국가 및 공 공단체로 확대. ③ 조합경제사업경영의 전문화 유도를 위하여 조합공동사업법인 또는 경제자회사에 대한 조합의 현물 출자의 경우에 동일법인에 대한 외부출자제한을 자기자본의 20%이내에서 자기자본 이내로 완화. ④ 일정규모 이상의 조합의 경우, 상임이사 1인을 의무적으로 두도록 하여 전문경영인에 의한 경영의 전문화를 도모함. ⑤ 조합회계의 투 명성 강화 및 조합장의 경영성과에 대한 중간평가를 위한 경영규모가 큰 조합에 대하여 조합장 임기 중 1회 의무적 회계 감사 실시. ⑥ 모든 인원은 법령 또는 정관에 위반한 행위를 하거나 조합에 손해를 끼친 경우, 손해배상책임을 지도록 함. ⑦ 선거관련내용개정: 선거관리의 선관위 위탁관리 실시, 신규조합원의 선거권은 가입 후 6개월후로 제한, 선거운동 방법에 전화, 컴퓨터 등 통신 추가, 귀책사유로 인한 당선 취소 또는 당선무효의 경우 출마할 수 없는 기간을 5년으로 확대. ⑧ 2003년 12월로 시한이 만료된 합병촉진법의 내용을 농협법에 흡수하여 규정, 합병의결 정족수를 조 합원 2/3이상 찬성에서 과반수 찬성으로 완화됨.

1) 농업환경

(1) 농가구조의 변화

우리나라의 전체 농가수는 1980년 2,157,555농가에서 2010년에는 1,177,318농가이며, 1980~2010년 사이에 98만 농가가 줄어들었고, 3ha 이상 농가는 1980년 31,510농가에서 2010년에는 96,630농가로 이 기간 동안에 65천 농가가 증가한 추세를 보이고 있다. 그러나 우리나라의 농가구조는 아직도 소농위주의 구조이기는 하나 점차로 규모화가 급격히 진전됨에 따라 우리의 농업형태가 전업농 위주로 변화하고 있는 양상을 보이고 있다.

연도별	전체 농가수	1ha미만 농가	3ha이상 농가
1980년	2,157,555	1,360,879	31,510
1990년	1,768,501	1,027,904	43,868
2000년	1,383,468	819,260	84,714
2010년	1,177,318	760,352	96,630

자료 : 통계청, 농업총조사, 각년도

(2) 농업기반의 지속적 약화

국토면적은 '90년 9,927천ha에서 '10년 9,990천ha로 증가한 반면, 상대적으로 농경지면적은 '90년 이후 지속적으로 감소되고 있어, 향후 '20년에는 1,588천ha로, '10년 대비 7.4%로 감소될 전망이다.

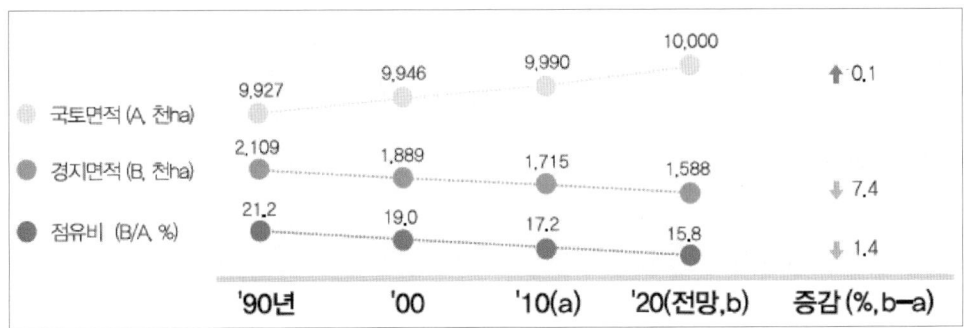

자료 : 농업전망 2010(KREI)

(3) 도・농 소득격차 심화

농가소득은 1998년 20,494천원에서 2005년 30,503천원 그리고 2012년 31,031천원으로 증가추세를 보이고 있다. 그러나 농가소득을 도시근로자 가구소득 대비 비율로 보면, 1998년 80.1%이었던 것이 2005년에는 78.2% 그리고 2012년에는 57.6%로 도・농간의 소득격차가 심화되고 있는 추세를 보이고 있다.

<표 1> 농가소득의 추이

(단위 : 천원, %)

구분	농가소득	도시근로자 가구 소득 대비 농가소득 비율
1998	20,494	80.1
1999	22,323	83.6
2000	23,072	80.6
2001	23,907	75.9
2002	24,475	73.0
2003	26,878	76.2
2004	29,001	77.6
2005	30,503	78.2
2006	32,303	78.2
2007	31,967	72.5
2008	30,523	65.3
2009	30,814	66.6
2010	32,121	66.8
2011	30,148	59.1
2012	31,031	57.6

자료 : 통계청

2) 농촌사회

(1) 농촌의 고령화와 농가인구 감소

우리나라는 65세 이상 노인인구 비율이 전체 11%인 고령화시대에 비해 농촌은 30% 이상으로 초고령사회(post-aged society)로 이미 진입하였고, 2인이하 농가가 전체가구의 60% 이상이며, 4인 농가는 감소 추세이다.

농가수는 1998년 1,413천호에서 2012년에는 1,151천호로 크게 줄어들었으며, 농
가인구는 1998년 4,400천명에서 2012년에 2,912천명으로 크게 감소하였다. 또한
2012년 현재 총 가구중 농가수는 6.4%이며, 총 인구중 농가인구는 6% 그리고 65세
이상의 비중은 2012년에 35.6%를 보이고 있다. 이러한 양상은 앞으로도 지속적으로
전개될 것으로 전망된다.

<표 2> 농가가구 및 인구추이

(단위 : 천호, %, 천명)

구분	농가수	(총가구 중 비중)	농가인구	(총인구 중 비중)	65세 이상 비중
1998	1,413	-	4,400.00	10	19.6
1999	1,382	-	4,210.00	9	21.1
2000	1,383	9.6	4,031.00	9	21.7
2001	1,354	9.1	3,933.00	8	24.4
2002	1,280	8.4	3,591.00	8	26.2
2003	1,264	8.2	3,530.00	7	27.8
2004	1,240	7.9	3,415.00	7	29.3
2005	1,273	8	3,434.00	7	29.1
2006	1,245	7.7	3,304.00	7	30.8
2007	1,231	7.5	3,274.00	7	32.1
2008	1,212	7.3	3,187.00	7	33.3
2009	1,195	7.1	3,117.00	6	34.2
2010	1,177	6.9	3,063.00	6	31.8
2011	1,163	6.7	2,962.00	6	33.7
2012	1,151	6.4	2,912.00	6	35.6

자료 : 통계청

이러한 농가인구의 감소로 인하여 성별, 연령별 인구피라미드 구조를 보면, 2005
년은 역피라미드 형으로서 젊은 연령층이 적고 50대와 60대를 중심으로 농업생산인
력이 고령화가 진행되고 있다.

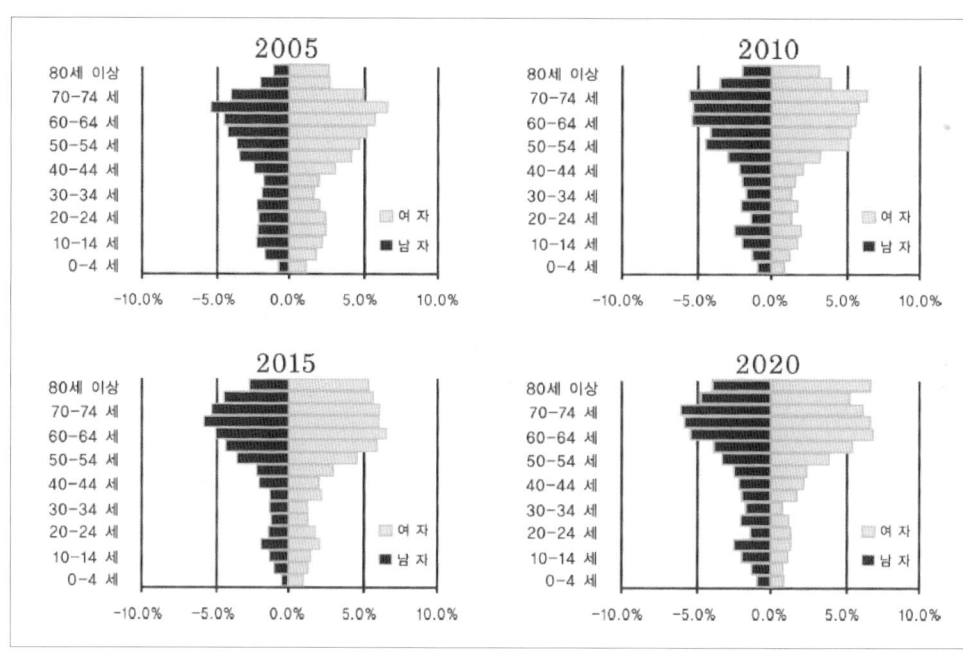

자료 : KREI(2012)

<그림 1> 농가인구 피라미드

(2) 영세한 영농규모 지속

농가호수는 2020년에 1,068천호로, 2010년 대비 39.5%로 감소 전망되고, 경지면적은 2020년 1,577천ha로, 2010년 대비 25.2%로 감소 전망된다. 또한 호당 경지면적은 정부의 규모화 정책에도 불구하고 1990년 이후 지속적으로 1.5ha이상을 상회하지 못하고 있는 영세한 규모를 유지하고 있다.

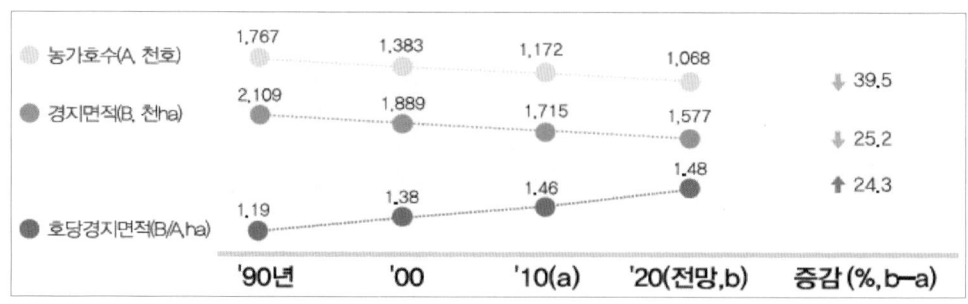

자료 : KREI

(3) 다문화 가정 급상승

우리나라의 다문화 가정의 증가는 기본적으로 국제결혼이 증가한데 가장 큰 원인이 있다. 국제결혼은 2000년도에 11,605건에서 2012년에는 28,325건으로 크게 증가하였다. 그리고 전체 결혼건수에서 국제결혼은 2000년에 3.5%에 지나지 않았지만, 2012년에는 8.7%로 크게 증가하였다.

자료 : 통계청(2013)

이러한 국제결혼의 증가는 다문화 가정의 증가를 가져왔는데, 이는 우리의 농촌사회에도 많은 영향을 주고 있다. 농촌사회를 지탱하는 트랜드의 하나로 국제결혼이 증가하였고, 1990년대 이후 농촌지역에 결혼이민자 가족이 등장하였다. 이로 인하여 2005년에 결혼한 농촌총각은 10명 중 4명이 외국 여성과 결혼을 하였으며, 다문화 가정을 형성하고 있는 것으로 나타났다.

농촌사회에 있어서 국제결혼의 증가로 인하여 농촌지역의 이주 여성농업인도 크게 증가하고 있는 상태이다. 농림축산식품부의 2009년 자료에 의하면 여성 농가중에서 이주 여성 농업인이 차지하는 비중은 2005년에 0.5%(9,508명)에서 2020년에는 6.2%(74,034명)로 크게 증가할 것으로 예상되는 바, 향후 농촌이 문화적 다양성을 미리 실험하고 흡수하는 역할을 할 것으로 판단된다.

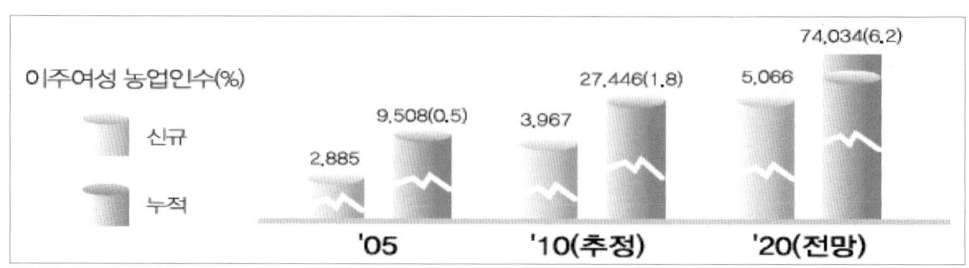

이주여성 농업인수(%)

신규

누적

2,885

9,508(0.5)

3,967

27,446(1.8)

5,066

74,034(6.2)

'05   '10(추정)   '20(전망)

자료 : 농림축산식품부(2009)

3) 경영 및 사업환경

(1) DDA/FTA 등 시장개방 확대

첫째, 글로벌시대 국가간 자유무역협정의 확대로 농축산물 유통시장 개방이 촉진될 것이다. 2002년 칠레와 FTA협상을 타결한 이래 지난 10년간 47개국과 10개의 FTA를 체결하였다.

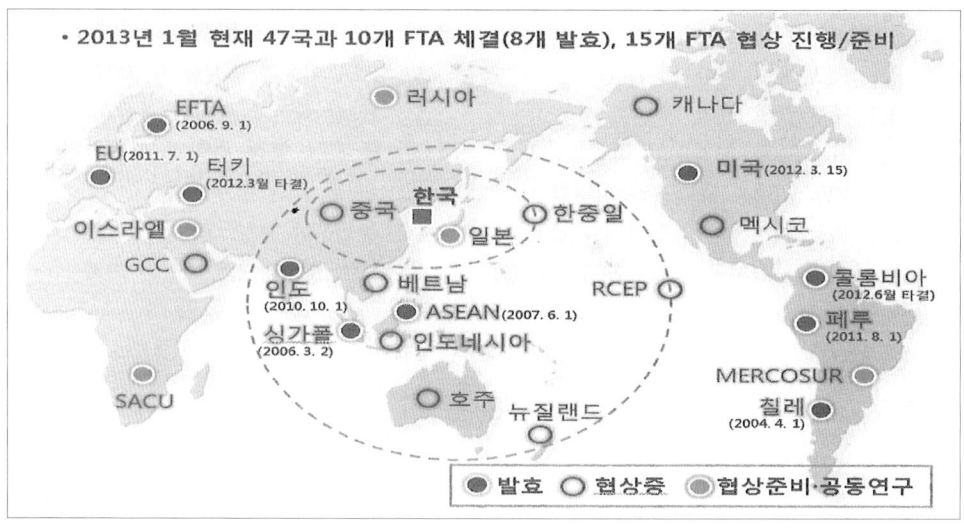

• 2013년 1월 현재 47국과 10개 FTA 체결(8개 발효), 15개 FTA 협상 진행/준비

러시아

캐나다

EFTA (2006. 9. 1)

EU(2011. 7. 1)   터키 (2012.3월 타결)

한국

미국(2012. 3. 15)

이스라엘

중국   일본   한중일

멕시코

GCC

인도 (2010. 10. 1)   베트남

RCEP

콜롬비아 (2012.6월 타결)

싱가폴 (2006. 3. 2)   ASEAN(2007. 6. 1)

인도네시아

페루 (2011. 8. 1)

SACU

호주   뉴질랜드

MERCOSUR

칠레 (2004. 4. 1)

● 발효 ○ 협상중 ● 협상준비·공동연구

자료 : KREI(2013)

<그림 2> 우리나라의 FTA 추진 현황(2013년 1월 기준)

둘째, 농림수산식품의 수입대비 수출(무역수지) 적자는 지속될 전망이다.

<표 3> 연도별 농림수산식품 수출입실적

(단위 : 백만불)

연도	수출	수입
2001년	2,851.5	10,093.7
2002년	2,801.3	11,471.5
2003년	2,990.6	12,185.2
2004년	3,365.2	13,484.0
2005년	3,415.8	14,275.6
2006년	3,394.8	16,100.9
2007년	3,759.3	19,242.3
2008년	4,496.5	23,198.6
2009년	4,809.3	21,240.9
2010년	5,880.0	25,787.2
2011년	7,961.3	33,183.6
2012년	8,006.1	33,422.4

자료 : aTKATI

(2) 식재료 시장 급성장 전망

식재료 시장은 외식, 급식, 식품가공 등으로 구분된다. 이러한 식재료 시장은 핵가족과 독신가구의 증가, 외식산업의 성장 등으로 인하여 지속적으로 성장할 것으로 전망된다. 2012년 국내 식자재 유통시장 규모(B2B 시장기준)는 약 25조원으로 추정되며, 프랜차이즈 외식과 직영급식 시장을 중심으로 지속적으로 성장하고 있다.

<표 4> B2B 식자재 유통시장 규모

구분	2009	2010	2011	2012(추정)	평균변화율 (2009-11)
단체급식	5.6	5.6	5.8	6.1	2.9
프랜차이즈외식업체	3.4	3.6	4.4	5.1	14.5
개별외식업체	12.0	12.6	13.4	13.5	4.0
전체 시장규모	21.0	21.8	23.6	24.7	5.6

자료 : KREI(2012)

(3) 소비자 구매패턴 변화

인구구조의 노령화, 1인가구의 증가 등의 변화로 인한 소비자의 변화가 지속적으로 예상되고 있다. 65세 이상의 인구가 전체 인구에서 차지하는 비중은 2000년에 7.2%, 그리고 2017년에는 14.0%로 전망되고 있다. 또한 1인가구의 비중이 지속적으로 증가하고 있는데, 2012년 기준 1인 가구의 비중은 25.3%이며, 2020년에는 30%를 넘어설 것으로 전망되고 있다.

이러한 노령화, 1인가구의 증가 등은 유통환경에 변화를 줄 것으로 예상되며, 또한 소비자의 구매 패턴에도 영향을 줄 것으로 전망된다. 최근 소비자의 상품구매 우선순위를 보면, 기존의 가격중심에서 안전성, 건강 등을 포함한 품질중심의 소비로 전환되고 있음을 알 수 있다.

<그림 3> 소비자의 상품구매 우선순위

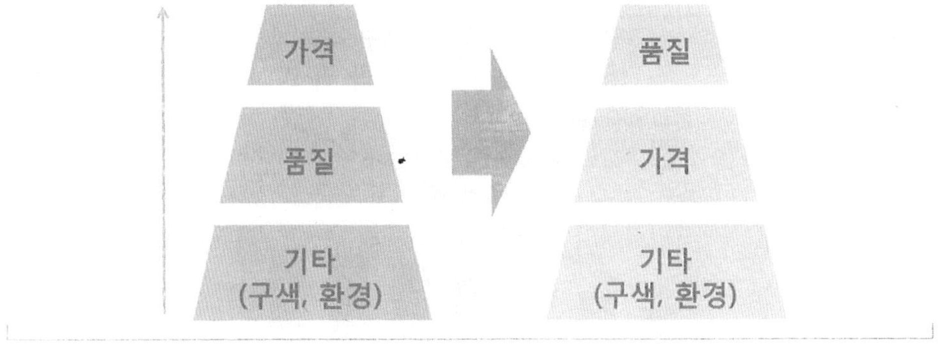

자료 : KREI(2013)

4) 농협 사업구조개편[7]

(1) 협동조합의 기본 틀 안에서 지주회사 체제 도입

「중앙회-자회사」체제에서 「중앙회-지주회사-자회사」로 개편하였다. 즉, 1중앙회-2지주회사-30개 자회사 체제로 개편되었다.

---

7) 종합농협이 발족된 이래로 국민과 농업인을 위해 많은 역할들을 했음에도 니즈를 충족시키기에는 한계가 있었던 것도 사실이다. 대외적으로는 FTA, DDA 등 개방화의 압력과 대내적으로는 농가소득의 감소, 농가인구 고령화, 농업비중 감소 및 농업 농촌에 대한 위기 의식부족으로 농협에 대한 역할 기대가 한층 높아 질 것이고, 조합원과 국민들의 농협변화에 대한 요구가 거세질 것이 분명하다. 이러한 요구에 부응하기 위해서 2012년 3월 2일 사업구조개편이라는 조직의 대변혁이 있었고 현재 진행 중에 있다. 사업구조개편은 우리조직의 진화과정이라 할 수 있다.

・중 앙 회 : 산하에 경제지주회사와 금융지주회사 설립
・경제지주 : 기존 경제부문 자회사 편입, 중앙회 판매・유통 등 경제사업을 단계
　　　　　적으로 경제지주 이관
・금융지주 : 은행, 보험사 신설 및 기존 신용자회사 편입으로 종합금융그룹 체계
　　　　　구축

(2) 패러다임의 전환

경제사업의 활성화를 통한 농업인에게 실익을 주는 '판매농협'구현과 회원조합과 농업인 조합원의 중앙회 역할에 대한 기대감 상승 등으로 발상이 전환되었다.

농협역할		<현재>	<미래>
조직	구조	・영농지원 중심 ・지도・지원 역할	・판매유통중심 ・농업농촌 고부가 창출
		・종합농협 (중앙회－자회사)	・지주회사 (중앙회－지주회사－자회사)
	운영	・관리중심형 ・사업・지원기능 혼재	・시장지향성 ・사업・지원기능 분리
사업	비중	・신용사업 편중 ・신용사업 수익 의존	・경제사업 중심 (자립경영 확립)
	전략	・유통 인프라 구축 미흡 ・은행사업 중심	・유통・판매 인프라 확충 ・은행・비은행 균형성장

5) '12년 「협동조합기본법」 발효

(1) 새로운 농협 경쟁자 출현

첫째, 기존 영농조합법인의 협동조합 전환 또는 선도농가 조합 신설 가능

둘째, 농・축협의 산지 조직화・계열화 사업과의 경쟁 우려

셋째, 도시지역을 중심으로 소비자협동조합 확산 가능

넷째, 농협 하나로마트, 공판장 사업과 경합 발생 가능

(2) 유사협동조합 난립으로 농협에 대한 부정적 인식 확산 우려

첫째, 농・축협과 유사한 명칭사용으로 농협브랜드가치 하락

둘째, 영리사업자의 협동조합 남용으로 농협에 대한 이해 혼란

(3) 농협의 역할에 대한 기대와 요구 증가

첫째, 협동조합 인큐베이터 체계 조기 구축 - 협동조합 이해교육 필요

· 전 계통 임직원에 대한 협동조합기본법 이해교육 실시

· 조합원 및 일반인에 대한 협동조합 및 농협이해 교육 확대

둘째, 협동조합간 공동발전 활성화 방안 마련 및 주도적 역할 강화

셋째, 농협사업과 배치 또는 경합될 경우 농·축협과 적극적 대응

6) 농협 조합원교육[8] 추이

(1) 조합원 교육장 교육수료 현황

· 창녕, 안성, 경주 3개 교육원 5개년 교육수료 실적 데이터

· '11년은 전년대비 다소 증가했으나 2007년 이후 지속적으로 교육생 수가 감소
  하는 추세

(단위 : 명)

구분	2007년	2008년	2009년	2010년	2011년
창녕	33,565	24,934	19,117	16,555	20,016
안성	15,174	7,771	6,212	10,120	11,214
경주	13,174	10,734	9,326	9,075	9,564

자료 : 농협중앙회

---

8) 2010년 농협안성교육원 '농업인 교육 혁신방안'연구 자료에 의하면, 농협교육원에서 실시하는 농업인조합원 교육 효과
성에 대해 농업인들과 지도담당자들은 매우 긍정적인으로 인식하고 있음. ① 지금까지 농협교육원에서 받은 교육인 실
제 영농에 도움을 주었는가에 대한 농업인들의 인식을 조사한 결과 영농에 도움을 준다고 응답한 결과는 87.4%('매우
도움'과 '도움을 준 편'의 응답합계)로 매우 높게 나타나고 있었음. ② 이러한 경향은 영농작목에 있어서도 교육효과성
을 고루 높게 인식하고 있었으며, 특히 고추, 인삼, 딸기, 블루베리의 작목에 있어서 효과성이 다른 영농작목에 비해
높게 나타나고 있었음. ③ 기타 경영수준, 영농경력, 농협교육원 교육경험 등의 특성에 있어서도 별다른 차이 없이 교
육효과성을 고루 높게 인식하고 있었음. ④ 한편, 조합의 지도담당자들에게도 농협교육원 교육이 농업인들의 실제 영
농에 도움을 준다고 보는가에 대한 인식을 조사한 결과, 영농에 도움을 준다고 응답한 결과는 90.7%('매우 도움'과
'도움을 준 편'의 응답합계)로 농업인들 보다 효과성을 높게 보고 있었음. ⑤ 지도담당자들의 직책, 지도사업 업무경력
특성에 있어서도 이러한 인식경향은 별다른 차이 없이 교육효과성을 고루 높게 인식하고 있었음.

2. 한국 농업인 교육현황

1) 한국 농업인 교육기관 분류

분류기준	대표적 교육기관
국가기관 (지자체)	・농림축산식품부 및 농업연수원 ・농촌진흥청 및 기술연수과 ・도농업기술원 ・시군농업기술센터 ・한국농수산식품유통공사 농식품유통교육원 ・한국농어촌공사 교육원 ・한국농림수산정보센터(AFFIS) ・국립농산물품질관리원 ・한국농업인재개발원
학교기관	・국립한국농수산대학 ・국립한경대학 ・농학계 대학 부설 교육과정(21개 대학)
품목단체	・환경농업단체연합회 ・과수조합연합회 ・버섯생산자협회 ・인삼경작자협의회 ・한국양돈연수원 ・대한양돈협회 ・한국낙농육우협회 ・대한양계협회 ・다수협회 및 단체 등
이익단체	・한국농업경영인 중앙연합회 ・한국여성농업인 중앙연합회 ・전국농민회 총연맹 ・한국 가톨릭농민회
통합단체	・전국농업기술자협회 ・한국농촌지도자 중앙연합회 ・한국신지식인농업인회 ・농업CEO연합회 ・한국 4H본부 ・(사)정농회 ・농가주부모임전국연합회 ・한국유기농업협회 ・흙살림 ・전국 귀농운동본부
농・축협	・농협중앙회 부설 교육원 ・창녕교육원, 안성교육원, 경주교육원 등 ・농협대학(농촌사랑 등 산학협력 교육원) ・지역단위 농・축협

컨설팅 및 교육업체	· 한국벤처농업대학 · 한국농촌관광대학 · 한국농수산무역대학 · 지역활성화센터 · 지역아카데미 · 지역재단 교육원 · 지역농업네트워크 등

자료 : 농림수산 교육훈련 발전세미나 발표자료('09. 9. 11)

2) 유형별 주요 교육과정(농협 교육 제외)

분류기준	분석대상 교육과정	과정개수
국가기관	· 농업인교육 교관 과정 · 농산물 전자상거래 활용과정 · 농업경영정보관리과정 · 전문영농교육과정 · 환경농업교육과정 · 농업마이스터대학(전국10개) 등	277개
농업기술센터	· 농업인 새해영농설계교육 · 영농기술교육 · 생활개선교육 · 농촌노인 순회교육 등	2,128개
학교기관	· 최고농업경영자과정 · 농산물 디지털 유통과정 · 후계농업경영인과정 · 창업농 경영인과정 · 귀농·귀촌 예비자과정 등	23개
품목단체	· 고품질 안전과실생산 유통과정 · 지역별 양돈 교육과정 · 전문경영인 교육과정 · 인삼영농교육 등	160개
이익단체	· 농업, 농촌지도자 교육 · 여성농업경영인 육성과정 · 품목조직 지도자 교육 · 농업 선진지 현장 체험교육 등	26개
통합단체	· 친환경농업 기본 교육과정 · 생태귀농학교과정 · 여성농업인 리더십과정 · 겨울 농민대학 · 친환경 유기농업 교육과정 등	40개
컨설팅 및 개인(법인)	· 마케팅 · 리더십, 의식개혁, 가치창조 · 수출농업 · 지역개발 등	20개
합계		2,674개

자료 : 농림수산 교육훈련 발전세미나 발표자료('09. 9. 11)

3) 교육기관별 주요 교육내용[9)](#)

교육내용	국가기관	기술센터	학교기관	품목단체	이익단체	통합단체	컨설팅
영농계획			▨	■			
사업기반조성			▨				
경영관리	▨		■	▨			■
정보획득	■	▨	■		■	■	■
지역사회 관계			■				■
농기계/시설			▨				
생산관리	▨		■				
재배/사육 기술	■		■			■	
마케팅	■		■		▨	▨	■
사업계획			▨				
정보화 교육	■						
생활개선					▨		
정부시책	■				■	■	
의식교육					▨		■
리더십					■	■	■
기타							

주 : 검정색 20% 이상, 회색 10% 이상은 교육비중을 나타냄

3. 농협 교육사업 발전과정

1) 협동조합과 교육

(1) 협동조합교육의 의의

협동조합은 경제적 약자들이 그들의 사회적·경제적·문화적 지위를 향상시키고 복지증진을 도모하기 위하여 자주적·자발적으로 조직한 사회·경제단체로서 일반 기업과는 달리 그 구성원의 적극적인 참여에 기반을 두고 운영된다. 그러므로 협동 조합이 지적인 유지·발전을 이루어 나가기 위해서는 조직의 목적과 사업에 대해

---

9) 교육진행형태 : ①강의식 집합교육, ②조별 토론 및 워크숍, ③현장교육 및 사례발표, ④인터넷 사이버(온라인)교육 등

충분한 인식을 지닌 조합원이 확보되어야 하며, 기존 조합원은 물론 잠재적인 조합원에게 협동조합의 이념을 확산시켜 나가야 한다.

또한, 농업인의 자조·협동단체인 농업협동조합이 조직활동을 통하여 조합원의 사회적·경제적·문화적 지위향상을 도모하기 위해서는 무엇보다도 농·축협의 구성원인 조합원이 협동의 필요성을 자각하고 민주적으로 농·축협을 운영할 수 있는 능력을 갖춰야 하는데, 이러한 능력은 꾸준한 교육활동에 의해 성취될 수 있는 것이다. 따라서 농·축협의 구성원인 조합원에 대한 교육은 협동조합의 성장발전에 중요한 의의를 갖고 있다고 하겠다.

협동조합의 역사적 전개과정을 돌이켜 보면 조합원과 임직원에 대한 교육이 전통적으로 매우 중시되어 왔다. 세계 각국의 협동조합법에서는 연도말 잉여금 중 일정액을 교육비로 충당하도록 명시하고 있고, 국제협동조합연맹(ICA)이 정한 협동조합 원칙 중 제5원칙에 의하면 "협동조합은 조합원, 임직원들이 협동조합 발전에 효율적으로 기여하도록 교육과 훈련을 실시한다"고 규정하고 있다. 또한, 농협법 제57조(지역농협 사업), 제106조(지역축협 사업), 제111조(품목조합 사업)에서는 「생산 및 경영능력의 향상을 위한 상담 및 교육훈련」을 각각의 사업범위로 규정하고 있다.

(2) 협동조합교육의 특성
① 협동조합교육은 사회교육이다
협동조합교육은 조합원과 그 가족 등을 대상으로 하는 성인교육이며, 영농 및 생활개선을 위한 지식 및 정보제공과 조직의 구성원인 조합원으로서의 바람직한 역할과 태도변화를 추구하는 사회 교육이다.

② 협동조합교육은 평생교육이다
협동조합교육은 급격히 변화하는 현대사회에 있어서 조합원 자신과 소속집단으로 하여금 계속적인 자기계발과 사회적응을 도모하기 위한 것이며, 가정교육·학교교육 및 사회교육을 일관된 평생의 교육과정으로 보고 지속적으로 추진하여야 할 평생 교육이다.

③ 협동조합교육은 생활향상을 위한 교육이다
조합원의 생활을 향상시켜 그들의 경제적 지위를 높이는 것은 협동조합이 추구하는 목표 가운데 하나이므로 협동조합운동의 근간이 되는 교육은 농가소득을 증대시키고, 증대된 소득이 생활향상과 연결되어 풍요로운 삶을 누릴 수 있도록 하는 실질적인 교육활동이 되어야 한다.

④ 협동조합교육은 지역개발을 위한 선도요원 양성교육이다

농업협동조합이 지역사회의 선도적 역할을 다하기 위해서는 내부 실천조직인 소집단의 활동이 잘 이루어져야 하는데 이는 유능한 지도자(조직장)의 양성에서 비롯된다. 양성된 지도자로 하여금 지역여건에 맞는 개발계획을 세우고 인적·물적자원을 조직적으로 활용토록 함으로써 구성원의 능동적인 참여의식과 창의성을 유발하고 농촌지역사회의 발전을 주도해 갈 수 있다.

2) 농협의 조합원 교육

협동조합에 있어서의 교육은 「협동조합운동은 교육으로 시작하여 교육으로 끝난다」라고 할 만큼 중시되고 있는데, 그것은 조합원에게 교육을 통하여 필요한 내용을 전달하고 이해시키며 실천토록 할 수 있기 때문이다.

일반적으로 조합원교육의 목적은 크게 다음 3가지로 볼 수 있다.

첫째, 협동조합 이념을 고취시킴으로써 조합원이 올바른 권리와 의무를 행사하도록 한다. 둘째, 조합원의 영농기술, 경영수준 향상 및 정보화 교육을 통하여 영농의 과학화와 협동화를 이루도록 한다. 셋째, 농협과 농협사업의 이해를 통해 조합과의 관계를 밀착화시키고 사업참여도를 제고시킨다.

조합원교육의 범위는 교육대상자인 농업인 조합원 및 그 가족 등의 영농과 생활 전반으로 그 폭이 매우 넓으며 크게 영농에 관한 사항, 협동조합에 관한 사항, 일상생활에 관한 사항의 세 분야로 나누어 볼 수 있다.

이러한 농협의 조합원교육은 농·축협과 중앙회가 상호보완적으로 각각 실시하고 있다.

(1) 농협의 조합원교육 발전과정

농협의 조합원교육 활동은 그 중요성 때문에 농협 창립 이래 중앙단위, 시군단위, 그리고 조합단위에서 꾸준히 수행되어 왔다. 그러나 체계적이고 본격적인 조합원교육은 농·축협의 성장과 중앙회의 교육전담기구의 확충에 힘입어 1980년대 초반에

가능하게 되었다고 할 수 있다.

종합농협 발족 이후 1960년대 전반까지의 농협 교육사업은 주로 군조합과 중앙회 직원에 대한 교육에 치중하였다. 이 당시의 교육내용은 농협이념의 고취와 새로운 경영·관리기술의 습득 및 농촌지도력의 향상에 중점을 두었다.

한편 1960년대 중반부터는 농협의 교육사업이 점차적으로 농업인조합원과 단위조합 직원을 대상으로 한 교육·훈련에 중점을 두는 방향으로 기본방침이 전환되었다. 교육내용은 조합원들에 대한 농협이념 고취, 참여의식 앙양, 농업경영의 개선 등과 단위조합 임직원에 대한 경영관리 능력의 제고가 중심이 되었다. 이와 함께 농촌자원지도자·4H 회원·농고생들에 대한 교육도 대폭 확대되었다.

농협의 교육사업이 조직적으로 이루어지기 시작한 것은 1961년 9월 임직원 수련소의 설치에서 비롯되었다고 볼 수 있다. 이 수련소는 1962년 3월에는 농협중앙회 임직원 수련원으로, 이듬에 3월에는 다시 농협중앙회 교육원으로 개편되면서 교육시설이 확충되어 교육 전담기구로서의 면모를 어느 정도 갖추었으나 전국적인 교육 수요를 충족시키기에는 크게 미흡한 상태였다.

1970년대에는 조합이 읍면단위로 합병되어 사업수행능력이 향상되고 군조합의 업무가 조합으로 이관되어 농협운영이 조합 중심체제로 전환됨에 따라 농협의 교육활동도 조합의 임직원교육에 주력하게 되었다.

1980년대 들어와 농협의 계통조직이 3단계에서 2단계로 개편되고 조합이 지역개발의 핵심주체로서 역할을 할 만큼 성장하게 되었다. 농협사업에 조합원의 적극적인 참여가 요청됨에 따라 조합원에 대한 교육이 활성화되었고, 크게 조합단위와 중앙단위의 교육체계로 나뉘어 교육이 시행되었다.

조합단위에서는
· 현장교육 : 마을(작목반)좌담회, 농업경영기술교육, 선진지 견학
· 소집교육 : 새농민학교(새농민대학), 부녀교실(주부대학)
· 통신교육 : 우리농협소식지 등으로 체계를 갖추고 발전해 왔으며,

중앙단위에서는 1980년대 초에 그 동안 조합 임직원에 대한 교육을 주로 담당하고 있던 경기연수원과 전북연수원을 농협지도자교육원으로 개편하였다. 이후 영남지역(창녕)에도 농협지도자교육원을 개원하여 본격적인 조합원교육을 실시할 수 있게 되었다.

또한 상업적 영농의 진전에 따른 농업인들의 영농기술습득 수요에 부응하기 위해 1984년 농협대학내에 새농민기술대학을 설립하여 희망농가에 농업기술교육을 실시하였으며, 조합이 현지에서 조합원의 최신 영농기술과 경영욕구에 부합한 농업경영기술교육을 실시할 수 있도록 강사를 지원하였다. 이와 함께 농업인의 자문에 도움을 주기 위하여 1987년 비상설기구로 농업경영기술지원단을 설치 운영하였다. 그 이후에도 여러 차례 교육원 개편을 거쳐 농업인에 대한 교육은 현재 농협내 3개의 농업인 전담교육원(안성·창녕교육원, 경주환경농업교육원) 체제로 운영되고 있다.

(2) 농·축협 및 시·군지부 단위 조합원교육

1990년대 중반에 국제화·지방화·개방화와 WTO체제의 출범 등 농업·농촌 여건이 변하게 됨에 따라 이에 능동적으로 대처하고, 1980년대의 동일한 교육을 전국적으로 실시하는 획일적인 교육체계가 더 이상 농·축협 및 시·군지부단위의 현지실정과 부합하지 않는 점을 개선하기 위해 1996년 3월 농·축협 및 시·군지부 단위 조합원교육 체계 및 실시방법을 일대 전환하게 되었다.

새로운 교육체계는 교육목적과 내용에 따라 영농(양축)기술 및 농업경영교육, 농협운동 및 사업교육, 생활 및 기타교육으로 구분하고 있다. 이와 관련해 중앙본부에서는 농·축협 및 시·군지부가 교육주체가 되어 주변여건 변화에 적극 대응하고 지역실정에 부합한 교육을 자율적으로 계획하고 실행할 수 있도록 다양한 교육모델을 지속적으로 개발 제시하고, 일선사무소에서는 지역특성에 맞는 교육을 채택하여 실시하거나 필요한 경우 자체적으로 교육모델을 개발해 실시하는 등 조합원교육 방법을 개선하였다.

2012년 3월초 농협중앙회 사업구조의 개편으로 말미암아 시·군지부 단위 교육은 농정지원단이 주축이 되어 실시하고 있으며, 특히 지역농업 상생발전교육(구·민관합동교육)을 통해 행정기관, 농업인단체 및 농업인 조합원과 농협 임·직원이 함께 상생 발전하는 교육모델을 제시하고 있다.

앞으로 현장교육을 강화하여 농업인 조합원으로부터 더욱 더 신뢰받는 농협이 되도록 힘써야 할 것이다.

<조합원교육 체계>

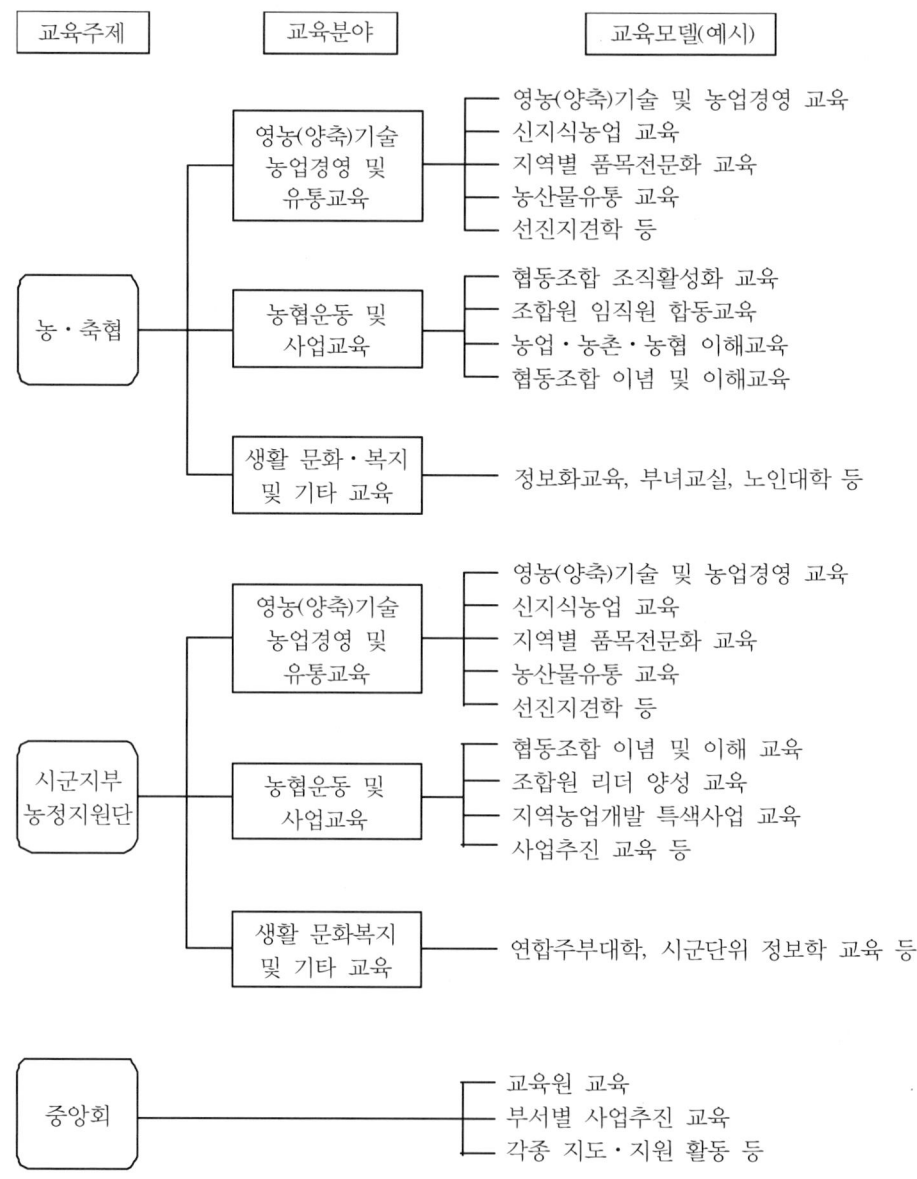

조합원교육은 ① 영농(양축)기술·농업경영 및 유통교육 ② 농협운동 및 사업교육 ③ 생활 및 기타교육 등 세 가지 분야로 나누며 현지사무소(농·축협, 시군지부)의 지역특성에 적합한 교육모델을 채택하여 교육 실시(필요할 경우 자율적으로 신모델을 개발하여 실시)

○ 영농(양축)기술·농업경영 및 유통교육

영농(양축)기술 및 농업경영교육은 조합원농가의 주체적 영농(양축)활동을 효율적으로 촉진하고 지원하는 제반 교육활동이다. 그 예로 조합단위의 지역별품목 전문화교육, 영농(양축)기술 및 농업경영교육, 신지식농업교육, 농산물유통(직거래 등)교육, 선진지견학 등과 시군지부 단위의 품목별 전문화교육 등을 들 수 있다.

○ 농협운동 및 사업교육

농협운동 및 사업교육은 조합원에게 협동조합의 의의와 필요성을 인식시키고 조합에 대한 참여정신과 주인의식을 고취시켜 농협사업 참여도를 제고시키는 교육활동이다. 그 예로 조합단위의 협동조직 활성화교육, 조합원·임직원 합동교육, 마을좌담회 등과 시군지부 단위의 조합원리더 양성교육, 지역농업 상생발전교육 등을 들 수 있다.

○ 생활 및 기타교육

생활교육은 농업인조합원의 삶의 질을 높이고 농촌생활환경을 보다 윤택하게 개선하기 위한 교육활동으로, 조합단위의 정보화교육 및 부녀교실, 주부대학, 노인대학과 시·군단위의 연합주부대학 등을 들 수 있다.

(3) **교육원 교육**[10]

1980년대초 조합원의 주인의식과 신뢰의 증대가 농협발전의 주요과제로 부각됨

---

10) 교육원 교육의 기본방향 : 첫째, 현재 농협교육원에서 실시하는 농업인 교육의 위상은 다른 교육기관과 비교하여 비교적 높은 수준으로 평가되고 있으나, 한편으로는 경제, 사회적 여건 변화로 인하여 고도화, 다양화 되어가는 농업인들의 교육 요구를 더욱 전문성 있게 충족시켜야 하는 시대적 요청에 직면해 있음. 따라서 농협의 철학과 이념에 기초된 교육을 통한 농촌 현장 지도자 양성을 위해서는 농협 농업인 교육을 다른 농업인 교육기관과 차별화하여 고급화, 전문화는 물론 농업인 공통역량 교육도 충실히 하여 교육경쟁력을 확보하여야 함. 둘째, 이를 위해 농협교육원의 농업인 교육은 수요자 중심의 맞춤형 현장교육을 더욱 확대하고, 배워서 돈이 되는 수익형 교육을 실현하는 등 모든 역량을 농업인 실익향상에 두어야 할 것으로 판단 됨. 구체적으로는 교육과정 기획시 교육수요자에 대한 철저한 요구

에 따라 농업인들의 농협주인의식 함양을 위한 협동조합 이념교육을 강화하고자 1983년 농협경기연수원을 농협지도자교육원(안성)으로, 1984년 농협전북연수원을 농협지도자교육원(전주)으로 개편하였다. 또 1992년 11월에는 영남지역에 농협지도자교육원(창녕)을 개원하여 3개의 조합원 교육장을 운영하게 되었으며, WTO체제 출범 원년이자 "교육개혁의 해"인 1995년 2월 1일부터 "농협세계화농업지도자교육원"으로 개편하여 교육수준의 세계화와 우리농업의 경쟁력향상에 노력하였고, 1998년 3월 27일부터는 농업환경변화에 능동적으로 대처하기 위하여 농협내 농업지도자교육원(안성, 전주, 창녕)으로 변경하고 2000년 7월 1일 통합중앙회가 출범함에 따라 농협교육원(안성, 창녕)으로 새로운 출발을 하게 되었다. 또한 2006년 3월에는 경주환경농업교육원을 증·개축하여 친환경농업 전문교육원으로 운영하고 있고 2010년 5월에는 안성교육원을 현대식 시설로 개축하였다.

2011년초 리모델링을 통해 새롭게 도약하는 창녕교육원을 비롯하여 농업인 교육원은 현재 안성, 창녕, 경주 세 곳에서 운영되고 있다.

교육원 교육은 ① 경쟁력을 갖춘 전문농업인 육성 ② 조합원에 대한 농협주인의식고취 ③ 협동조합운동 정신에 투철한 협동농협인 육성에 교육의 목표를 두고 최신 영농기술 및 정보제공으로 농업에 자신감을 부여하고 협동의식과 자립의지를 고취하는 한편, 신지식농업기술경영, 주산지현장 영농기술, 친환경농업, 축산기술경영, 농협운동 확산 등의 교육과정을 운영하여 협동조합에 대한 올바른 이해도모 및 농업경쟁력 향상에 힘쓰고 있다.

가. 교육의 특성

교육원 교육은 한정된 시설과 교육의 파급효과 등을 감안하여 지도자급 농업인들을 우선적으로 교육하고 있다. 아울러 가능하면 농·축협별로 농업인과 임직원이 함께 입교토록 하고 있으며, 일부 교육과정은 지역 민·관·기관(단체) 관계자가 합동으로 교육을 받게 함으로써 지역적 유대감과 협동심을 고양하고 농업중심의 지역개발을 촉진하고 있다. 강의 일변도의 피동적 교육을 지양 하고 사례발표·상호토의·

조사를 실시하여 프로그램을 개설하고, 교육효과 제고를 위한 수준별 교육을 확대하고, 농업인들이 교육시기 및 장소 면에서 접근성을 최대한 확보할 수 있도록 편성하고, 농업인들의 눈높이에 맞추어 교육을 할 수 있는 전문성을 갖춘 강사 확보 노력을 기울여야 함. 셋째, 아울러 농촌현장에 직접 찾아와 교육을 하는 농촌현장 교육과정을 농업인들의 필요로 하고 높은 선호도를 가지고 있음을 고려하여, 지역특성과 영농특성을 살린 현장교육을 더욱 활성화하여야 하고, 교수학습방법에 있어서도 강의식 교육을 위주로 하여 현장견학을 부가적인 교육프로그램으로 편성하여 운영하고 있는 현재의 방식에서 탈피, 영농사례를 현장에서 경험하면서 상호작용에 의하여 학습할 수 있는 견학식 교육의 조직화와 다양화가 필요함.

현장견학을 강화하여 체험식·참여식 교육을 추구함으로써 교육의 효과를 제고하며, 교육효과를 지속시키기 위하여 수료생에 대한 주기적 서신발송 등 사후지도를 실시하고 있다. 특히 농·축협간의 자매결연과 동종작목 농가간의 연구모임 결성을 유도하여 협동조합간 협동, 농업인간 협동의 장이 되고 있다.

나. 교육운영

○ 경제사업 활성화 과정

농·축협 핵심리더의 경제사업 마인드 및 참여의식 제고를 통한 경제사업 활성화 추구를 위해 경제사업 활성화 핵심리더과정·경제사업 활성화 현장교육컨설팅·조합사업 활성화과정·공선출하회 육성과정 등으로 운영되고 있다.

○ 농업농촌 이해과정

협동조합의 이념과 주인의식이 투철한 협동인 양성을 위한 농협이념 확산교육, 도시소비자 등에 대한 우리농산물 우수성과 안전성을 알리기 위한 우리농축산물바로알기교육 및 귀농을 희망하는 도시민의 성공적인 영농정착을 위한 도시민농업창업과정 귀농·귀촌 교육 등으로 운영되고 있다.

○ 영농(양축)기술 경영과정

작목(축종)별 전문농업기술 습득을 통하여 조합원의 농가소득증대를 위한 최고기술아카데미·전문농업기술과정, 농업인력의 전문성 제고와 선도농업인 양성을 위한 성공농업경영자과정·품목별 최고경영자과정, 축산농가의 소득증대를 위한 축산기술경영교육·여성「낙농」최고경영자과정 등으로 구성되어 있다.

○ 농·축협경영활성화 과정

농·축협의 자립경영 기반 지원을 위한 경영혁신과정 및 농·축협임원의 경영관리 능력 향상을 위한 이사·감사·대의원 기본과정 등으로 구성되어 있다.

○ 친환경농업기술 및 소비자과정

친환경농업에 대한 전문지식 습득 및 마인드 제고를 위한 친환경농업기술 도입인증·아카데미·축산·현장교육 및 농업마이스터대학과정과 임직원 및 소비자를 위한 친환경교육, 친환경유통 활성화 과정 등으로 운영되고 있다.

○ 산학협동교육

농협의 산학협동교육은 앞으로 농촌의 기간요원이 될 농과계 고교생을 비롯하여 대학생, 농과계 교사·대학교수 등을 대상으로 농업 및 농촌현실과 농협의 현황 및 사업에 대한 이해를 증진시키는데 목적이 있다.

농고생 농협교육은 1964년부터 전국의 농과계 고등학교 학생을 대상으로 주 1시간 또는 분기별로 시군지부 책임자가 해당 학교에 출강하여 농업경영이나, 농촌현실 및 농협사업소개 등의 교육을 실시해 왔으며, 특히 1987년부터는 「우리농업협동조합」 교재를 발간하여 교육효과를 높일 수 있도록 지원한 바 있다.

한편 1980년대에 들어서는 농과계 교사·대학교수를 초청해 계통기관 견학과 산학협동에 관한 간담회를 실시하여 농협에 대한 이해를 높이고 산학협동체제를 공고히 하고 있으며, 대학생 하계농촌봉사단의 봉사활동 현장을 조합장 및 시군지부 책임자가 방문하여 농업과 농촌에 대한 올바른 인식을 갖도록 하는 등 상호이해의 폭을 넓혀 나가고 있다.

그 외의 산학협동교육으로는 농협방문 조합원 및 학생에 대한 농협교육, 도시학생에 대한 농협·농촌 이해교육, 농업관련인사 농협이해교육 등이 있다.

○ 기타과정

올바른 농업관 정립 및 농협이해를 위한 일일방문교육, 지역농업발전과 지자체 및 농업관련 유관기관과의 상호협력을 위한 민관합동교육, 기타 조합원을 위한 특별교육으로 운영되고 있다.

제2절 협동조합의 교육운영체계

1. 농업인조합원 교육[11]

1) 농협의 농업인조합원 교육현황

(1) 최근 5개년 농협 조합원 교육장 교육현황

① 창녕, 안성 및 경주 3개 교육원 5개년 합산 연평균 42,010명 교육

교육과정	대상	연도별(최근 5개년) 교육인원(명)					계	교육원
		2007	2008	2009	2010	2011		
경제사업 활성화	핵심 조합원	4,590	8,030	7,763	9,727	10,641	40,751	창녕 안성
조합경영 활성화	임원 대의원	14,725	7,172	6,694	8,333	6,547	43,471	창녕 안성
영농기술 유통교육	농업인 조합원	3,930	773	329	995	861	6,888	안성 경주
농업이해 현장인력 육성 (소비자포함)	농업인 조합원 소비자 공무원	3,328	4,130	3,521	3,620	3,325	17,924	창녕 안성 경주
친환경 농업기술	농업인 조합원	3,109	4,113	5,814	5,301	5,932	24,269	경주
-기타- 강의지원 특별교육	조합원 소비자	32,231	19,221	10,534	7,774	13,488	83,248	창녕 안성 경주
합계	-	61,913	43,439	34,655	35,750	40,794	216,551	-

---

11) 2010년 농협안성교육원 '농업인 교육 혁신방안' 연구 자료에 의하면, 현재 농업인 교육을 실시하는 주체와 내용은 다양하게 이루어지고 있음을 감안하여 다른 기관 및 단체(정부기관, 대학, 기타의 농업인 교육과 비교한 농협교육원의 교육위상 인식에 있어서 농업인들과 지도담당자들은 농협교육에 비교적 높은 위상을 부여하고 있었음. ① 다른 교육기관과 비교하여 농협교육원에서 실시하는 농업인 교육의 수준과 내용을 대체적으로 어떻게 평가하는 가에 대한 인식을 조사한 결과, 다른 기관에 비해 수준과 내용이 충실하다고 응답한 결과는 75.8%('매우 도움'과 '도움을 준 편'의 응답합계)로 비교적 높은 위상을 부여하고 있는 것으로 나타났음. ② 이러한 경향은 경영수준 영농경력, 교육경험, 성별 등의 특성에 있어서 별다른 차이 없는 대체적인 위상 부여의 경향을 나타내고 있었음. ③ 영농작목에 따른 인식경향에 있어서는 '인삼'과 '배'의 경우, '매우 높은 수준과 내용'과 '비교적 수준과 내용이 충실한 편'의 응답합계가 각각 50%로 다른 작목에 비해 농협교육원의 교육수준과 내용을 비교적 낮게 평가하는 경향을 보였음. ④ 조합의 지도담당자들에게 농협교육원 교육위상에 대한 인식을 조사한 결과, 다른 기관에 비해 수준과 내용이 충실하다고 응답한 결과는 84.9%('매우 도움'과 '도움을 준 편'의 응답합계)로 농업인들 보다 비교적 높은 위상을 부여하고 있는 것으로 나타났음. 따라서 농업인들과 지도담당자들의 교육효과성과 위상부여에 대한 이러한 인식결과는 협동조합 이념과 정신을 구현하고자 하는 농협직원들의 노력결과로 보여지며, 보다 더욱 농업인 본위와 실익에 입각한 교육 실천 노력을 앞으로 충실히 기울여야 하는 각오와 당위성을 나타내고 있음.

(2) 조합원 교육장 주요 교육과정

② 3개 교육원에서 운영 중인 과정을 유형별로 5개 군으로 통합 구분

구분	교육과정	대상	기간	교육원	주요내용	비고
경제 사업 활성화	경제사업활성화 핵심리더	임원, 대의원, 직원	2	창녕, 안성	경제사업활성화	
	경제사업활성화 현장교육	조합원	1	창녕	경제사업활성화	
	조합사업활성화 과정	조합원	1	안성	조합사업활성화	
	농축협핵심리더 테마체험	임원, 대의원, 직원	2	안성	리더십향상	
	공선출하회 육성	조합원	2	안성	산지유통활성화	
	공선출하회 핵심리더	조합원	3	안성	공선출하회육성	
농축협 경영 활성화	농축협 이사 기본과정	초선이사	3	창녕, 안성	이사의 역할	
	농축협 감사 기본과정	초선감사	3	창녕, 안성	감사의 역할	
	농축협 임원 리더십향상	임원과정이수자	3	창녕, 안성	리더십향상	
	농축협 대의원 교육과정	대의원	2	창녕	대의원역할	
	농축협 경영혁신과정	핵심조합원	2	창녕	자립경영기반	
	농축협 역량강화과정	조합원	1	창녕	주인의식고취	
	핵심조합원 리더십향상	조합원	2	창녕	조합운영활성화	
	여성조직 운영활성화	농주모, 고주모	3	창녕	여성의 역할	
	여성리더 역량강화	여성임원	3	창녕	리더십향상	
영농 축산 기술 유통 경영	최고기술 아카데미	선도농업인	3	안성	품종별재배기술	
	최고기술 아카데미향상	선도농업인	2	안성	한우, 딸기	
	전문농업기술	희망농업인	2	안성	블루베리, 사과	
	주산지현장 영농기술	조합원	2	안성	영농기술향상	
	핵심축산기술	한우농가	2	안성	한우인공수정	
	한우후계자육성	한우후계자	3	안성	사양관리	
	성공농업인MBA	조합원	3	안성	핵심역량교육	
	사과최고경영자	우수선도농업인	10	안성	사과영농기술	
	신소득작물	산채재배농가	3	안성	재배기술	
	새농민경영자	새농민회원	2	안성	농업경영전략	
	여성낙농최고경영자	여성낙농인	1	안성	한우경영컨설팅	
농업 농촌 이해 현장 인력 육성	전국새농민회	시군회장단	2	안성	조직활성화	
	농협이념확산교육	퇴직동인	1	창녕	동인자긍심고취	
	우리농축산물바로알기	영양사, 조리사	2	안성	농산물소비촉진	
	농축산물사랑소비자교육	도시소비자	2	창녕, 안성	농산물소비촉진	
	민관합동교육	유관기관	2	창녕, 안성	지역농업발전	
	귀농귀촌교육	도시민	2	창녕, 안성, 경주	귀농귀촌종합	
친환경 농업	친환경농업도입과정	농업인	2	경주	친환경도입	
	친환경농업인증농가	인증농가	3	경주	인증농가심화	
	친환경농업아카데미	인증농업인	3	경주	친환경농산물	
	친환경농업축산과정	축산농가	2	경주	친환경축산	
	친환경농업현장교육	작목반 등	1	경주	친환경현장교육	출장

	마이스터대학	선도농업인	2	경주	농민사관학교	
친환경 농업	친환경농업임직원	임직원	2	경주	친환경추진전략	
	친환경농업CEO	조합장, 지부장	2	경주	친환경추진전략	
	친환경소비자초대	우수고객소비자	1~2	경주	친환경이해증진	
	친환경농업그린유통	농업인	2	경주	경북농민사관학교	
	친환경농업이해	조합원, 소비자	1	경주	친환경이해증진	
	친환경농업명품귀농	귀농귀촌예정자	1	경주	핵심리더양성	

(3) 농협 조합원 교육장 교육수료 현황

① 조합원 교육장 교육수료 현황 분석

창녕, 안성, 경주 3개 교육원 5개년 교육수료 실적 데이터로, '11년은 전년대비 다소 증가했으나 2007년 이후 지속적으로 교육생 수가 감소하는 추세에 있다. 이것은 5년간 교육원을 풀가동 한다고 가정해도 전체 조합원의 약 10%미만 수준이다.

(단위:명)

구분	2007년	2008년	2009년	2010년	2011년	계(명)
창녕	33,565	24,934	19,117	16,555	20,016	114,187
안성	15,174	7,771	6,212	10,120	11,214	50,491
경주	13,174	10,734	9,326	9,075	9,564	51,873
계(명)	61,913	43,439	34,655	35,750	40,794	216,551

주) 1. 5개년 교육수료생(216,551명) / 5년 = 연평균 교육수료생 43,310명
　　2. 순수 조합원 교육생 약 4만명 : 소비자, 공무원 및 인솔직원 등 차감

② 연평균 4만명(1.64%) 조합원 교육 이수

· 농·축협 전체조합원(2,446천명)중 1년 동안 농협 조합원교육장에서 교육을 받은 조합원은 약 4만명으로 전체조합원 대비 구성비는 1.64%

· 4만명은 연평균 교육인원 43,310명에서 소비자, 공무원 및 직원 순수 농업인 조합원등을 차감한 순수 농업인 조합원수임

· 조합원교육 확대를 통한 조합사업 활성화 및 조합원 역량강화를 위해서는 턱없는 교육의 양적 실적임

· 질적 교육도 중요하지만 기본적으로 양적 성장 없이는 질적 성장이 어려운 만큼, 조합원 교육을 확대할 수 있는 방안 모색이 필요함

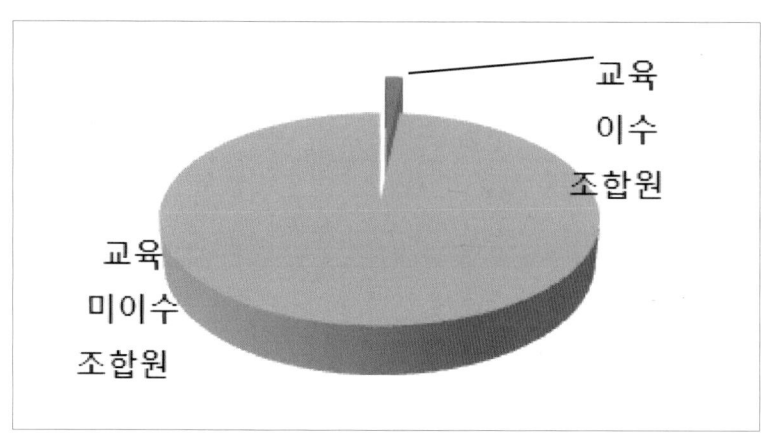

교육
이수
조합원

교육
미이수
조합원

(4) 농협의 조합원 교육현황 분석[12]

농업기술과정 부문과 친환경농업 부문 교육에 있어서는 안성교육원과 경주환경교육원의 전문 교수요원에게 자문을 얻어 분석하였으며, 그 외 협동조합이념 이해과정과 공통과정 등은 창녕교육원의 데이터베이스화된 자료와 2012년 입교 교육생을 대상으로 실시한 설문내용을 토대로 분석하였다.

가. 안성교육원 「농업기술 교육과정」 부문

가) 주요 취급과정

과정명	일수	교육대상	핵심 교육내용
주산지현장 영농기술	2	주산지 조합원	· 재배기술 · 병해충 예방

---

12) 2010년 농협안성교육원 '농업인 교육 혁신방안' 선행연구 자료에 의한 문제점을 살펴보면, 선행분석 등에 의해 나타나고 있는 문제점을 파악하고 교육과정 전체 제 요소의 고찰을 통하여 교육원의 농업인교육 관련 공통적인 문제점들을 도출하여 가장 심각하게 인식하고 있는 점들을 조사한 결과, 교수요원, 농업인, 지도담당자들간에 문제점 인식에 차이가 있었음. ① 교수요원의 교육원 농업인 교육운영 전반과 관련한 문제점 인식의 조사결과 교육대상자별 수준 고려 부족(전체 응답자의 54.1%), 사후관리 미흡(45.9%), 교육관련 사전요구조사 미흡(37.8%), 교육시설 및 장비 낙후(32.4%), 교육이수 혜택 미비(32.4%) 등을 가장 많이 문제점들로 인식하고 있었고, 교육예산 부족, 교육내용 실무중심성 부족, 교육목표 불명확 등은 문제점들로서 아주 적게 인식하고 있었음. ② 이와는 달리 농업인들은 지금까지 농협 교육원에서 받은 교육에 대한 미흡한 점들로서 교육방법상의 실습(참여)기회 부족(27.5%), 교육대상자별 수준고려 부족(20.5%), 사후관리 미흡(19.4%), 교육내용의 실무중심성 부족(17.0%), 교육시기와 기간 부적절(17.0%), 들을 지적하고 있었으며, 교수요원과 다른 문제점 인식을 하고 있었음. ③ 이러한 농업인의 문제점 인식은 영농작목, 경영수준, 영농경력, 교육경험, 성별 등의 특성에 있어서도 대체로 유사한 경향을 나타내고 있었음. ④ 한편, 지금까지 교육원의 농업인 교육에 대해 미흡하다고 여기는 지도 담당자들의 문제점 인식의 조사결과는 교육방법상의 학습(참여)기회 부족(43.1%), 교육시기와 기간 부적절(33.3%), 사후관리 미흡(33.3%), 교육내용의 실무중심성 부족(31.9%)등을 문제점으로 지적하고 있었으며, 농업인들과 매우 유사한 인식의 결과를 보였음. 따라서 농업인 교육대상자의 교육 요구사항과 문제점들을 인식하고 교육에 변화를 기하여 적극 실천하려는 의지가 중요하며, 더욱 농업인 중심의 입장에서 문제점 해결을 위해 노력하는 자세가 요구됨.

공선출하회 육성 (핵심리더 포함)	2	공선출하 회원	· 산지유통(현장학습 포함) · 유통환경 변화와 정책방향
최고기술 아카데미	3	선도농업인	· 재배기술(현장학습 포함) · 교육생 상호학습(토론)
최고기술 아카데미 향상	2	아카데미 수료생	· 유통정보 · 교육생 상호학습(토론)
전문농업 기술	3	선도농업인	· 재배기술(현장학습 포함) · 수확 후 관리기술 · 유통환경 변화
핵심축산 기술	2	한우번식농가	· 인공수정 실습
사과 최고경영자	2~3	사과 선도농가	· 재배관리 · 마케팅 · 품질관리 · 현장컨설팅
성공농업인 MBA	2	선도농업인	· 성공농업인 역량강화 · 문제해결기법 · 리더십향상
새농민 경영자	2	새농민본상 수상자 부부	· 농업경영
한우 후계자육성	3	한우 후계자	· 사양관리
신소득작물	3	산채 재배농가	· 재배관리 · 병충해관리

나) 농업기술 교육과정 수행을 통한 주요성과

○ 농업인 조합원의 품목별 재배기술 향상 지원
○ 농가소득 증대 및 한국 농업경쟁력 강화 지원
○ 대한민국 농업기술 교육원으로서의 메카 역할

다) 농업기술 교육과정의 문제점 내지는 한계점

○ 교육과정이 품목별 재배기술 등 영농기술분야에 집중
○ 정보화·유통·식품에 대한 정보제공 및 교육 미흡
○ 품목교육의 경우 농촌진흥청, 공공기관 교육원, 학교 등에서 중복 실시하고 있어, 기관
   별 특성화가 이루어지지 않고 있음
○ 농업기술 교육기관 간 경쟁을 통하여 교육의 질 향상이라는 장점이 있는가 하면, 예산
   의 낭비가 수반되고, 농업인 시간낭비 초래
○ 교육과정이 농업인에게 단계적으로 제공되지 못하고, 또한 다른 교육기관과의 교육과
   정과 연계되지 못하고 있음
○ 농업인 교육의 성과측정이 만족도나 출석에 의해서 이루어지고 있어 시험, 과제, 결과
   물의 평가 등의 사용이 미비함
○ 교육이 농한기(12, 1, 2월)보다 농업인이 영농활동에 바쁜 시기인 농번기(8, 9, 10월)에
   집중되어 많은 교육생이 교육혜택을 못 봄

○ 교육목표가 명확하게 설정되지 못한 경우가 많으며, 교육방법도 주로 강의식과 현장교육 방법이 주로 활용되고 있음

라) 농업기술 교육의 효율적인 개선방법

○ 농업이 더욱 더 경쟁력있는 산업이 되기 위해서는 생산기술 뿐만 아니라 정보화나 유통과 같은 다양한 분야의 교육도 제공 필요
○ 교육기관의 특성을 살린 기관별 특성화 교육과정 개발 및 수행
○ 지역 또는 권역권별 교육과정 개발을 통하여 농업교육 효율성 증가
○ 교육대상자 선발기준을 명확히 하여 농업인에게 단계적 교육 제공
○ 교육과정에 적합한 평가방법으로 효과를 측정한 다음 과정 설계
○ 교육내용에 따라 가급적 바쁜 영농철을 피한 교육운영 설계
○ 인터넷을 이용한 온라인 교육이나, e-러닝 형태와 온라인과 오프라인의 특성을 합친 블렌디드 학습에 적합한 교육과정 개발
○ 중복되는 교육과정과 교육기관의 조정 필요
○ 각 기관의 특성을 살린 교육개발과, 교육의 설계, 개발, 운영, 평가를 체계적으로 수행할 수 있는 시스템 구성 필요
○ 주어진 상황과 농업인의 교육적 욕구에 맞는 교육내용을 선정하여 명확한 교육목표를 설정하고, 그 목표를 달성할 수 있는 내용을 선정하여 적합한 교육방법으로 교육실시

나. 경주환경교육원 「친환경농업 교육과정」 부문

가) 주요 취급과정

과정명	일수	교육대상	핵심 교육내용
친환경 농업기술	2~3	친환경 농가	· 친환경농업의 필요성과 전망 · 친환경적인 토양관리 및 병충해 방제 · 수확 후 관리기술 및 상품화 전략 · 유통 및 마케팅 전략 · 친환경 농자재 조제 실습
친환경농업 축산과정	2	축산농가	· 친환경축산의 필요성 · 축산 정책 · 친환경축산 실천사례
친환경농업 이해과정	1~2	농협고객 농협가족 공무원, 교사 도시주부 등	· 친환경농업의 올바른 이해 · 친환경농장 견학 및 체험 · 친환경 생활 체험 · 농경문화 및 역사 탐방 등
친환경 명품 귀농과정	2	귀농·귀촌인	· 농업·농촌의 올바른 이해 · 귀농·귀촌 성공사례 · 친환경 농자재 조제 기술 · 귀농·귀촌 지원정책 · 성공농업인 농장견학 등

나) 친환경농업 교육과정 수행을 통한 주요성과

○ 농업인 신트렌드 부응 친환경농업 교육 실현
○ 정부정책 및 시장 트렌드와 함께가는 스마트 농업인 양성
○ 소비자와 소통 공감하는 유통 소비 촉진－착한/선한 소비
○ 대한민국 친환경농업 교육원으로서의 메카 역할

다) 친환경농업 교육과정 수행을 통한 한계점

○ 친환경농업 교육의 성과, 신뢰, 인프라 구축 미흡
○ 친환경교육 트렌드가 정부정책 방향과 다소 분리
○ 다양한 인증제도로 소비자 신뢰도 저하
○ 유기농산물과 유기가공식품으로 이원화된 인증제도
○ 저농약, 무농약 인증 등 현행 제도가 국제기준(CODEX)과 상이
○ 친환경농산물 부실인증사례 사후관리 체계 미흡
○ 생산 증대(양적 성장)에 비해 물류 및 유통기반 취약
○ 현장에서 필요로 하는 유기농업 기술개발 미흡

라) 친환경농업 교육의 효율적인 개선방법

○ 친환경농업 교육에 대한 체계적 인프라 구축
○ 친환경농업 교육은 선택이 아니라 필수로 인식
○ 친환경농산물 생산도 중요하지만 소비확보가 더 중요
○ 소비자의 수요확보는 신뢰감 조성 교육이 우선
○ 친환경 농산물 생산자의 인증가이드라인 준수
○ 소비자 및 생산자에 대한 지속적 교육 및 홍보 강화
○ 친환경농업 교육 수료자에 대한 사후관리 철저
○ 친환경 농산물 판매전략 교육 확대
○ 현장농가에 걸맞는 친환경 교육 콘텐츠 개발
○ 정부정책 방향과 연계된 친환경농업 교육 개발 등

다. 창녕교육원 교육과정 부문

지역농축협 조합원(임원 포함)을 대상으로는 2012년 다섯 차례, 또한 도시소비자(비조합원)를 대상으로는 한 차례에 걸쳐 설문조사를 실시하여 농업인에 대한 농협의 교육관련 사항을 조사 분석하였다.

가) 조합원(임원 포함) 대상 교육요구 조사

○ 조사일 : '12. 5 ~ 7월(3개월)

○ 조사대상 : 「조합감사 기본과정」, 「조합이사 기본과정 2개기」, 「경제사업활성화 핵심리더」, 「조합대의원 교육」 등 5개 교육과정 교육참석자 303명

○ 조사내용 : 협동조합이념 교육이수 여부, 협동조합이념 교육 필요성, 교육의 조합사업 활성화와 농업인 실익창출에의 기여 여부, 조합원의 주인의식 재무장에의 기여, 농협에서 해야 할 교육 콘텐츠 등

○ 조사방법 : 자기기입식 서면 설문조사

○ 응답현황

성별	남성			여성	
	229(75.6%)			74(24.4%)	

연령	30대 이하	40대	50대	60대	70대
	6(2.0%)	36(11.9%)	136(44.9%)	104(34.3%)	21(6.9%)

직책	일반조합원	대의원	이사	감사
	29	20	155	99

주요 컨텐츠	▷ 협동조합이념(정신) 교육 ▷ 조합원에 대한 건강교육 ▷ 우리조합 경영의 이해	▷ 조합원의 역할과 자세(주인의식) ▷ 조합과 조합원간 상생교육 ▷ 도시소비자에 대한 농업·농촌교육

나) 비조합원(도시소비자) 대상 교육요구 조사

○ 조사일 : '12. 5. 8 ~ 5. 10(3일)

○ 조사대상 : 「여성조직 활성화 과정」인 고향을 생각하는 주부들의 모임(고주모-도시소비자) 임원에 대한 교육과정 교육참석자 167명

○ 조사내용 : 농협의 우리농산물 애용확산 교육, 도시소비자에 대한 교육기여도, 농업인에 대한 기존교육의 효율성, 농협이 해야 할 농업인과 도시소비자에 대한 교육 콘텐츠 등

○ 조사방법 : 자기기입식 서면 설문조사

○ 응답현황

성별	남성		여성		
	-		167(100.0%)		

연령	30대 이하	40대	50대	60대	70대
	3(1.8%)	22(13.2%)	97(58.1%)	43(25.7%)	2(1.2%)

직책	전국 및 도·시·군 회장, 부회장 및 총무 등

주요 컨텐츠	▷ 농업인에 대한 올바른 먹거리 생산방법 및 마인드 고취 교육 ▷ 도시민에 대한 농업·농촌의 소중함과 신토불이 중요성 인식교육 ▷ 도·농 교류 활성화를 위한 도·농 상생교육 확대(농산물 판매 등) ▷ 시중은행과 농협의 차이점 이해교육 ▷ 우리농산물과 수입농산물의 구분방법 및 우리농산물 우수성 홍보 ▷ 농협의 사회적 공헌 및 기여에 대한 홍보·계몽 교육 확대 등

다) 농협 교육수요 및 요구 분석

(가) 조합원(임원 포함) 대상

설문은 조합원의 일반적 특성과 전문적 특성으로 구분하여 조사하였으며, 일반적 특성으로서는 성별, 연령, 교육이수 경험 및 조합원에 대한 농협 교육의 필요성 등이 있었고, 전문적 특성으로서는 평소 조합원들의 협동조합이념 투철정도와 주인의식 수준, 농협의 교육이 실질적으로 조합사업과 조합원 실익창출에 기여여부 및 세부적 필요로 하는 교육 콘텐츠 등이었다.

① 조합원이 본 조합원의 협동조합 정신 및 주인의식 수준
○ 응답자 303명 중 의식수준이 "높다" 이상의 응답은 108명으로 35.6% 수준에 이르고 있어 사업 추진에 필요한 여건 조성은 다소 부족한 것으로 나타남에 따라 교육을 통한 협동조합 이념과 주인의식 재무장이 필요한 것으로 분석되었다.
○ 응답자의 64.4%는 조합에 대한 주인의식이 보통 이하의 낮은 수준을 보이고 있어 적절한 교육기회가 주어진다면 의식수준 제고가 가능 것으로 분석되었다.

<조합원 협동조합 정신 및 주인의식 수준>

구분	매우높다	높다	보통	낮다	매우낮다	계
응답자(명)	37	71	140	52	3	303
비율(%)	12.2	23.4	46.2	17.2	1.0	100

② 조합원이 본 농협교육의 필요성

○ 조합원에 대한 농협 교육의 필요성에 대한 설문에 303명중 280명 즉, 92.4%가 필요 하다고 응답 한 것을 보면 평소 농협의 조합원들은 농협교육의 필요성과 중요성을 많이 인식하고 있었다.

<농협 조합원교육 필요성>

구분	매우필요	필요	보통	필요없음	전혀필요	계
응답자(명)	126	154	15	7	1	303
비율(%)	41.6	50.8	5.0	2.3	0.3	100

③ 조합원이 본 농협교육이 조합사업 및 조합원 실익에 미친 영향

○ 조합원의 피부에 와 닿는 농협교육의 실익성을 질문해 본 결과, 응답자 253명, 83.5%가 조합사업 활성화와 조합원 소득창출에 있어서 농협 교육의 기여도가 높다고 평가한 것을 보면 그 동안 조합원 교육장의 교육만족도가 비교적 높은 것으로 분석되었다.

○ 하지만 응답자의 50명, 즉 16.5%는 아직도 교육의 효과가 미미 하거나 없는 것으로 해석하고 있다. 이는 조합원 교육에 있어서 그동안 맞춤식 교육이 다소 미미했다는 자성을 하게 하며, 또한 사업구조 개편의 근본 취지가 판매농협을 구현하는데 있음에 따라 향후 조합실정과 조합원의 니즈에 걸맞는 교육이 실행되어야 하겠다는 분석되었다.

<교육의 조합사업 및 조합원 실익 기여 수준>

구분	매우높다	높다	보통	낮다	매우낮다	계
응답자(명)	96	157	45	4	1	303
비율(%)	31.7	51.8	14.9	1.3	0.3	100

(나) 비조합원(도시소비자) 대상

① 소비자에 대한 농업·농촌이해 농협교육 도움 여부

○ 농협이 도시소비자에 대한 교육을 통해 농업·농촌 발전과 우리농산물 애용 확산에 도움을 줄 수 있느냐는 설문에 응답자 167명 중 119명(71.3%)이 매우

도움이 된다는 의견을 보임

○ 응답자 10명 중 7명이 매우 도움이 된다는 것을 보면 1년에 1~2회에 그치고 있는 소비자교육을 확대 할 필요가 있다고 분석됨

<소비자에 대한 농업·농촌이해 농협교육 도움 수준>

구분	매우 도움	보통	도움 안됨	계
응답자(명)	119	47	1	167
비율(%)	71.3	28.1	0.6	100

② 소비자가 본 농협의 조합원(농업인) 교육 수준

도시 소비자의 입장에서 볼 때 농협이 소비자 중심의 농산물 생산과 출하에 대한 농업인 교육을 잘 시키고 있느냐는 설문 어떻게 생각하십니까라는 응답은 응답자의 167명 중 103명(61.7%)이 잘한다고 평가하고 있었다. 반면에 64명(38.3%)은 보통이 하로 평가함에 따라 아직도 소비자에 맞춘 조합원(농업인) 교육은 개선의 여지가 있는 것으로 나타났다.

<소비자가 본 농협의 조합원(농업인) 교육 수준>

구분	매우잘함	잘함	보통	미흡	매우미흡	계
응답자(명)	32	71	54	7	3	167
비율(%)	19.2	42.5	32.3	4.2	1.8	100

(다) 입교 교육생 연령 및 성별 구성 분석

금년도 수행과정 중 교육생 입교 비율을 분석하기 위하여 남녀가 함께 입교하는 주요과정을 대상으로 남녀별 입교 구성비와 연령대별 구성비를 살펴보았다.

① 남녀별 입교 구성비

2011년 말 기준으로 농축협 전체 조합원은 2,446천명으로 이중 여성 조합원은 695천명으로 28.4%를 차지하고 있다. 남녀가 동시에 입교하는 교육과정의 입교율 통계를 보면, 조사대상 3,293명 중 823명(25%)이 여성 조합원으로 나타났다. 향후 여성 농업인의 교육수혜가 더 많이 배려 되어야 함을 시사한다.

② 연령대별 입교 구성비

조합원 중 50대가 34%, 60대 38%, 50대 이상은 89%를 차지하고 있다. 이중 50~60세가 교육생의 주류를 차지한다는 것은 농촌의 고령화를 의미한다고 볼 수 있다. 따라서 젊은 세대 교육의 활성화를 시사하고 있다. 향후 30~40대를 타켓으로 한 조합원의 교육과정에 대한 개발이 시급함을 의미한다.

<임교 교육생 연령 및 성별 구성>

구분	20대	30대	40대	50대	60대	70대	80대	계
남성(명)	6	55	212	782	924	469	22	2,470
여성(명)	4	12	79	343	325	60		823
계	10	67	291	1,125	1,249	529	22	3,293

2) 협동조합의 핵심역량

(1) 핵심역량 개념과 협동조합 핵심역량[13]

가. 핵심역량 개념

① 핵심역량(Core competence)이란 다른 조직과 차별화 되는 최고의 수행(Best Practice)이라든가, 벤치마킹(Benchmarking)을 해야할 정도로 우수한 성과를 내는 특이한 조직의 능력이나 독자성, 강점, 특기 등 무형자산으로 볼 수 있는 개념이다.

② 즉, 경쟁조직과 비교하여 경쟁우위를 확보할 수 있는 자체 경영자원을 발굴하여 핵심역량으로 발전시키는 것이 중요하다. 따라서 핵심역량을 잘 유지·발

---

13) 성공농업인 핵심역량 교육과정 개발 보고서(농협안성교육원, 2008. 12)에 의한 제언사항은 다음과 같다. ①역량의 분석과 모델형성을 위해 사용되는 자료수집 방법은 여러 가지 방법이 있으며, 본 연구에서는 농업인 역량규명을 위하여 역량을 파악하는데 효과적이고 다른 방법을 통해 포착할 수 없는 심층적인 정보를 경험적으로 얻을 수 있는 "행동사건면접(BEI)기법"을 활용하여 자료를 수집하여 분석하였음. 이러한 적용기법의 장점에도 불구하고 행동사건면접(BEI) 기법이 직무사건에 초점을 둠으로써 직무의 다른 측면을 놓칠 우려가 있는 단점에 대해 유의해야 하며, 따라서 행동 사건면접(BEI)기법 이외의 다른 방법(전문가 패널, 설문조사, 과업/직능 분석, 직접관찰 등)을 사용하여 농업인 역량분석과 모델형성을 보완하는 후속 연구가 필요함. ②성공농업인 핵심역량 모델을 결정하기 위해 본 연구에서는 역량의 척도수준과 분석빈도에 의해 산출된 "역량점수"를 주된 기준으로 하고, 기타 사항을 종합적으로 고려하여 핵심역량 중요도 분석을 실시하였음. 그러나 핵심역량 모델에 대한 보완검증을 위하여 연구표본에 대한 유의도 검증 등 보다 정교한 통계적 분석이 필요함. ③핵심역량과 교육을 효과적으로 연결시키기 위하여 본 연구에서는 각 역량별 교육요소 24개를 도출하고 교육요소에 대한 컨셉을 반영하여 7개 교육과정을 설계하여 제시하였음. 교육시행을 위한 사전 요구사항으로서 교육과정 및 교육내용에 대한 니즈조사를 실시하고 결과를 적용하여 심도 있는 커리큘럼 구성과, 농업인의 눈높이를 맞출 수 있는 우수한 강사진 확보가 필요함. ④농업인에 대한 역량교육을 처음으로 개발하고 실시하게 됨에 따라 교육과정에 대한 홍보를 다각적으로 시행하여 효율성을 기할 필요가 있음.

전시킨 기업은 시장경쟁에서 생존하게 되고, 그렇지 못한 조직은 도태될 위기에 직면하게 된다.

나. 협동조합 핵심역량

① 협동조합사업의 공익적 기능

- 협동조합의 조합원을 위한 사업을 수행하면서도 지역금융과 농수축산물 등의 수급조절에 기여하면서, 시장의 효율성을 높이는 경제적 효과를 발생시키고 그 이익을 사회 및 비조합원 등 국민 모두에게 분배하는 중요한 기능을 수행하기 때문에 대부분의 국가는 법률적·제도적으로 협동조합을 육성하고 지원하고 있다.

② 협동조합 원칙에 따른 민주적 운영방식

- 주식회사와 달리 협동조합은 인적결합체로서 1인1표의 민주적 운영방식으로 일반 기업과 차별되는 협동조합의 고유 핵심역량을 가지고 있어 많은 사람들로부터 우호적 지지를 받고 있다.

③ 순수 토종자본의 민족기업 조직

- 주식시장에 상장하지 않기 때문에 외국자본에 의한 협동조합지배와 국부 유출이 없다는 점에서 국민들로부터 호응을 받는다.

<협동조합 핵심역량의 기능과 역할>

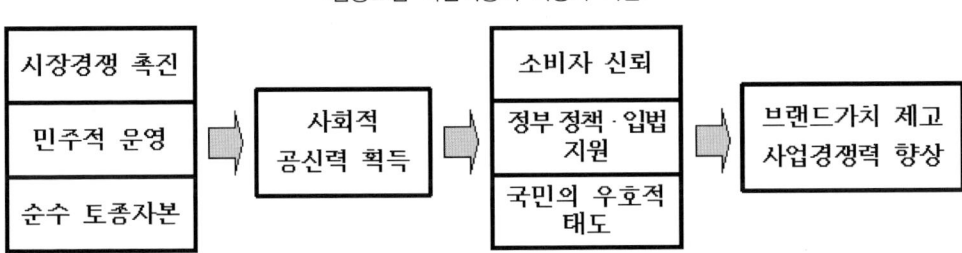

(2) 농협 조합원이 갖추어야 할 주요역량[14]

전문가패널(교수요원)의 역량모델링 분석을 통해 도출된 역량 프레임을 다시 압축하여 교육을 통해 조합원이 성취되어야 할 주요역량을 <표 5>와 같이 도출하였다.

<표 5> 농협 조합원의 주요 역량 조건

역량	교육을 통해 성취되어야 할 요소
비전창출	· 21C 농협 비전, 협동조합이념(정신) 이해
성취지향성[15]	· 조합사업 활성화를 위한 협동의식 무장
주도성	· 주인의식 재무장을 통한 조합 전이용 도모
정보수집[16]	· 우수농협 사례 벤치마킹 및 선진지 견학
창의력	· 글로벌 시대와 변화하는 소비자욕구 충족을 위한 노력
대인이해	· 조합원간 상부상조 및 도시소비자 욕구 이해
고객지향성[17]	· 소비자가 원하는 농산물 생산
영향력	· 윤리농업을 통한 농협농산물 브랜드 가치 상승
관계형성[18]	· 도·농상생 및 1사1촌 분위기 지속유지
타인육성	· 농업기술 및 경영 노하우 기술 상호공유
지시/주장	· 무임승차 조합원과 수면 조합원에게 영향력 발휘
투명한관리	· 소비자가 신뢰할 수 있는 농산물 생산에 전념
전문성[19]	· 농업전문가로서의 자부심과 지속적인 연구와 노력
유연성[20]	· 때로는 불편함과 손해가 있더라도 농협을 믿고 신뢰
조직헌신	· 권리보다는 의무를 앞세우며 농협 전이용

---

14) 성공농업인 핵심역량 교육은 인간의 학습과 변화에 대한 4가지 이론(성인체험교육이론, 동기습득이론, 사회학습이론, 자기주도변화이론)을 근거로 "Lyle M. Spencer"가 개발한 『핵심역량 교육을 위한 6단계 전략』을 참고하여 교육과정 전반에 응용할 필요성이 있음. 그리고 핵심역량 교육을 위한 6단계 전략은 제 1단계 : 인식(Recognition), 제 2단계 : 이해(Understanding), 제 3단계 : 자기평가(Self-Assessment), 제 4단계 : 실습/피드백(Practice/Feedback), 제 5단계 : 실천목표 설정(Application Goal-Setting), 제 6단계 : 후속 지원(Follow-Up Support)으로 구성되어 있음.

15) 성취 지향성(Achievement Orientation - ACH)역량의 정의 : ①성취를 평가하는 기준을 나름대로 설정한다. ②수행을 개선한다. ③비용 - 이익 분석을 한다. ④직무나 부문에서 혁신을 시도한다. 역량사례 : ①견학을 가서 선도농가들처럼 나도 저렇게 해야지 하면서 목표를 세웁니다. 선도농가들처럼 노력을 해야 합니다(박문석). ②딸기잼을 상당히 많이 팔게 됐어요. 딸기떡도 성공작 이고요. 돈도 되고 오신 분들도 상당히 즐거워하고요. 그리고 이제 또 한해 지나서 딸기고추장을 개발해서, 딸기 비빔밥까지 내놓게 됐어요 (남기순). ③투자했을 때 소득은 기업으로 보면 10년을 분기 점으로 해서 투자한 것이 11년부터 이익이 나오고 그 때부터 계산이 나옵니다(이회식). ④저희들이 남들이 생각하지 않는 거에서 저희들은 생각을 해서 계속 나갔거든요. 원료 쪽을 생각을 한 겁니다. 그래서 저희들이 세븐일레븐에 가면 삼각 김밥 처음에 나왔을 때 그걸 한 저희가 3년을 넣었어요(김상음).

16) 정보 수집(Information Seeking - INF)역량의 정의 : ①심층적으로 탐색한다. ②타인을 방문한다. 역량사례 : ①식용백합은 동의보감에 보면 폐 쪽에 한약재로 쓰이는 게 있고요. 중국 가면 백합에 관련된 상품이 많더라고요. 술도 있고 막걸리로 만들어 내는 것도 있고 하거든요(강항식). ②교수님이 보는 책자, 외국서적 번역해 놓은 책이 많이 있어요. 일반적으로 돌아다니는 책은 전혀 아니죠. 못 구해요. 그런 책은. 그래서 그 책을 꽤 많이 봤는데 그 책에서 찾아보니까 마찬가지로 이렇게 밖에 안 나오는 거에요 (오희용). ③농업벤처박람회 같은 데 가면 다양한 사람들이 다 옵니다. 농민들만 받는 교육이 아니고 농수산 홈쇼핑 사장부터 시작해서 공무원, 유통하시는 분, 무역하시는 분, 또 농민도 쌀만 하는 게 아니고 또 여러 가지 다 하는 분들이 오기 때문에 그런 데서 서로 얘기를 주고 받고 하다 보면 그게 더 큰 정보 교환이 되는 거에요(김상음). ④지나가다가도 버섯농장이 있으면 들어가서 뭐 물어 보고 심지어 가서 일도 거들어 주고 저 어떤 집은 또 가면 별로 신통치 않으면 그 다음에는 음료수라도 들고 가고 일도 해줘 가면서 이렇게 배우기 시작 했죠(김민호).

17) 고객 지향성(Customer Service Orientation : CSO)역량의 정의 : ①상호 기대 사항에 대해 지속적으로 의사소통한다. ② 일이 더 잘 되도록 행동을 취한다. ③근본적인 욕구를 중시한다. 역량사례 : ①그 전부터 해 왔지만 이제 한 1,500명

(3) 소비자(비조합원)가 갖추어야 할 주요역량

소비자(비조합원)의 협동조합과 농업·농촌·농협에 대한 인지를 파악하여, 필요
역량요소를 도출한 후 실질적으로 교육과정 프로그램에 반영할 필요역량을 <표 6>
와 같이 재정리 하였다.

<표 6> 소비자가 갖추어야 할 주요 역량 조건

역량군	교육을 통해 성취되어야 할 요소
협동조합 이해	· 협동조합 기본법 및 제정 의의 이해
	· 국제협동조합(ICA) 이해(7대원칙 및 역할)
	· 자본주의와 협동조합의 관계 이해
	· 협동조합과 주식회사의 차이 이해
	· 협동조합 이념과 기본정신 이해
	· 현존 대한민국 협동조합들의 역할과 기능 이해

정도 됩니다. 그분들에게 올해는 좀 메시지도 보내고 추석 때 조그만 거라도 농산물 브로콜리 같은 거 나오게 되면 선물도 하고 안내장도 보내고 관리합니다(정정호). ②저 같은 경우는 참외가 맛있어야 소비자가 인정을 하지, 참외가 수분이 빠져 맛이 좀 뭣한데 그걸 판매할 수는 없지 않습니까? 오후에 수확을 하면 참외수분이 빠져 나가서 신선도가 빨리 파괴가 됩니다. 그러니 참외 따는 시기는 오전 밖에 못 따니까 얼마 양을 많이 못 땁니다(박문석). ③저는 친환경 무농약 인증을 받아서 재배하면서 그 재배 과정이라든지 생산이력을 다 올리고 있죠. 그것은 우리가 농사짓는 재배환 경이라든지 우리가 가공하는 가공과정 이런 것을 홈페이지 쇼핑몰에서 보면 굉장히 자세하게 설명이 됩니다(이윤기).

18) 관계 형성(Relationship Building : RB)역량의 정의 : ①때로 격의 없는 접촉을 한다. ②라포(rapport)를 형성한다. 역량사례 : ①은행을 사다가 돈이 떨어져서 계좌번호 써서 서로 간에 믿으면 가능하고 그런 믿음이 없으면 은행을 못사는 거죠(한두진). ②항상 협의하고 공무원들하고도 술 한잔씩 먹으면서 이야기를 하고 그래야 상대편이 어떻게 받아들 일까 해서 말 못하는 부분도 술 한잔 기울이면서 사는 이야기 하면 다 나오고 대화도 잘 됩니다(이회식). ③ "우리 일 해 주는 분들인데.." 이러면서 인부들과 편하게 지냈어요. 심지어는 이 앞 개울에서 투망 갖고 고기를 잡아서 공사업 체 사람들하고 매운탕 이라도 내가 못 끓이면 거기 또 끓이는 사람이 있어요. 그런 인간관계가 맺어지는 것 같더라고 요 그래서 IMF 위기를 무사하게 넘어갔어요 (김민호). ④생일 다 적어 놨다가 생일 되면 전부 케익 만들어다 드리고 그래서 그런지 처음부터 친했어요. 여기 분들하고(김동규).

19) 전문성(Technical/Professional/Managerial Expertise - EXP)역량의 정의 : ①지식의 기반을 확대한다. ②다양하고 복잡한 과업을 수행할 정도의 지식을 활용한다. ③다년간의 직무 경험과 교육을 통해 직업상의 고급 스킬을 습득한다. ④기술 지식을 응용해서 부가적인 영향을 준다. 역량사례 : ①진흥청, 농업벤처대학 교육 프로그램이 상당히 저 같은 경우에는 변화가 빨리 오게 만들어 줬거든요 (김상음). ②우리 나라에도 은행나무에 관한 책이 한 두권 있기는 하지만 거의 유명 무실한 책이라고 저는 보기 때문에 은행나무 책을 쓰거는데.... (한두진). ③농업도 경영농업을 해야 된다는 그런 것 때 문에 대학원에서 경영학을 공부하게 되었어요(강학성). ④작물재배관리를 기술교육도 하고 가르쳐 주고 그렇게 다니 고 하다 보면, 체크를 하다보면 제가 기술관리를 하면서 작물의 치료 이런 거 까지 다 해줘 봤거든요(오희용).

20) 유연성(Flexibility : FLX)역량의 정의 : ①상황이나 타인의 반응에 맞춰 자신의 단기 전략을 조절한다. ②자신의 장기적 전략, 목표, 혹은 프로젝트를 상황에 맞게 조정한다. 역량사례 : ①홍화씨 환, 마늘환, 육쪽 마늘환, 청국장환 다 일회 용입니다. 일회용으로 바로 야외에서 스틱 포장 돼 가지고, 한 번에 먹을 수 있는 상품으로 차별화 했습니다 (이윤기). ②90년대 초에 KBS에서 농업도 경영이다. 규모가 있어야 성공할 수 있다. 그런 프로그램을 본 적이 있어요. 그래서 그 길로 여러 가지 하는 거를 서서히 접고 산더덕 하나만을 대량으로 했습니다(조남상). ③그 때 허브를 만나서 97년 도부터 준비를 해서 99년도에 이제 오픈을 했습니다(이종노). ④김치냉장고가 나오고 하니까 배추농사가 안 되겠다 하는 생각이 들었지요. 여지 껏 배추만 해도 먹고 살았는데 사과를 해 가지고 내가 더 고생해서 뭐 하겠나 이런 생각 과 고심을 많이 했어요. 품목 전환하기에 무척 고민을 했습니다(정명화).

농협 이해	·농업협동조합(농협)의 탄생과 발전 이해
	·농업협동조합(농협) 하는 주요 사업내용 인지
	·농업·농촌을 지키기 위해 홍보·계몽하는 농협의 역할
	·국민의 먹거리 생산을 전담하고 있는 농협 이해
	·농협이 존재함으로서 사회·경제적으로 공헌하는 일
	·한국협동조합의 리더로서의 농협의 역할 이해
농업·농촌 이해	·농업·농촌이 발전이 대한민국 모든 경제의 기본
	·농업인 감소와 농촌의 고령화 현실의 어려움 이해
	·FTA가 한국농업에 미치는 영향 이해
	·1사1촌 자매결연 및 식사랑 농사랑 운동의 의의 이해
	·우리농산물을 애용해야 하는 이유 인지
	·농업·농촌은 대한민국 국민의 영원한 생명창고

3) 우리나라 협동조합의 조합원교육 현황

(1) 개관

농업협동조합(농협)을 제외한 7개 협동조합의 현행 조합원 교육 형태 및 기타 일반적인 조합원 교육관련 현황을 조사하였고, 아울러 「협동조합 기본법」관련 교육시행 여부도 조사해본 결과, 수협중앙회만 농협에는 미치지 못하지만 비교적 조합원교육을 체계적으로 실시하고 있었고, 나머지 협동조합은 수동적이고 주기적으로 하지 않는 것으로 파악되었다.

가. 협동조합의 조합원대상 교육

수협중앙회를 제외한 대부분의 협동조합들이 조합의 교육신청에 의거 교육을 하거나, 임직원 교육대비 조합원교육에 그다지 매진하고 있지 않았다.

교육원이란 용어를 사용하는 곳도 있었고, 연수원 또는 인력개발원이란 용어를 사용하는 곳도 있었으며, 특히, 생협은 전국에 산재해 각 연합회로 구성되어 있었고, 연합회 상호간 이질적이라 협력이란 찾을 수 없었고 체계가 복잡한 형태였다.

나. 협동조합 기본법 이해교육 현황

iCOOP생협을 제외하고는 별도 협동조합 기본법 이해교육을 실시 하고 있지 않았으며, 단지 수협과 새마을금고 및 중소기업협동조합 중앙회만 협동조합 강의 중에 기본법 관련 내용을 일부 언급하고 있다고 조사되었다.

다. 주요과정 및 내용

① 협동조합론(정신, 원칙 등)

② 각 협동조합의 필요 기술과정

③ 해당조합의 역사와 취급 상품 설명

④ 조합 경영상황

⑤ 먹거리 및 식생활 문화

⑥ 건강 및 교양

⑦ 조합과 중앙회 화합 등

(2) 수협중앙회 조합원 교육관련 현황

■ 본점 소재지	· 서울시 송파구 오금로 62
■ 조합원 교육원(연수원) 수(개)	· 1개
■ 교육원(연수원) 소재지	· 충남 천안 병천면 봉황로 135
■ 조합 수(개)	· 전국 92개
■ 조합원 수(준조합원 수)	· 전국 167,869명(1,319,459명)
■ 교육원(연수원) 교수요원 수	· 원장 포함 4명(일부 외부강사 활용) · 본부 4급이상 책임자를 강사 활용
■ 연평균 교육횟수(기수)	· 40회
■ 연평균 수료교육생 수	· 3,000명
■ 교육형태(당일, 숙식 등)	· 연수원 입교 1박2일 형태
■ 주요 실시과정(주요 내용)	· 협동조합론 · 리더십과정 · 수산업기술과정 · 건강·교양과정 · 조합과 중앙회 화합 등
■ 협동조합기본법 이해과정 실시 여부 ― 미실시 경우 향후 실시 예정 여부	· 실시하고 있지 않음 · 별도 계획도 없음
■ 협동조합기본법 이해과정 실시내용	· 미 실시 · 협동조합론 시간에 일부 설명
■ 기타 특이사항	· 연수원이란 용어를 사용 · 부족강사는 외부강사 및 본부 4급 이상 책임자를 강사로 활용

(3) 생활협동조합 조합원 교육관련 현황

■ 주요 생활협동조합 종류 및 개수	·한국소비자생활협동조합연합회 ·한국대학생활협동조합연합회 ·iCOOP연합회(소비자활동/생협사업) ·여성민우회생활협동조합연합회
▷ 한국소비자생활협동조합연합회	·활동 : 공정무역, 나눔문화 등 ·회원 : 한국소비자중앙생협 외 8개
▷ 한국대학생활협동조합연합회	·활동 : 대학구성원의 복지추구 ·회원 : 30개(국공립18, 사립12)
▷ iCOOP생활협동조합연합회(양분) ─ 소비자활동 연합회 ─ 생협사업 연합회	·활동 : 식품안전,농업과 환경 지킴 ·회원 : 전국 73개
▷ 여성민우회생활협동조합연합회	·활동 : 여성인권보장, 식품안전 ·회원 : 고양파주여성생협 외 5개
■ 조합원 교육원(연수원) 수(개)	·대부분 자체보유 교육장은 없음 ·각 지역별 센터 활용(공공장소 등)
■ 교육원(연수원) 교수요원 수	·상근 교수요원은 없음 ·생협內 우수활동가 및 외부강사
■ 교육형태(당일, 숙식 등)	·당일교육 형태
■ 주요 교육내용	·협동조합론(정신 및 원칙 등) ·먹거리 및 식생활 문화 ·취미 소모임 등
■ 협동조합기본법 이해과정 실시 여부	·iCOOP소속의 일부생협 등만 지역 주민대상 협동조합기본법 교육 중
■ 협동조합기본법 이해과정 실시내용	·협동조합은 무엇인가? ·자본주의 시대 협동조합 기업 ·행복한 복지사회 협동조합으로 등
■ 기타 특이사항	·농협 및 수협처럼 체계가 제대로 갖추어 지지 않은 자발적 조직

(4) 신용협동조합 조합원 교육관련 현황

■ 본점 소재지	·대전시 서구 하밭대로 745
■ 조합원 교육원(연수원) 수(개)	·1개
■ 교육원(연수원) 소재지	·대전시 유성구 동서대로 49
■ 조합 수(개)	·전국 955개
■ 전국 조합원 수	·600만명(2020년 1000만명 목표)
■ 교육원(연수원) 교수요원 수	·원장 포함 11명
■ 연평균 교육횟수(기수)	·조합의 신청에 따라 수동적으로 하여 대중 없음
■ 연평균 수료교육생 수	·약 10,000명

■ 교육형태(당일, 숙식 등)	· 당일 하루 1~2강좌 후 식사 후 귀가 · 농협 일일방문교육 형태와 유사
■ 주요 실시과정(주요 내용)	· 협동조합론(정신, 원칙 등) · 조합 경영상황 이해 · 건강·교양과정 등
■ 협동조합기본법 이해과정 실시 여부 ─ 미실시 경우 향후 실시 예정 여부	· 현재는 실시하고 있지 않음 · 내년도 사업계획에 반영 고려 중
■ 협동조합기본법 이해과정 실시내용	· 현재 미 실시
■ 기타 특이사항	· 조합원교육을 중앙회 교육부서가 연중계획을 세워 체계적으로 운영하는 것이 아니라 조합이 신청하면 교육을 해주는 수동적 방식임

(5) 새마을금고 조합원 교육관련 현황

■ 본점 소재지	· 서울시 강남구 삼성동 164
■ 조합원 교육원(연수원) 수(개)	· 2개 : 교육용 1, 휴양용(제주) 1
■ 교육원(연수원) 소재지	· 충남 천안 동남구 목천읍 동리
■ 조합(회원) 수(개)	· 전국 1,432개
■ 조합원(회원) 수	· 1,660만명
■ 교육원(연수원) 교수요원 수	· 원장 포함 9명
■ 연평균 교육횟수(기수)	· 약 100기(과정 수 : 33개)
■ 연평균 수료교육생 수	· 약 15,000명
■ 교육형태(당일, 숙식 등)	· 대부분 당일교육 형태
■ 주요 실시과정(주요 내용)	· 협동조합론(법, 원칙 등) · 새마을금고 역사 · 금고와 일반은행의 차이점 · 금고 취급 금융상품 등
■ 협동조합기본법 이해과정 실시 여부 ─ 미실시 경우 향후 실시 예정 여부	· 실시하고 있지 않음 · 별도 계획도 없음
■ 협동조합기본법 이해과정 실시내용	· 미 실시 · 협동조합론 강의중에 기본법 설명
■ 기타 특이사항	· 연수원이란 용어를 사용 · 조합원대신 회원이란 용어를 사용 · 주로 조합원(회원)교육보다 임직원 교육을 많이 함

(6) 엽연초조합 조합원 교육관련 현황

■ 본점 소재지	・대전시 서구 둔산2동 1305
■ 조합원 교육원(연수원) 수(개)	・1개
■ 교육원 소재지	・대전 대덕구 읍내동 171
■ 조합 수(개)	・전국 15개
■ 조합원 수	・전국 4,712명
■ 교육원(연수원) 교수요원 수	・원장 포함 4명
■ 연평균 교육횟수(기수)	・약 15회(기수당 20~30명 내외)
■ 연평균 수료교육생 수	・약 500명
■ 교육형태(당일, 숙식 등)	・연수원 입교 1박 2일 ・현지출장 교육
■ 주요 실시과정(주요 내용)	・협동조합론 ・연초재배 실무위주 교육
■ 협동조합기본법 이해과정 실시 여부 ー미실시 경우 향후 실시 예정 여부	・실시하고 있지 않음 ・별도 계획도 없음
■ 협동조합기본법 이해과정 실시내용	・미 실시
■ 기타 특이사항	・교육원이란 용어를 사용 ・기존 조합원포함 신규 비조합원으로 구성되는 "콩"을 중심으로 한 새로운 영농법인을 만드는 중 ・교육원을 폐원할 계획 중에 있음

(7) 산림조합중앙회 조합원 교육관련 현황

■ 본점 소재지	・서울시 송파구 석촌호수로 166
■ 조합원 교육원(훈련원) 수(개)	・총 3개
■ 교육원(훈련원) 소재지	・강릉, 경남양산, 전북진안
■ 조합 수(개)	・전국 142개
■ 조합원 수	・전국 492,000명
■ 교육원(훈련원) 교수요원 수	・원장 포함 35명(3개 훈련원 전체)
■ 연평균 교육횟수(기수) ■ 연평균 수료교육생 수	・중앙회차원 교육은 3년 주기로함 ー대상 : 조합 이・감사 및 대의원 ー금년은 조합원교육 실시치 않음 ・조합원교육은 주로 조합자체가 함 ー연 평균 약 5,000~6,000명
■ 교육형태(당일, 숙식 등)	・당일 및 숙식(기간 다양) ー1박2일부터 ~ 4주까지 다양함
■ 주요 실시과정(주요 내용)	・정책적 교육 많이 함 ・정부 위탁교육 다수 ・임업기술 및 임업기계장비 기능

■ 협동조합기본법 이해과정 실시 여부 －미실시 경우 향후 실시 예정 여부	· 실시하고 있지 않음 · 별도 계획도 없음
■ 협동조합기본법 이해과정 실시내용	· 미 실시
■ 기타 특이사항	· 훈련원이란 용어를 사용 · 임업을 하려는 일반인 교육도 많음 －임업기계장비 취급 교육수료증이 　필요한 사람 등

(8) 중소기업협동조합중앙회 조합원 교육관련 현황

■ 본점(중앙회) 소재지	· 서울시 영등포구 여의도동 16-2
■ 조합원(회원) 교육원(인력개발원)	· 1개(인력개발원)
■ 교육원(인력개발원) 소재지	· 서울시
■ 회원 수(개)	· 전국 700여 개
■ 조합원(업체) 수	· 전국 30,000여 개
■ 교육원(인재개발원) 교수요원	· 교수는 없고 역량있는 직원 활용 －주로 외부강사를 많이 활용
■ 연평균 교육횟수(기수)	· 주기적으로 하지 않음(필요시 함)
■ 연평균 수료교육생 수	· 회원(조합업체)의 신청 시 실시
■ 교육형태(당일, 숙식 등)	· 연수원 입교 2박3일 형태 · 현지출장 맞춤식 교육
■ 주요 실시과정(주요 내용)	· 중소기업 직무교육과정 －총무, 회계 실무 등 · 협동조합 직무교육과정 · 기업별 맞춤형 교육과정 등
■ 협동조합기본법 이해과정 실시 여부 －미실시 경우 향후 실시 예정 여부	· 실시하고 있지 않음 · 별도 계획도 없음
■ 협동조합기본법 이해과정 실시내용	· 미 실시 · 협동조합 시간에 일부 설명
■ 기타 특이사항	· 인력개발원이란 용어를 사용 · 조합이라는 용어대신 "회원"사용 · 부족강사는 외부강사 및 본부 4급 　이상 책임자를 강사로 활용

(9) 조합원 교육장(안성, 창녕, 경주) 교육과정

가. 안성교육원

과정명	일수	기수당 인원(명)	교육대상	교육내용
협동조합기본법	1~2	50~150	계통임직원, 조합원, 일반인	○ 협동조합기본법 ○ 한국농협 이해 등
농협이념핵심가치	1	-	전 계통임직원	○ 농협이념(정신) ○ 농협 핵심가치

경제사업활성화 핵심리더	2	150	임원, 대의원, 조직장, 직원	○ 협동조합이념, 주인의식 ○ 조합사업 전이용 ○ 경제사업활성화 전략
주산지현장영농기술	2	100	주산지 조합원	○ 영농재배기술 ○ 병충해예방
공선출하회육성	2	100	공선출하 회원	○ 산지유통 ○ 유통환경변화와 정책방향
농·축협이사기본	3	150	조합 초선이사	○ 협동조합 경영관리 ○ 이사의 기능과 역할
농·축협감사기본	3	150	조합 초선감사	○ 협동조합 경영관리 ○ 감사의 기능과 역할
임원리더십향상	3	150	재선 이감사	○ 이·감사 역량강화
최고기술아카데미	3	15	선도농업인	○ 재배기술 ○ 상호학습(토론) ○ 현장학습
최고기술아카데미향상	2	30	아카데미 수료생	○ 유통정보 ○ 상호학습(토론)
농협핵심리더 테마체험	2	100	농·축협 핵심리더	○ 농협 전이용 교육 ○ 협동조합의 이해 ○ 체험학습
조합사업활성화	2	100	농·축협 핵심리더	○ 농협 전이용 교육 ○ 협동조합의 이해
핵심축산기술	2	50	한우번식농가	○ 인공수정 실습
전문농업기술	3	100	선도농업인	○ 재배기술 ○ 수확 후 관리기술 ○ 유통환경 및 현장학습
성공농업경영자	2	30	선도농업인	○ 성공농업인 역량강화 ○ 문제해결기법 ○ 리더십 향상
우리농축산물 사랑 소비자	2	200	도시소비자	○ 우리 농축산물 올바른 이해 ○ 소비촉진
사과최고경영자	2~3	30	사과 선도농가	○ 재배관리 ○ 마케팅 및 품질관리 ○ 현장컨설팅
새농민경영자	2	30	새농민본상 수상자 부부	○ 농업경영
우리농축산물 바로알기	2	200	영양사, 조리사	○ 우리 농축산물 올바른 이해 ○ 소비촉진
민관합동	2	200	공무원, 지역농업단체장, 농협 임직원	○ 지역농업의 이해 ○ 시·군 금고계약 지원
도시민농업창업 (과수)	8주	25	귀농 희망자	○ 귀농·귀촌 기초이론 ○ 귀농·귀촌 체험실습
신소득작물	3	100	산채재배농가	○ 재배기술 ○ 병충해관리
한우후계자육성	3	70	한우 후계자	○ 사양관리
전국새농민회	2	250	새농민회 회원	○ 경영관리
꿈나무금융·경제 가족캠프	3	40	4~6학년초등 학생, 학부모	○ 테마체험 금융교실
공선출하회핵심 리더	3	100	공선출하회 회원	○ 현장학습 ○ 유통이론
귀농귀촌향상	2	25	귀농교육 수료생	○ 귀농정보 교환 및 실습

나. 창녕교육원

과정명	일수	기수당 인원(명)	교육대상	교육내용
협동조합기본법	1~2	50~150	계통임직원, 조합원, 일반인	○ 협동조합기본법 ○ 한국농협 이해 등
농협이념핵심가치	1	-	전 계통임직원	○ 농협이념(정신) ○ 농협 핵심가치
농·축협이사기본	3	150	조합 초선이사	○ 협동조합이념 이해 ○ 이사의 역할과 자세 ○ 농협법 및 회계원리
농·축협감사기본	3	150	조합 초선감사	○ 농협법, 감사실무, 회계 ○ 감사의 역할과 자세
임원리더십향상	3	150	재선 이사, 감사	○ 임원 리더십 ○ 창조경영
농·축협대의원	2	150	조합 대의원	○ 협동조합이념 이해 ○ 대의원의 역할과 자세 ○ 조합 경영원리의 이해
농·축협경영혁신	2	200	임원, 대의원, 내부조직장	○ 협동조합이념 이해 ○ 조합원의 역할과 자세 ○ 조합사업 활성화 방안
농·축협역량강화	1	150	핵심조합원	○ 농협이념 이해
핵심조합원 리더십 향상	2	80	핵심조합원	○ 농협이념 이해 ○ 대인이해/관계형성 역량
맞춤형 현장교육	1	150	조합원	○ 수요자 중심 맞춤설계 교육
경제사업활성화 핵심리더	2	200	핵심조합원	○ 협동조합이념 이해 ○ 경제사업활성화 전략 ○ 조합원의 역할과 자세
경제사업활성화 현장컨설팅	1	150	핵심조합원	○ 협동조합이념 이해 ○ 경제사업활성화 전략 ○ 유통활성화 방안
여성조직운영 활성화	3	200	농주모, 고주모 부녀회	○ 협동조합이념 이해 ○ 여성지도자의 자세 ○ 여성조직육성 방안
여성리더역량강화	3	200	조합 여성임원, 대의원	○ 임원, 대의원의 역할과 자세 ○ 여성지도자의 변화관리
지역농업발전 민관합동교육	2	200	도, 시, 군 단위 농업인, 유관기관, 농협임직원	○ 지역농업발전 방향 ○ 리더의 역할과 자세 ○ 농업·농촌·농협 이해 ○ 지역민과의 상생 방안
소비자교육	2	150	초, 중, 고교생, 영양사, 학부모	○ 농업·농촌·농협 이해 ○ 우리 농축산물 애용 홍보
농협이념확산	1	150	농협퇴직동인	○ 농협이해 및 홍보
귀농·귀촌 교육	45일	30	귀농·귀촌인	○ 농업·농촌 이해 ○ 귀농성공전략 ○ 기초농업 기술 ○ 선도농가 체험

다. 경주교육원

과정명	일수	기수당 인원(명)	교육대상	교육내용
협동조합 기본법	1~2	50~100	계통임직원, 조합원, 일반인	○ 협동조합기본법 ○ 한국농협 이해 등
친환경농업 도입과정	2	60	친환경도입 희망 농업인, 작목반	○ 친환경농업의 필요성과 전망 ○ 토양관리 및 병충해방제 ○ 친환경 실천사례
친환경농업 인증농가	3	60	저농약인증농가 무농약인증농가	○ 친환경적인 토양관리 ○ 자연자재활용 병충해방제 ○ 수확 후 관리기술 ○ 상품화 전략 ○ 유통 및 마케팅전략
친환경농업 아카데미	3	60	무농약인증농가 유기인증농가	○ 친환경적인 토양관리 ○ 자연자재활용 병충해방제 ○ 친환경농산물 마케팅전략 ○ 친환경농자재 조제실습 ○ 리더십 및 경영능력 향상
친환경농업 축산과정	2	60	축산농가	○ 친환경축산의 필요성 ○ 축산정책 ○ 친환경축산 실천사례
친환경농업 현장교육	1	150	친환경 도입 및 확산을 위한 시군지부 및 조합	○ 친환경농업의 필요성과 전망 ○ 친환경적인 토양관리 ○ 친환경 병충해 방제 ○ 친환경농자재 활용 및 조제
마이스터대학 (농민사관)	40	20	무농약이상 인증 받은 농업인 중 친환경채소 재배 농업인	○ 친환경농업 실천 필요성 ○ 친환경농업 정책 ○ 원예작물 천적방제기술 ○ 친환경농산물 마케팅전략 ○ 현장교육 및 해외연수 ○ 토론 및 사례발표
친환경농업 그린마케팅	2	30	저농약이상 친환경인증농업인, 시장·군수추천을 받은이	○ 친환경농업 육성정책 ○ 친환경 인증 및 관리제도 ○ 친환경적인 토양관리 ○ 친환경농자재 조제 실습 ○ 마케팅전략, 유통활성화 방안 ○ 소비자가 원하는 농산물
친환경농업 임직원과정	2	60	중앙회 및 조합 임직원	○ 친환경농업 정책 및 추진방안 ○ 친환경농산물 인증 및 관리 ○ 친환경농업 유통 활성화 ○ 상호학습 및 현장견학
친환경농업 CEO과정	2	60	조합장, 부서장, 시군지부장	○ 친환경농업 정책 및 추진방안 ○ 친환경농산물 인증 및 관리 ○ 자체사례 발표 등
친환경농업 소비자과정	1	60	농협고객 직원가족 도시주부	○ 친환경농업의 올바른 이해 ○ 친환경농장 견학 및 농촌체험 ○ 친환경 생활체험
친환경명품 귀농과정	2	30	귀농·귀촌인	○ 농업·농촌의 올바른 이해 ○ 귀농·귀촌 성공사례 ○ 기초 영농기술 ○ 성공농업인 농장견학 ○ 농촌관광사업 추진 우수마을 견학

(10) 테마별(안성, 창녕, 경주) 교육과정 바이블

가. 목적 및 용도

○ 조합원 교육장에서 운영하고 있는 다양한 주요 교육과정의 교육목표, 대상, 주
요내용 및 특성을 일목요연하게 요약 제공

○ 조합별 특정사업이 미진하거나 특정부문을 강화해야 할 경우 어떤 교육을 신
청해야 적당한지를 가이드 해주는 교육지침서 역할

나. 교육과정명

	테마(니즈)	힐링 교육과정	비고
1	- 조합과 조합원 불신관계 - 조합원 요구사항 증가 - 조합원 상호간 신뢰부족 - 조합원 전이용 마인드 부족 - 사업 및 경영 총체적 지난	○ 농축협 역량강화 과정 ○ 조합사업 활성화 과정 ○ 농축협 경영혁신 과정	창녕, 안성
2	- 조합원 계통출하 미흡 - 조합 판매사업 활성화 도모 - 핵심조합원중심 사업활성화	○ 경제사업활성화핵심리더 ○ 경제사업현장컨설팅	창녕, 안성
3	- 조합원들이 원거리 및 장기 교육을 꺼려(조합 원거리) - 농번기 시 교육 - 교육비나 기타 경비가 우려	○ 조합 현지출장교육 ○ 교육원 초빙(현장교육) ○ 교육원 일일방문 교육	창녕, 안성 경주
4	- 주부역할 활용 사업활성화 - 하나로마트 사업 활성화 - 여성 및 여성조직 활성화	○ 여성조직 활성화 교육 (농주모, 부녀회, 고주모) ○ 여성리더 역량강화 과정	창녕
5	- 핵심리더 사업활성화 솔선 - 대의원들이 권리만 주장 - 조합과 조합원 가교역할 강화 - 대의원들의 역할 부재	○ 조합 단위 대의원교육	창녕
6	- 직원들의 불친절이 조합원들 에게 자주 회자 될 때	○ 직원의식 및 CS교육 -교육원 교수 초빙	창녕, 안성 경주
7	- 조합임직원과 조합원간 불만족 - 〃 결속력 부족	○ 사무소단위 상생교육 -주말교육 활용(금~토) ○ 교육원 일일방문교육	교육원과 사전협의
8	- 조합 임원간 갈등 - 임원의 업무·경영능력 부재	○ 농축협 임원기본(초선) ○ 농축협 임원리더십(재선)	창녕, 안성
9	- 조합 지도사업 활성화 - 지도계 및 여성복지계 업무능력 향상	○ 조합 교육담당자 집합 교육(교육원 교육)	경영지원부
10	- 조합사업 활성화 동력확보 - 농협 우호 및 동조세력 확보	○ 여성대학, 주부대학, 장수 대학(조합운영교육)	교수초빙

11	- 지역농업발전을 위한 공무원 인식 전환 - 금고유치/방어 지원 시 - 행정공무원과의 유대관계 증진	○ 지역농업발전 민관합동 교육(지본, 시군단위)	창녕,안성
12	- 우수고객과 유대관계 강화 - 농협사업 이해 동력 확보 - 우리농축산물 판매 확대 - 영양사, 조리사 농산물 이해	○ 우리농축산물 바로알기 ○ 농축산물 사랑 소비자교육 ○ 도시소비자교육 ○ 농촌사랑 멘토링교육	농업농촌 이해교육
13	- 도시민 귀농, 귀촌 희망자	○ 귀농·귀촌교육과정	창녕, 안성 경주
14	- 공선출하회 발전 - 공선출하회 회원 육성	○ 공선출하회 육성과정 ○ 공선출하회 핵심리더과정	안성
15	- 영농 전문기술 교육 - 품종별 재배기술 교육	○ 최고기술 아카데미 과정 ○ 최고기술 아카데미향상 ○ 전문농업기술과정 ○ 주산지 현장영농기술	안성
16	- 한우 관련 교육	○ 핵심축산기술 - 한우 인공 수정 등 ○ 한우 후계자 육성 - 사영관리 등 ○ 여성낙농 최고경영자 과정	안성
17	- 우수조합원 핵심역량교육	○ 성공농업인 MBA과정 ○ 품목별 최고경영자 과정	안성
18	- 퇴직동인 농업, 농촌, 농협이해 - 농협동인 자긍심 고취	○ 농협이념 확산교육	창녕
19	- 친환경 농업관련 교육	○ 친환경농업 도입과정 ○ 친환경농업 인증과정 ○ 친환경농업 아카데미 ○ 친환경농업 축산과정 ○ 친환경농업 현장교육 ○ 마이스터대학(선도농) ○ 친환경농업 CEO과정 ○ 친환경농업 이해과정 ○ 친환경농업 임직원과정 ○ 친환경 소비자초대과정 ○ 친환경농업 그린유통과정 ○ 친환경농업 명품귀농과정	경주

교육과정	경제사업활성화 핵심리더 과정		
교육목표	○ 농축협 핵심리더의 경제사업 마인드 및 참여의식 제고를 통한 경제사업 활성화 추구 ○ 핵심리더와 임직원이 참여하는 토론을 통한 경제사업 비전 및 실천계획 도출 ○ 농축협 핵심리더(임원, 대의원 등)의 책임과 역할교육을 통한 사업추진역량 강화		
교육대상	○ 농축협 임원, 대의원, 조직장 등 ○ 지도·경제사업 담당 직원		
담당교육원	○ 창녕교육원 ○ 안성교육원		
주요 교육내용	교과목	세부내용	시간(H)
	핵심리더	○ 협동조합이념의 이해 ○ 경제사업 비전과 과제	3.0

	토론회	○ 판매사업 활성화 토론 ○ 구매·공선출하 활성화 토론	2.0
주요 교육내용	영상교육	○ 한국농업 희망찾기 ○ 생명의 식탁 등	1.0
	토론발표 비전제시	○ 각 반별 토론결과 발표 ○ 조합장 경제사업 비전 제시	1.0
	특강	○ 농업환경변화와 대응전략	1.5
교육특징		○ 농축협 경제사업활성화를 위한 조합원 및 임직원의 의식혁신에 포커스를 맞춘 교육으로 핵심리더(임원, 대의원, 조직장 등)와 직원이 함께 참여하여 토론 및 사례교육을 통해 농 축협 경제사업활성화를 추구	
기대효과		○ 농축협의 경제사업 발전 도모 ○ 1박 2일 집합교육으로 상호유대강화 및 정보공유를 통한 조합사업의 이해증진	

교육과정	경제사업활성화 현장교육컨설팅 과정		
교육목표	○ 농축협 경제사업활성화를 위한 농축협 핵심리더(임원, 대의원 및 조직장 등)와 경제사업 종사 직원의 사업접근 패러다임 전환 ○ 시장지향적 전략수립 및 사업추진 방안 모색 ○ 농축협과 조합원들의 협동을 통한 경쟁력 제고로 농가소득 증대방안 모색		
교육대상	○ 시·군지부 경제사업 관계자, 농축협임직원, 대의원, 조직장 등		
담당교육원	○ 창녕교육원		
주요 교육내용	교과목	세부내용	시간(H)
	경제사업 부문강의	○ 농축협 경제사업의 발전방향과 핵심리더의 역할	1.5
	의식혁신	○ 선도농협 경제사업 활성화 사례발표	1.5
	상호학습	○ 경제사업활성화 방안 토의 및 간담회 등	1.5
교육특징	○ 농축협 경제사업활성화에 초점을 맞춘 시·군지부 및 조합단위 농촌현장교육 ○ 사전협의를 통한 맞춤식 교육프로그램 편성 운영		
기대효과	○ 농축협 핵심리더(임원, 대의원, 협동조직장 등)와 직원 그리고 시군지부가 함께 참여하여 농축협 경제사업 발전을 위한 공통방안 모색 및 실천방안 협의(교육과 사업의 연계)		

교육과정	공선출하회 육성과정		
교육목표	○ 공선출하회 육성을 통한 농협 중심 농산물 산지유통 혁신추진 ○ 농업인과 조합의 판매사업 역할 분담 및 협력		
교육대상	○ 농·축협 공선출하회 회원, 농·축협 임직원, 시군지부 연합마케팅 담당자 등		
담당교육원	○ 안성교육원		
주요 교육내용	교과목	세부내용	시간(H)
	산지유통	○ 농산물 유통환경의 변화와 정책 방향 ○ 농협의 농산물 산지유통 전략	3.0
	사례발표	○ 공선출하회 육성을 통한 산지 유통활성화 사례발표 - 연합판매와 연계	1.5
	현장견학	○ 선도조합 산지유통시설 현장견학 - 농업인 조직화부터 판매까지의 단계	3.0
	영농기술	○ 공선출하회 품목 영농기술교육 - 신농법, 병충해 방제, 수확 후관리 기술 등	3.0
	상호학습	○ 농업인과 조합간 산지유통 간담회 ○ 농축협 중심의 공동계산 실천방안	2.5

교육특징	○ 공선출하회 회원에 대하여 출하조직 구성과 역할을 교육함으로써 농·축협과 조합원간의 역할 분담 이해 ○ 농업인과 농·축협의 산지유통에 대한 간담회 실시
기대효과	○ 농산물 규모화 및 규격화와 브랜드 마케팅을 통한 산지의 경쟁력 확보로 농업인 소득 제고 ○ 농업인과 농협의 판매사업 역할 부담 및 협력 ○ 공동계산 및 공동출하 계약제도 정착

교육과정	조합사업 활성화 과정		
교육목표	○ 조합원 교육을 통한 협동조합이념 무장 및 조합사업활성화 도모 ○ 농촌지역사회 발전과 농업경쟁력 강화를 위한 주인의식 고취 ○ 임원, 대의원 및 협동조직장 참여의식과 역할 인식제고를 통한 조합사업활성화 도모		
교육대상	○ 농·축협 임원, 대의원 및 조직장 등 ○ 조합원 집합		
담당교육원	○ 안성교육원 ○ 교육방법 : 교육원과 일정 사전 협의 후 1일 교육 실시		
주요 교육내용	교과목	세부내용	시간(H)
	농협이념	○ 조합사업활성화를 위한 조합원의 역할과 자세 ○ 경제사업활성화를 위한 핵심리더의 역할	2.0
	교양·기타	○ 교양강좌, 분과회의 NH종묘 및 NH팜랜드 체험 등	2.0
교육특징	○ 농·축협 협의 후 맞춤식 교육을 통한 교육효과 제고 ○ 1일 교육을 통한 상호간 화합 및 이해 증진 ○ 집합교육으로 인한 농협사업 이해 및 의식 향상		
기대효과	○ 농·축협 사업에 조합원 전이용 마인드 제고 ○ 조합원간 조합사업 및 경영에 대한 공감대 형성		

교육과정	공선출하회 핵심리더 과정		
교육목표	○ 리더 농업인 양성을 통한 공선출하회 육성 활성화 ○ 공선출하회 농업인을 통해 농업인과 농협간 산지유통 시스템 구축		
교육대상	○ 공선출하회 리더 농업인 및 담당직원		
담당교육원	○ 안성교육원		
주요 교육내용	교과목	세부내용	시간(H)
	산지유통	○ 농산물 유통환경의 변화와 정책방향 ○ 농협의 농산물 산지유통 전략	3.0
	사례발표	○ 공선출하회 육성을 통한 산지유통 활성화 사례발표 - 연합판매와 연계	1.5
	현장견학	○ 선도조합 산지유통시설 현장견학 - 농업인 조직화부터 판매까지의 단계	3.0
	상호학습	○ 리더의 역할 ○ 간담회	2.5
교육특징	○ 선도 출하조직 및 산지유통시설 현장학습 ○ 출하 선도농업인의 리더로서의 역할에 대한 교육 실시		
기대효과	○ 리더 농업인 육성을 통한 공선출하회 육성 활성화 ○ 공선출하회를 통한 농가 조직화로 수직계열화 추진 ○ 농협의 농산물 판매사업 역할 강화		

교육과정	농·축협 이사 기본과정			
교육목표	○ 협동조합이념 무장 및 주인의식 고취 ○ 농·축협 이사 직무수행 및 경영관리 능력 향상 ○ 경제사업활성화를 위한 핵심리더 역할 제고			
교육대상	○ 농·축협 초선이사 ○ 본 교육과정을 미 이수한 재선이사			
담당교육원	○ 창녕교육원 ○ 안성교육원			
주요 교육내용	교과목	세부내용		시간(H)
	직무일반	○ 경제사업활성화와 핵심리더의 역할		1.5
		○ 이사의 기능과 역할		1.5
		○ 농협회계의 이해		1.5
		○ 경영관리·경영지원 이해		1.5
		○ 경제사업 우수사례		1.5
		○ 농협법 이해		1.5
	교양·건강	○ 농촌환경 변화와 경제사업 활성화 전략		1.5
		○ 건강·교양 강좌		1.5
		○ 레크리에이션		1.0
		○ 특 강		1.0
	상호학습 기타	○ 조합사업 활성화 토론		3.0
		○ 간담회		1.0
교육특징	○ 농·축협 이사 직무수행을 위한 실무위주 교과목 편성 ○ 경제사업 활성화를 위한 핵심리더 역할 제고 ○ 농업·농촌 환경변화와 대응전략 및 상생활동 모색			
기대효과	○ 농·축협 이사로서 협동조합 주인의식 고취 및 경영관리 능력 향상 ○ 경제사업 활성화를 위한 핵심리더 역할 제고			

교육과정	농·축협 감사 기본과정			
교육목표	○ 협동조합이념 무장 및 주인의식 고취 ○ 농·축협 감사 직무수행 능력 향상 및 올바른 감사상 정립 ○ 경제사업활성화를 위한 핵심리더 역할 제고			
교육대상	○ 농·축협 초선감사 ○ 본 교육과정을 미 이수한 재선감사			
담당교육원	○ 창녕교육원 ○ 안성교육원			
주요 교육내용	교과목	세부내용		시간(H)
	직무일반	○ 감사의 기능과 역할		1.5
		○ 경제사업 감사실무		1.5
		○ 기획관리 감사실무		1.5
		○ 여신채권 감사실무		1.5
		○ 농협회계 이해		1.5
		○ 농협법 이해		1.5
		○ 경제사업활성화 핵심리더의 역할		1.5
		○ 상호금융 사고예방 대책		1.5
	교양·건강	○ 건강강좌		1.5
		○ 레크리에이션		1.0
		○ 특강		1.0

주요 교육내용	상호학습 기타	○ 조합사업 활성화 토론 ○ 간담회	3.0 1.0
교육특징		○ 농·축협 감사 직무수행을 위한 분야별 실무위주 교과목 편성 ○ 선량한 관리자, 공정한 통제자, 건설적인 조언자로서 조합사업 활성화 선도	
기대효과		○ 농·축협 감사로서 협동조합 주인의식 고취 및 직무수행 능력 향상 ○ 경제사업 활성화를 위한 핵심리더 역할 제고	

교육과정		농·축협 임원 리더십향상 과정
교육목표		○ SWOT 분석을 통한 사업활성화 도모 ○ 임원의 리더십 및 조직관리 능력 함양 ○ 임원으로서의 자질향상 및 핵심역량 강화	
교육대상		○ 농·축협 이·감사 기본과정 이수자	
담당교육원		○ 창녕교육원 ○ 안성교육원	
주요 교육내용	교과목	세부내용	시간(H)
	직무일반	○ 농산물 유통변화와 트렌드 ○ 협동조합의 이해 ○ 리더십과 조직활성화 ○ 농협경영원리 및 회계의 이해 ○ 농촌의 환경변화와 농협리더의 역할	1.5 1.5 1.5 1.5 1.5
	교양·건강	○ 건강강좌 ○ 레크리에이션 ○ 특 강	1.5 1.0 1.5
	상호학습 기타	○ SWOT 분석 ○ 간담회	3.0 1.0
교육특징		○ 소속조합 SWOT 분석을 통한 사업활성화 도모 ○ 선량한 관리자, 공정한 통제자, 건설적인 조언자로서 조합사업 활성화 도모	
기대효과		○ 임원으로서 협동조합 주인의식 고취 및 직무수행 능력 및 리더십 향상	

교육과정		농·축협단위 대의원 교육과정
교육목표		○ 조합과 조합대의원들의 비전 공유 및 농협 이념 무장 ○ 대상조합 전체 대의원들의 일괄 입교 및 교육을 통한 대의원들의 역할인식 제고 및 조합과 상생하는 선도조합원 육성	
교육대상		○ 개별 농·축협단위 대의원 일괄입교 (조합장 및 인솔직원 포함)	
담당교육원		○ 창녕교육원	
주요 교육내용	교과목	세부내용	시간(H)
	이념교육	○ 협동조합 이념의 이해와 대의원의 역할 및 바람직한 자세	1.5
	조합경영	○ 우리조합 경영의 이해 (결산보고서 부문 포함)	1.5
	변화관리	○ 변화의 시대 농업인 리더의 자세	1.5
	교양·건강	○ 교양, 건강 관련 웰빙 강좌	1.5

	토론회	○ 조합과 조합원간 하나되기 위한 대의원의 역할제고
		  방안 분임토의
		  (반별 토의 및 집합 후 결과발표)
		○ 조합장 경영비전 제시
			3.5

교육특징	○ 대의원들의 역할인식 제고 및 바람직한 대의원상 정립 ○ 개별조합단위 대의원 및 조합장이 일괄 입교, 조합발전을 위한 상생의 장 마련 ○ 조합과 사전협의를 통한 맞춤식 교육프로그램 편성·운영
기대효과	○ 조합과 조합원간 상생, 하나되는 대의원 육성 ○ 조합 투명경영 확보와 조합사업활성화와 직결되는 대의원 육성

교육과정	농·축협 경영혁신 과정		
교육목표	○ 조합자립경영 기반 지원 ○ 핵심 조합원 농협이념 무장과 주인의식 고취 및 사업 참여도 제고 ○ 조합과 조합원의 비전 공유 및 사업 참여도 제고		
교육대상	○ 개별조합 핵심조합원, 조직장, 대의원, 임원, 조합장(일괄입교)		
담당교육원	○ 창녕교육원		
주요 교육내용	교과목	세부내용	시간(H)
	이념교육	○ 협동조합이념의 이해와 우리농협 활성화 전략	1.5
	조합경영	○ 경영원리로 본 우리농협 ○ 변화의 시대 조합과 조합원의 상생	3.0
	교양·건강	○ 웰빙, 교양, 건강강좌	1.5
	토론회	○ 우리농협 사업활성화를 위한 분임토의 및 결과 발표, 실천다짐 ○ 조합과 조합원의 상생, 조합장 경영비전 제시	3.5
교육특징	○ 조합원의 조합사업 이해와 주인의식 고취 ○ 개별조합단위 조직장, 대의원 등 핵심조합원이 함께 참여, 조합발전을 위한 토론 및 실 천다짐 ○ 조합과 사전협의를 통한 맞춤식 교육프로그램 편성·운영		
기대효과	○ 조합과 조합원 하나되기 장 마련 및 비전의 공유, 실천의 근거 확립		

교육과정	농·축협 역량강화 과정(일일방문형 교육)		
교육목표	○ 조합원의 주인의식 고취 및 사업 참여도 제고 ○ 조합원들의 농협이념 무장 및 조합 비전 공유 모색		
교육대상	○ 개별 농·축협단위 임원, 대의원, 조직장, 핵심조합원		
담당교육원	○ 창녕교육원		
주요 교육내용	교과목	세부내용	시간(H)
	1) 이념교육	○ 협동조합이념의 이해와 우리농협 활성화 방안 등	조합 형편에 맞추어 1) ~ 4) 기본안 혼용 실시
	2) 조합경영	○ 우리농협 경영관리의 이해	
	3) 토 론 회	○ 조합과 조합원간 상생방안 토의 및 실천다짐	
	4) 교양강좌	○ 농업인 교양강좌 등	
교육특징	○ 조합원들의 조합사업 이해 및 주인의식 고취 ○ 조합단위 조직장, 대의원 등 핵심조합원이 함께 참여, 조합발전을 위한 토론 및 실천다 짐 병행 ○ 조합과 사전협의를 통한 맞춤식 교육프로그램 편성·운영		
기대효과	○ 조합과 조합원간 하나되기 위한 실천의 장 제공 및 조합원들의 조합사업에 적극 참여 분 위기 조성		

교육과정	여성조직(농주모·부녀회·고주모) 운영활성화 교육		
교육목표	○ 지역사회 가치창출자로서 농협여성조직의 정체성 확립 및 리더십 함양 ○ 여성조직의 체계적 육성 및 지원을 통한 조합사업 활성화 지원 ○ 농업, 농촌의 이해와 도·농상생을 위한 농촌사랑운동 확산		
교육대상	○ 농·축협 소속 농주모·부녀회·고주모 임원		
담당교육원	○ 창녕교육원		
주요 교육내용	교과목	세부내용	시간(H)
	조직 정체성	○ 농협여성조직 육성방향과 여성 지도자의 역할 ○ 협동조합정신의 이해와 21세기 여성지도자의 사회참여 전략	3.0
	농업·농촌 농협의 이해	○ 농협 경제사업 활성화 방안 ○ 사람을 살리는 생명의 먹거리	3.0
	리더십 교양·강좌	○ 역경을 딛고 선 아름다운 삶 ○ 주부들의 변화관리와 꿈이 있는 삶	3.0
	변화관리	○ 여성지도자의 변화혁신과 미래 전략 등	3.0
	참여식 교육	○ 조직활성화 방안 상호토론 및 우수 사례발표 ○ 레크리에이션 및 간담회 등	6.0
교육특징	○ 농협여성조직(농주모, 부녀회, 고주모)의 역할 제고 및 리더십 함양 교육 ○ 농촌사랑운동 확산 및 농협사업 동조자 육성 교육		
기대효과	○ 농·축협사업 활성화에 적극 조력하는 여성지도자 육성		

교육과정	최고기술아카데미『품목별』과정		
교육목표	○ 품목별 최고 재배기술 농업경영인 양성 ○ 농업인 학습조직 육성 및 재배기술 노하우 공유		
교육대상	○ 품목별 재배 10년 이상 경력을 소유한 농업인 ○ 새농민 수상자, 언론에 보도된 농업인 등 노하우를 보유한 농업인		
담당교육원	○ 안성교육원		
주요 교육내용	교과목	세부내용	시간(H)
	품종선택	○ 최근 품종 소개 ○ 품종 선택 시 주의할 점	2.0
	재배기술	○ 토양관리, 수세관리, 당도향상, 병해충 방제 ○ 친환경 재배 등	5.0
	현장학습	○ 우수농가 현장견학	4.0
	유통	○ 국내외 유통현황 ○ 우수사례 발표 등	4.0
	상호학습	○ 자기소개 ○ 재배기술 상호토의	5.0
교육특징	○ 품목별 재배 10년차 이상 최고의 재배기술을 갖고 있는 농업인을 선정하여 토의식 교육 ○ 전국 주산지별 1명을 선정하여 그 지역의 재배기술, 노하우 상호학습 및 상호토론		
기대효과	○ 최고 재배기술과 농업경영 능력을 겸비한 농업인 육성 및 최고의 재배기술 지역 내 전파		

교육과정	여성리더(임원·대의원) 역량강화 교육			
교육목표	○ 조합 여성임원, 대의원으로서 역할수행 능력 제고 ○ 지역사회 발전을 위한 여성리더 육성 ○ 여성 임원·대의원들의 조합사업에 대한 올바른 이해로 조합 발전을 위한 선도적 역할 수행			
교육대상	○ 농·축협 여성 임원, 대의원			
담당교육원	○ 창녕교육원			
주요 교육내용	교과목	세부내용		시간(H)
	이념교육	○ 협동조합 이념의 이해와 여성리더(임원·대의원)의 역할		1.5
	조합경영	○ 조합경영지원 방향 ○ 결산보고서 이해 ○ 생산적인 회의와 효과적인 대화기법		4.5
	농업·농촌 이해	○ 농정방향 및 여성농업인 정책 ○ 우리농업 살길 찾기		3.0
	리더십 교양강좌	○ 여성지도자의 변화혁신과 미래전략 ○ 레크리에이션 등		3.0
	참여식 교육	○ 임원, 대의원의 역할제고 방안 상호토론 및 사례 발표 ○ 간담회 등		5.5
교육특징	○ 농·축협 여성 임원, 대의원들을 대상으로 한 교육 ○ 여성임원, 대의원의 자질함양 및 역량강화로 역할 수행 능력 제고			
기대효과	○ 조합사업 활성화에 실제적으로 도움이 되는 농·축협 여성리더 육성			

교육과정	최고기술아카데미 향상『품목별』과정		
교육목표	○ 최고기술 아카데미 수료생들의 상호간 비공식적인 연구회의 양성화로 수료생간 상호 정보의 장 및 교육생 평생 관리 ○ 농업인 학습조직 육성 및 재배기술 노하우 공유		
교육대상	○ 최고기술 아카데미「한우, 딸기」과정을 이수한 수료생		
담당교육원	○ 안성교육원		
주요 교육내용	교과목	세부내용	시간(H)
	사육 및 재배기술	○ 초음파 육질진단 ○ 딸기 육묘 기술 ○ 어린 송아지 관리 ○ 사료비 절감 및 육질향상 ○ 병충해 관리 등	5.0
	현장학습	○ 우수농가 견학	4.0
	상호학습	○ 자기소개 및 사양관리 및 재배 기술 상호토론	2.0
교육특징	○ 최고기술 아카데미 품목별 과정을 수료한 농업인을 대상으로 1회성 교육이 아닌 지속적인 교육으로 새로운 사양관리기술 및 재배기술을 습득하게 하고 평생학습 체계 구축 ○ 1년에 2회 이상 연구회 모임을 갖되 1회 교육은 교육원 정규 교육으로 운영		
기대효과	○ 수료생들을 지속적으로 관리하여 교육원 고유의 교육지원 사업 강화 및 농협의 우호세력 확보 ○ 농업인 평생학습 조직 및 지속적인 교육 시스템 구축		

교육과정	전문농업기술 『품목별』과정		
교육목표	○ 소비자 기호농산물에 대한 최신 영농기술 정보 습득 ○ 소비자의 기호 변화에 따른 대처 및 판매 방향 모색 ○ 특화된 교과목 중심으로 전문화된 핵심영농기술 향상 및 심화학습 유도 ○ 고품질 생산기술 교육으로 농가소득 증대 기여		
교육대상	○ 블루베리, 사과, 딸기 재배 농업인 및 희망농업인		
담당교육원	○ 안성교육원		
주요 교육내용	교과목	세부내용	시간(H)
	재배기술	○ 품종 선택 및 관리 ○ 토양관리 및 비배관리 ○ 최적 환경 만들기와 재배기술 ○ 병해충 방제기술 ○ 수세관리 및 당도 향상 방안	2.0 2.0 2.0 2.0 2.0
	현장견학	○ 선진 우수농가 견학 ○ 현장실습	4.0
	상호학습	○ 상호학습 토론	2.0
교육특징	○ 장기교육에 참석하기 어려운 조합원을 위한 단기간 (2박 3일-1회차)의 영농기술 교육과정 운영 ○ 최근 이슈화되는 작물로 농가소득 증대에 기여함을 목적 ○ 고품질 농작물 생산과 조합원이 가장 관심을 두는 분야를 집중적으로 교육 실시		
기대효과	○ 최근 농가소득에 기여하는 작물을 교육함으로써 농가 소득 향상 및 새로운 작목 재배기술 축적 ○ 품목별 전문농업인 육성		

교육과정	주산지 현장 영농기술 과정		
교육목표	○ 농축산물 주산단지 현장교육을 통한 농업 경쟁력 제고 ○ 영농기술 향상과 농가소득 증대를 위한 맞춤식 교육 실현		
교육대상	○ 각 지역농협 주산단지 조합원 등		
담당교육원	○ 안성교육원 ○ 1박 2일 : 1일차 - 이론, 2일차 - 현장컨설팅		
주요 교육내용	교과목	세부내용	시간(H)
	유통교육	○ 유통환경 변화와 대응전략 ○ 농축산물 유통 현황 ○ 수확 후 관리기술 상품성 제고	2.0
	기술교육	○ 재배기술, 토양관리, 병해충 방제, 사양관리, 질병예방 등	2.0
	현장교육	○ 재배기술, 병해충 방제, 생리장애 등 현장컨설팅	2.0
교육특징	○ 지역특성과 교육수요에 부합한 맞춤식 현장교육 ○ 전국 주산지 현장교육으로 지역특화사업 활성화 ○ 찾아가는 교육으로 교육기회 확대 및 최신 영농기술교육		
기대효과	○ 관내에서 생산하는 품목에 대해 동일한 방법의 재배기술을 습득함으로써 고품질 농산물 생산		

교육과정	핵심축산기술(인공수정) 과정		
교육목표	○ 한우 번식농가의 자가 인공수정기술 습득으로 농가소득 증대 및 애로사항 해결 ○ 교육효과 제고를 위해 생체(암소) 및 생식기를 이용한 실습 위주 교육실시		
교육대상	○ 2세 이상 번식암소 60두 이상 사육하고 있는 조합원 (지역농협별 2~3명 이내) ○ 2008~2010년 동일 교육과정 이수 축산농가 교육신청 제외		
담당교육원	○ 안성교육원		
주요 교육내용	교과목	세부내용	시간(H)
	인공수정	○ 한우의 효율적 번식을 위한 인공수정(이론)	3.0
		○ 암소생식기 이용 인공수정(실습)	2.0
		○ 암소이용 인공수정(실습)	3.5
		○ 인공수정 동영상 시청	1.0
	상호토론	○ 상호학습 토론	2.0
교육특징	○ 암소 및 암소생식기 이용 실습중심 교육 진행 ○ 농협 교육사업의 다양성 홍보		
기대효과	○ 한우농가의 인공수정 기술습득으로 자가수정 가능 ○ 실질적 농가소득 증대 기여		

교육과정	한우후계자 육성 과정		
교육목표	○ 한우후계 축산인에게 교육을 통한 축산업 경쟁력 제고 ○ 한우기술 향상과 농가소득 증대를 위한 맞춤식 교육 실현		
교육대상	○ 각 지역축협 관련 한우 후계자 등		
담당교육원	○ 안성교육원		
주요 교육내용	교과목	세부내용	시간(H)
	정책방향	○ 한우 정책방향	2.0
	기술부문	○ 질병 및 사양	7.0
		○ TMR 배합기술 및 실례	2.0
		○ 조사료 생산활용 등	2.0
	교양 및 기타	○ 교양 및 한우 자조금 교육	4.0
	조별사례 발표	○ 후계 농가별 사례발표	2.0
교육특징	○ 후계자 교육수요에 맞는 맞춤식 교육 ○ 미래 축산업을 열어 갈 후계축산인 육성으로 축산업 경쟁력 강화 ○ 권역별 찾아가는 교육으로 교육기회 확대 및 한우기술 교육 등		
기대효과	○ 후계자 사양관리교육으로 한우 사육농가 육성 ○ 우리나라 고품질 한우 생산 핵심인력 양성		

교육과정	성공농업 경영자과정
교육목표	○ 수요자 중심의 핵심역량교육으로 농업인력의 전문성 제고 ○ 전략적·자기 주도적 교육으로 선도농업인 양성 ○ 농업 천재들의 9대 핵심역량 따라잡기를 통한 성공하는 농업인 양성
교육대상	○ 창의와 열정을 겸비한 농업인 조합원
담당교육원	○ 안성교육원

교과목	세부내용	시간(H)
핵심역량	○ 성공농업인 핵심역량 ○ 성공요인 분석 및 접목	12.0
농장경영	○ 경영마인드 함양 ○ 장부관리 및 사용	10.0
마케팅역량	○ 농산물 유통동향과 전략 ○ 농산물 유통시장 이해와 브랜드관리	6.0
성공사례	○ 성공농업인 초청 사례청취 ○ 사례를 통한 성공의욕 고취	6.0
교양특강	○ 인간관계 및 고객만족 방안 ○ 창조적 발상전환	10.0
기타	○ 상호 유대강화 ○ 자유토론 및 연구회 결성	8.0

위 표의 왼쪽 병합 셀: **주요 교육내용**

구분	내용
교육특징	○ 성공농업인의 성공역량 학습으로 경쟁력 강화 ○ 성공사례를 통한 성공의욕 고취 ○ 지역농업발전 리더로서 역할 수행에 필요한 역량 함양 ○ 성공농업인의 성공역량 학습으로 경쟁력 강화
기대효과	○ 창의력과 문제해결능력을 갖춘 전문농업경영인 양성 ○ 지역 내 성공농업인 지속적인 육성

교육과정	새농민 경영자과정		
교육목표	○ 새농민 본상 수상자의 농협사업 협력조직 구축 ○ 농업·농촌 환경변화 이해와 지역사회 최고지도자 역할 제고 ○ 새농민 수상자 상호간 협력증진과 새농민 조직 활성화		
교육대상	○ 매년 새농민상 본상 수상자 부부		
담당교원	○ 안성교원		
주요 교육내용	**교과목**	**세부내용**	**시간(H)**
	농업환경 현장견학 사례발표	○ 농촌지도 방향과 새농민 역할 ○ 농업·농촌의 변화와 도전 ○ 우수농장 현장견학 ○ 사례발표	1.0 2.0 6.0 2.0
	상호토론	○ 상호학습 토론, 간담회 ○ 연구모임 결성	3.0
교육특징	○ 새농민 본상 수상자 부부에 대한 교육 실시로 자부심 부여 및 농협사업 이해·지원 도모 ○ 새농민상 본상 수상자 연구모임 결성과 사후 모임 정례화 지원 ○ 새농민 본상 수상자 눈높이를 맞춘 교과목 편성 및 지역사회 최고지도자 동기 부여 ○ 우수농장 벤치마킹으로 현장중심 최고경영자 교육 실시		
기대효과	○ 새농민 본상 수상자의 농협사업 협력조직 구축 및 지속적인 교육으로 인한 프로농업인 육성 ○ 농업·농촌 환경변화 이해와 지역사회 최고지도자 역할 제고 ○ 새농민 수상자 상호간 협력증진과 새농민 조직 활성화를 통하여 농업발전 도모		

교육과정	여성 『낙농』 최고경영자과정		
교육목표	○ 여성 낙농인에 대한 체계적 교육으로 전문 축산인력 육성 ○ 회차별 교육으로 시간적·공간적 접근성 도모 및 낙농기술 전문성 제고 ○ 맞춤형 현장교육 지향으로 낙농 경영 선진화 구현		
교육대상	○ 여성 낙농인		
담당교육원	○ 안성교육원		
주요 교육내용	**교과목**	**세부내용**	**시간(H)**
	농업정책	○ 낙농산업 정책방향 ○ 국내외 낙농현황 및 대책	2.0 2.0
	사양관리	○ 젖소 소화생리와 사양관리 ○ TMR 사양과 목장 점검 ○ 영양대사 판정과 TMR ○ 젖소 번식 및 개량	3.0 3.0 3.0 3.0
	질병관리	○ 젖소 소화생리와 질병관계	4.0
	경영관리	○ 목장 경영관리 ○ 착유시설 점검관리 ○ 농가 경영 컨설팅	2.0 2.0 2.0
	현장견학	○ 우수목장 견학	4.0
	교양기타	○ 아름다운 인간관계 대화법	2.0
교육특징	○ 여성 전문낙농인 육성과정으로 1일 교육과정 ○ 낙농에 필요한 교과목 편성으로 낙농 심화 과정 운영 ○ 현장 중심 낙농교육으로 현장에 바로 적용할 수 있는 교육 실시		
기대효과	○ 여성 낙농인 전문성 제고와 낙농산업 경쟁력 강화 ○ 낙농 경영교육 활성화와 핵심인력 육성 ○ 현장 중심 낙농교육으로 축산업 발전 도모		

교육과정	농협이념 확산 교육		
교육목표	○ 농협발전에 헌신해 온 농협 동인들의 자긍심 고취 ○ 농업·농촌·농협의 후원자로서의 퇴직동인들의 역할 강화 도모		
교육대상	○ 농협퇴직 원로 동인		
담당교육원	○ 창녕교육원		
주요 교육내용	**교과목**	**세부내용**	**시간(H)**
	현황설명	○ 농협의 현황 및 사업추진 내용	1.5
	건강 교양강좌	○ 신바람나는 백세 인생!	1.5
	화합 한마당	○ 농협과 함께 하는 퇴직동인의 상생, 화합 한마당, 간담회 등	2.0
교육특징	○ 농협 퇴직동인에 대한 관심과 예우로 농협발전에 헌신해 온 동인들의 농협 사랑 및 자긍 심 고취 교육 ○ 영원한 농협인 육성 및 농협 지원·지자체로서의 동인들의 역할 제고 모색		
기대효과	○ 동인들에 대한 예우를 통한 자긍심 고취 ○ 우호세력, 농협의 원군으로서 동인 역할 강화 등		

교육과정	우리농축산물 바로알기 과정		
교육목표	○ 우리 농·축산물의 올바른 이해를 통한 국내 우수 농·축산물의 소비 촉진 ○ 학교급식 종사자들의 우리 농·축산물 애호의식 고취 ○ 농협사업 홍보를 통한 농협 이미지 제고		
교육대상	○ 전국 초, 중, 고교 영양교사 및 영양사 ○ 전국 초, 중, 고교 조리사		
담당교육원	○ 안성교육원		
주요 교육내용	교과목	세부내용	시간(H)
	정책	○ 학교급식 정책방향	1.0
	전문기술	○ 원산지 식별을 통한 판별방법 ○ 신선육류 취급 및 관리요령 ○ 조리작업 안전관리	4.0
	농협홍보	○ 농협 학교급식 추진방향	1.0
	교양건강	○ 여성리더십, 인간관계 등 ○ 농촌사랑관련 특강	3.0
	상호학습 Festival	○ 상호학습 토론 ○ 화합과 상생 한마당	2.5
교육특징	○ 학교 방학기간을 이용한 교육으로 교육생 니즈 반영 ○ 농축산물 애용 Festival을 통한 휴먼네트워크 형성 ○ 지역별 입교인원 배분을 통한 교육기회 참여 확대 ○ 교육비 전액 지원 등 농협홍보 강화		
기대효과	○ 우리 농축산물 소비확대 도모 ○ 우리 농축산물과 수입농산물과의 비교를 통한 판별법 교육으로 안전한 학교급식 추진 ○ 교육비 전액지원 등 농협홍보 강화		

교육과정	우리농축산물사랑 소비자 과정		
교육목표	○ 우리 농·축산물의 올바른 이해와 선택을 통한 건강한 식생활 도모 ○ 우리 농·축산물 소비창출 및 확대로 농가소득 향상 ○ 농업·농촌·농협에 대한 이해 및 농협사업 홍보		
교육대상	○ 전국 도시 소비자 ○ 거래 우수 여성고객 ○ 주부대학생 등 지역을 선도하는 여성리더		
담당교육원	○ 안성교육원		
주요 교육내용	교과목	세부내용	시간(H)
	농업전략	○ 농협의 친환경 농업 육성 및 판매 방향	1.5
	농축산물 이해	○ 우리 농업·농촌·농협의 이해 ○ 소비자의 생활패턴 및 잃어버린 생명의 밥상	2.5
	교양건강	○ 여성리더십, 인간관계, 웃음과 건강 등	2.0
	특강	○ 농촌사랑관련 특강	2.0
	상호학습 Festival	○ 상호학습 토론 ○ 화합과 상생한마당	2.5

교육특징	○ 우리 농축산물의 올바른 이해 및 소비방향 제시 ○ 농축산물 애용 Festival을 통한 휴먼네트워크 형성 ○ 교양 및 건강강좌를 통한 지식 함양
기대효과	○ 농협사업 홍보 및 우호세력 확보 ○ 도시와 농촌간 농산물 판매확대 기여 도모

교육과정	우리농산물사랑 소비자 특별교육			
교육목표	○ 도시 소비자 및 학교급식 담당자들에 대한 우리 농산물 안전성 교육 및 안전한 먹거리에 대한 홍보 ○ 우리 농업·농촌·농협에 대한 이해와 공감대 형성으로 도·농 상생 및 농촌사랑운동 확산 모도			
교육대상	○ 농협 주요고객, 소비자, 어린이 등			
담당교육원	○ 창녕교육원			
주요 교육내용	교과목	세부내용		시간(H)
	먹거리 교육	○ 웰빙 식생활을 위한 농산물 선택지혜 ○ 사람을 살리는 우리먹거리 ○ 우리농산물과 수입농산물의 차이점		4.5
	농촌체험	○ 영농체험 ○ 첨단농장 현장견학		3.0
	상호대화 간담회	○ 상호인사 및 대화의 시간 ○ 도·농 상생 어울림 한마당		3.0
	비교전시회	○ 우리쌀 및 수입쌀 비교 시식회 ○ 우리농산물과 수입농산물의 비교전시 등		-
교육특징	○ 웰빙식생활과 연계한 안전한 먹거리의 중요성 및 우리 농산물 우수성 홍보를 위한 먹거리 담당자 교육 ○ 도시소비자들을 향한 우리농산물 애용 및 농촌사랑운동 확산 교육			
기대효과	○ 소비자들에 대한 농업, 농촌 이해 모색 및 농촌사랑 ○ 기타 농협의 공익적 활동 이해 확산 계기 마련			

교육과정	지역농업발전 민관합동교육 과정		
교육목표	○ 자치단체와의 상생협력 방안 모색과 농협 역할 홍보 ○ 농협 및 농업 관련 단체와 행정기관의 유대강화 ○ 지역농업 발전을 위한 지자체 및 단체간의 상호협력 강화		
교육대상	○ 행정 : 시장 및 군수, 의회의원, 행정공무원 등 ○ 농협 : 시군지부 직원, 조합장, 지역농협 임직원 등 ○ 민간 : 농업인 단체 및 소비자 단체		
담당교육원	○ 창녕교육원, 안성교육원		
주요 교육내용	교과목	세부내용	시간(H)
	지역농협	○ 국제농업 현황 및 전략 ○ 우리농업의 나아갈 길	2.0
	상호협력	○ 지역농업 발전방안 논의 ○ 지역현안 협의	2.0
	상생방안	○ 상호협력 및 유대강화 ○ 민관 상생 및 상호이해	2.0
	교양	○ 농업·농촌 관련 특강 ○ 원활한 관계개선	2.0

주요 교육내용	건강	○ 성인병과 대처방안 ○ 건강한 삶을 통한 행복찾기	2.0
	기타	○ 전통문화의 이해 ○ 레크리에이션	1.0
교육특징		○ 행정기관 연계하여 지역농업 발전을 위한 교육프로그램 ○ 지속 가능한 농업을 발전시키기 위한 행정기관, 농업인, 농협간 공감대 형성 확대	
기대효과		○ 농산물 수입개방 확대에 따른 경쟁력 강화 모색 ○ 지역농업 발전을 위한 농협의 역할 중요성 홍보 ○ 지자체와 지역 관련단체의 공동체 의식 함양 ○ 농협에 대한 이미지 제고 및 역할 이해로 지원고객 확보 ○ 금고유지를 위한 우호세력 확보로 안정적 금고 방어	

교육과정	귀농실습 전문과정 교육

교육목표		○ 성공적인 귀농·귀촌을 위한 교육기회 제공 ○ 실습중심의 귀농·귀촌 종합교육을 통한 안정적인 정착유도 ○ 영농기술 및 이념교육을 통한 농업·농촌의 이해도 제고 ○ 신규 농업인력 확보로 농업·농촌의 활력화 도모 ○ 친환경농업의 중요성 인식으로 친환경적인 삶 실현	
교육대상		○ 귀농·귀촌에 관심있는 개인 및 단체, 가족단위 ○ 귀농·귀촌 탐색의 도시민 등	
담당교육원		○ 경주환경농업교육원	
주요 교육내용	교과목	세부내용	시간(H)
	강의	○ 귀농·귀촌 정보제공, 정책 등 ○ 귀농·귀촌 성공사례 ○ 친환경농업 필요성 및 이념교육 ○ 친환경농업 영농기술 및 자재 조제	4.0 2.0 6.0 10.0
	실습	○ 성공 귀농인 현장 견학 ○ 성공 귀촌을 위한 팜스테이 견학 ○ 농산물 유통, 가공시설 견학 ○ 친환경 농자재 조제 실습, 농기계 조작	4.0 3.0 4.0 55.0
	사례	○ 성공적인 귀농방안 토의 및 정보 교류	12.0
교육특징		○ 성공적인 귀농·귀촌 정착을 위한 실습위주의 교육 제공 ○ 농업·농촌에 대한 이해도 제고로 농촌의 활력화 기대	

교육과정	친환경농업 도입과정

교육목표		○ 친환경농업에 대한 전문지식 습득 및 마인드 제고 ○ 지역특성을 살린 농업인 중심의 교육 실현 ○ 소비자 신뢰도 증대를 위한 친환경 생산 유도	
교육대상		○ 친환경농업 희망 또는 실천 농업인 ○ 바우처교육 신청 농업인 ○ 시군지부, 농협단위 또는 작목반 단위 맞춤형 교육	
담당교육원		○ 경주환경농업교육원	
주요 교육내용	교과목	세부내용	시간(H)
	강의	○ 친환경적인 토양관리 ○ 자연자재를 이용한 병충해방제 ○ 친환경농업의 필요성과 전망	2.0 2.0 1.5

주요 교육내용	사례	○ 친환경농업 실천 우수사례	1.5
	영상교육	○ 왜 친환경농업인가?	0.5
	현장	○ 친환경농장 견학, 농업역사 탐방	2.5
	상호학습	○ 자기소개, 정보교환, 사례발표	1.0
교육특징	○ 친환경농업의 필요성 인식과 초급 친환경 영농기술 습득 ○ 우수 실천사례 교육을 통한 현장감 있는 교육 실시 ○ 지역별, 작목별 맞춤형 교육		

교육과정	친환경농업 인증농가 과정		
교육목표	○ 친환경농업에 대한 전문지식 습득 및 마인드 제고 ○ 친환경농산물 상품화를 통한 마케팅능력 강화 ○ 친환경농산물 작목별 집중 교육 ○ 친환경농업에 대한 이념교육 강화		
교육대상	○ 저농약 이상 친환경 인증 받은 농업인 ○ 무농약 신청 예정 농업인 ○ 바우처교육 신청자		
담당교육원	○ 경주환경농업교육원		
주요 교육내용	교과목	세부내용	시간(H)
	강의	○ 친환경적인 토양관리 ○ 자연자재를 이용한 병충해방제 ○ 친환경농산물 유통 전략 ○ 친환경농업 육성정책 및 발전방향	2.0 3.0 2.0 2.0
	사례	○ 친환경농업 실천 우수사례	2.0
	실습	○ 친환경농자재 조제 실습	2.0
	현장	○ 친환경농장 견학 ○ 농업역사 탐방	2.0 2.5
	영상교육	○ 왜 친환경농업인가?	0.5
	상호학습	○ 자기소개, 정보교환, 사례발표	4.0
교육특징	○ 친환경농업의 필요성 인식과 중급 친환경 영농기술 습득으로 친환경농업 전문가 양성 ○ 특성화, 차별화된 친환경농업 현장교육 및 실습위주 교육		

교육과정	친환경농업 아카데미 과정		
교육목표	○ 농약 및 화학비료에 의존하지 않는 토양관리와 병충해방제 ○ 자연자재를 활용하여 자가 조제 배양능력 향상 ○ 유통에 대한 이해를 높여 시장에서의 상품화 활동 증대 ○ 변화와 혁신마인드, 창조적인 마인드 함양		
교육대상	○ 저농약 이상 친환경 인증농업인 ○ 친환경농업 실천 작목반장 및 영농회장 등 ○ 바우처교육 신청자		
담당교육원	○ 경주환경농업교육원		

교과목	세부내용	시간(H)
강의	○ 친환경적인 토양관리 ○ 자연자재를 이용한 병충해방제 ○ 판매 및 마케팅 전략 ○ 농업전문가를 위한 변화혁신과 미래 전략	3.0 3.0 2.0 2.0
사례	○ 친환경농업 실천 우수사례	2.0
실습	○ 친환경농자재 조제 실습	2.0
현장	○ 친환경농장 견학 ○ 농업역사 탐방	2.5 2.5
영상교육	○ 왜 친환경농업인가?	0.5
상호학습	○ 자기소개, 정보교환, 사례발표	2.5

주요 교육내용 (왼쪽 열)

교육특징	○ 친환경농업의 필요성 인식과 고급 친환경 영농기술 습득으로 친환경농업 전문가 양성 ○ 특성화, 차별화된 친환경농업 현장교육 및 실습위주 교육

교육과정	친환경농업 축산(한우) 과정
교육목표	○ 친환경축산 필요성 인식 제고 ○ 친환경축산 고급육 생산 활성화 방안 ○ 소비자 요구에 부응한 생산 유도 ○ 친환경축산 도입태세 구축
교육대상	○ 축한(한우) 사육 농업인 ○ 축산 관련 종사자
담당교육원	○ 경주환경농업교육원

	교과목	세부내용	시간(H)
주요 교육내용	강의	○ 친환경축산의 필요성 ○ 친환경축산 사육기술 ○ 친환경축산물 생산을 위한 조사료 생산 방안	1.5 3.0 2.0
	사례	○ 친환경축산 실천 우수사례	1.5
	현장	○ 친환경축산 농가 견학	2.5
	영상교육	○ 자연과 하나되는 친환경축산	0.5
	상호학습	○ 자기소개, 정보교환, 사례발표	1.0
교육특징	○ 친환경축산의 필요성 인식과 친환경 축산기술 습득 ○ HACCP 인증 농가 및 친환경 축산 작목반 집중 육성 ○ 실천사례 교육으로 현실적인 교육 실시		

교육과정	친환경농업 현장교육 과정
교육목표	○ 친환경농업 필요성 인식 제고 ○ 지역 내 주요작목의 친환경농업 단계적인 도입과 정착주도 ○ 자원순환원리에 입각한 친환경농업 도입 유도
교육대상	○ 시군지부 또는 농협, 작목반의 희망농업인
담당교육원	○ 경주환경농업교육원

	교과목	세부내용	시간(H)
주요 교육내용	강의	○ 친환경농산물 생산을 위한 토양 관리와 병충해 방제 ○ 친환경농업 실천사례 ○ 친환경농업의 필요성과 전망	2.0 2.0 2.0
	실습	○ 친환경농자재 조제 시연	1.0
교육특징		○ 찾아가는 현장교육 ○ 친환경농업의 경쟁력 강화를 위한 맞춤형 교육 ○ 시군지부, 지역농협, 작목반의 친환경농업 교육수요 충족 ○ 친환경농업 실천의지 동기부여	

교육과정	마이스터 대학
교육목표	○ 친환경농산물의 생산, 농장경영, 유통 등에 이르기까지 전문 경영능력을 갖춘 핵심리더 양성 ○ 친환경농업 실천을 위한 토양관리, 병충해 방제에 필요한 농자재의 자가 조제 및 활용능력 배양 ○ 친환경농산물의 상품화 및 판매능력 향상
교육대상	○ 무농약 이상 친환경농산물 인증을 받은 농업인 중 과채류 재배 농업인(작목은 수박, 참외, 토마토, 딸기로 제한)
담당교육원	○ 경주환경농업교육원

	교과목	세부내용	시간(H)
주요 교육내용	강의	○ 친환경적인 토양관리 등 영농기술 ○ 수확후 관리기술 및 상품화 전략 ○ 판매 및 마케팅 전략 ○ 정책, 인증제도, 이념교육 ○ 작물생리 및 생장분석	12.0 2.0 2.0 9.0 8.0
	사례	○ 친환경농업 실천 우수사례 ○ 소비단체 및 우수농협 사례	2.0 4.0
	실습	○ 친환경농자재 조제실습 및 포장실습	6.0
	현장	○ 농장, 유통시설(산지, 소비지) 견학 ○ 친환경농업 추진 우수단지 견학 ○ 해외연수	21.0 8.0 18.0
	영상교육	○ 왜 친환경농업인가?	0.5
	상호학습	○ 자기소개, 정보교환, 사례발표	8.0
교육특징		○ 전문 경영능력을 갖춘 친환경농업 핵심리더 양성 ○ 친환경농산물의 소비자 신뢰확보 및 유통활성화 기여 ○ 소수 정예의 장기 회합식 특화 교육	

교육과정	친환경농업 CEO과정
교육목표	○ 친환경농업의 이해증진과 필요성 인식 제고 ○ 친환경농산물 유통 및 마케팅능력 배양 ○ 최고경영자로서 친환경농업 추진역량 강화
교육대상	○ 조합장, 부서장, 시군지부장, 지점장 등

담당교육원	○ 경주환경농업교육원		
주요 교육내용	교과목	세부내용	시간(H)
	강의	○ 친환경농업 정책 및 추진방안 ○ 친환경농업 실천사례 ○ 친환경농산물 판매 및 마케팅전략 ○ 친환경농산물의 안정성 및 품질관리	1.5 2.5 1.5 1.5
	영상교육	○ 왜 친환경농업인가?	0.5
	현장	○ 현장 견학 또는 농업역사 탐방	2.5
	상호학습	○ 자기소개, 정보교환, 사례발표	1.0
교육특징	○ 친환경농업 확산과 홍보력 강화 ○ 친환경농업의 대농업인 지도력 강화 ○ 농업·농촌의 현황 및 최근 농업 현안문제 이해 및 개선		

교육과정	친환경농업 소비자 초대과정		
교육목표	○ 친환경농산물에 대한 이해증진으로 소비촉진 기여 ○ 농업·농촌·농협에 대한 올바른 이해 ○ 올바른 소비를 위한 친환경농산물 소비교육 욕구 충족 ○ 친환경적인 생활 유도		
교육대상	○ 고향주부모임 등 주부모임 단체 ○ 아파트 부녀회 등 여성단체 ○ 초등학교 어린이, 농협 우수고객 ○ 초·중·고 영양교사, 선생님		
담당교육원	○ 경주환경농업교육원(1박 2일)		
주요 교육내용	교과목	세부내용	시간(H)
	강의	○ 친환경농산물의 올바른 이해 ○ 원산지 표시 및 식별 ○ 친환경 생활체험	2.0 2.0 1.0
	현장	○ 친환경 농장(팜스테이 마을) 체험 ○ 친환경농산물 애용 및 실천다짐 대회	2.0 2.0
	상호학습	○ 생활안내, 정보교환, 사례발표	1.0
교육특징	○ 소비자 이해 홍보로 친환경농산물 판매 촉진 유도 ○ 농업·농촌에 대한 인식제고로 농·도 일체감 형성 ○ 다양한 소비자를 대상으로 하는 친환경 농산물 이해 확산 ○ 영업점 우수고객의 농협·농촌이해 제고		

교육과정	친환경농업 그린마케팅 과정		
교육목표	○ 친환경농산물의 생산, 농장경영, 유통 등에 이르기까지 전문 경영능력을 갖춘 핵심리더 양성 ○ 친환경농업 실천을 농자재의 자가 조제 및 활용능력 배양을 통한 농업생산비 절감 ○ 친환경농산물의 수확 후 관리기술 개선, 상품화 및 판매 능력 향상 ○ 친환경농산물 유통 활성화로 친환경농업 보급확대		
교육대상	○ 저농약 이상 친환경농산물 인증을 받은 친환경농업 실천 농가 30명		
담당교육원	○ 경주환경농업교육원		
주요 교육내용	교과목	세부내용	시간(H)
	강의	○ 친환경농업 육성정책, 제도, 이념교육 ○ 친환경 농산물 토양관리 및 병충해 방제 ○ 판매 및 마케팅 전략	10.0 10.0 8.0
	사례	○ 친환경농업 실천 우수사례 ○ 소비단체 및 우수농협 사례	2.0 4.0
	실습	○ 친환경농자재 조제실습 및 포장실습	10.0
	현장	○ 농장, 유통시설(산지, 소비지) 견학 ○ 해외연수	28.0 14.0
	상호토의	○ 세미나 등	10.0
	상호학습	○ 자기소개, 정보교환, 사례발표	4.0
교육특징	○ 친환경농산물의 생산, 농장 경영, 유통 등에 이르기까지의 전문 경영능력을 갖춘 친환경농업 핵심리더 ○ 친환경농산물의 상품화 및 판매능력 향상 ○ 친환경농산물 유통 활성화로 친환경농업 보급 확대		

교육과정	친환경농업 명품 귀농과정		
교육목표	○ 귀농인들의 성공적인 정착을 위한 탐색단계로서 농업·농촌에 대한 기본 이념 고취 ○ 친환경농산물의 생산 및 유통에 이르는 핵심리더 양성		
교육대상	○ 친환경농업 마인드가 있고 농촌에 활력을 불어 넣을 미래 농업인		
담당교육원	○ 경주환경농업교육원		
주요 교육내용	교과목	세부내용	시간(H)
	강의	○ 농업·농촌의 현실 ○ 친환경농업의 실천 및 성공귀농 ○ 소비자가 원하는 친환경농산물 ○ 친환경농산물 유통활성화 방안, 마케팅 전략 ○ 친환경농업을 위한 토양관리 ○ 우리농산물 바로 알기	2.0 5.0 4.0 6.0 18.0 4.0
	실습	○ 친환경농자재 조제 실습 ○ 자연자재를 이용한 병충해 방제기술 ○ 원예작물 천적방제 실용기술	3.0 4.0 4.0
	사례	○ 유기농업 생산유통 실천사례 등 ○ 우수농협 친환경농산물 유통사례	5.0 5.0
	현장	○ 전원생활체험, 다양한 목조주택 견학 ○ 친환경농산물 유통 우수농협 견학 ○ 친환경농업 실천농장 및 산지 통시설 견학 ○ 전원마을 및 귀농성공 현장 견학	8.0 6.0 6.0 11.0
	토론 등	○ 귀농사례발표/토론 ○ 유통사례 자체 발표 및 토의 ○ 귀농동기 발표 및 영농정보 교류	6.0 6.0 7.0
교육특징	○ 귀농자들의 농촌환경 적응 및 농업·농촌 조기정착 유도 ○ 농자재 자가 조제를 통한 농업생산비 절감에 기여		

2. 협동조합직원 교육

1) 교육과정 흐름도(Flow Chart)

(1) 개 요

가. 목적
① 농협 경영방침 반영 및 효율적 과정기획으로 교육 효과성 제고
② 교육니즈 및 교육설계·분석으로 교육성과 극대화 도모
③ 교수요원 변경 및 교육환경 변화에 대응한 능동적 업무 적용

나. Flow Chart 단계별 주요내용
① 구성 : 7단계

단계		주 요 내 용	비고
1	교육목표 설정	○ 최종목표(Terminal Objective)를 기획 - 기술할 책무, 과업, 지식, 스킬, 태도 등	
2	교육개요 기술	○ 교육대상, 교육일정, 교육장소 기술	
3	요구분석	○ 경영환경 및 HRD 전략과제, 교육트렌드 ○ 교육생 역량분석 등	
4	교육과정 설계	○ 설계방향, 단계별 교육계획, 과정흐름, 모듈 및 교과편성, 주요개선 할 사항 등	
5	교육평가	○ 과목목표, 수행수준, 평가원칙, 평가방법 및 배점, 수료기준	
6	교수전략 (과목 내 세부활동)	○ 세부활동에 대한 교수방법, 전달매체, 상호작용, 동기적 특성을 구체적 기술	
7	교육운영	○ 교육예산, 교육운영 방향 및 방법 ○ 반편성, 시간운영, 지도교수 역할 등	

다. 과정기획 모델 및 벤치마킹
① 교육과정기획 Flow Chart 모델 구성

- 5개 부문 : 경제, 신용, 맵시(MAPSI), 축산, 유통

② 선정내용 : 『2010년 우수 교육과정』교육 계획서

③ 모델별 교육과정 및 담당교수

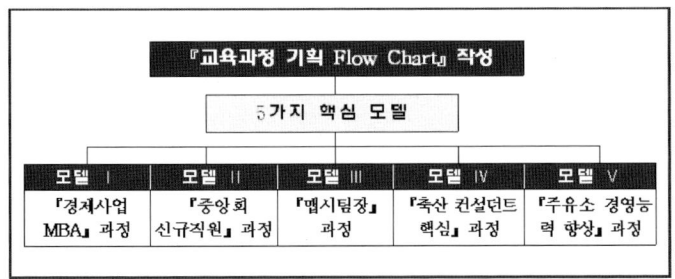

라. 벤치마킹 참고자료

① 교육관련 기관 자료

- 중앙공무원교육원, 삼성인재개발원, 롯데연수원 등

② 농협교육원 교육자료

- 교수요원 「교육과정개발」과정 교재, 교수활동 길라잡이

③ 인적자원개발 도서 및 문헌

- 「HRD가 경쟁력이다」, 「인적자원개발 원리와 적용」 등

④ 「교육과정 기획」업무수행 담당교수 의견 및 건의사항 반영

2) 교육과정 기획 핵심요소(성과 및 직무관련 지식과 전문성 중심)

농협경영에 대한 전략적 접근

○ 교육과정기획은 경영 프로세스에서 종합적인 부문으로 방향 설정
○ 경영전략에 따른 개인 역량개발 및 학습동의를 이끌 수 있도록 상호 연계

업무 관련성 제고

○ 각 사업부문(경제, 유통, 상호금융 등)과 관련성을 가지도록 기획
○ 교육프로그램 기획시 심층면접 및 설문조사 등을 통하여 최우선적으로 수요자의 니즈를 교육에 반영

현장 및 발전방향 중심

○ 기획은 교육생의 현재 능력과 미래에 요구되는 능력 간의 차이를 최소화 할 수 있어야 하므로 현장문제 및 발전방향을 중심으로 기획
○ 과정기획 이후 무엇이 향상될 것인가 그리고 무엇을 달성할 수 있는가와 교육수료 후 구성원들의 실제행동 변화를 만들 수 있는 기대치를 반영

<table>
<tr><td colspan="2">교육성과 극대화</td></tr>
</table>

○ 농협에서의 성과나 역량요건들과 명확한 관련성 내재
○ 과정기획은 피교육생이 교육의 결과가 확인되는 정확한 니즈를 파악 할 수 있고, 정확한 니즈를 충족하도록 기획하고 수시 반영

<table>
<tr><td colspan="2">지속적인 개발</td></tr>
</table>

○ 교육 후 행동의 변화를 위해서는 지속성 유지
○ 교육 수료생 지도 및 사후관리 강화 내용을 포함
○ 교육기획은 훈련 및 개발에 대한 가이드라인을 제공하는 HRD 방향 반영

3) 교육과정 기획 핵심요소

단계	주요내용	일정
교육목표 설정 1	◇ 최종목표(Terminal Objective)를 기획 　- 기술할 책무, 과업, 지식, 스킬, 태도 등 ◇ 궁극적 행동 / 성과의 기준 / 성과의 조건	D-day (임무부여)
교육개요 기술 2	◇ 교육대상 : 조합 경제사업 책임자 ◇ 교육일정 : 2011.2.22~8.20 ◇ 교육장소 : 농협안성교육원	D+5
요구분석 3	◇ 조직분석 : 교육환경, 전략, 자원 분석 ◇ 과업분석 : 수행되어야 할 활동을 분석 ◇ 개인분석 : 성과, 지식, 기술을 분석	D+10
교육과정 설계 4	◇ 니즈분석 정보를 반영 　"교육과정에 대한 하나의 청사진" ◇ 설계방향 / 모듈구성 / 교과편성 / 개선사항	D+15
교육평가 5	◇ 평가목표 : 조직 직무능력 및 적용능력 ◇ 평가원칙 : 객관적이고 엄정한 평가 ◇ 수료기준 : 명확한 기준 제시	D+20
교수전략 6	◇ 교수방법 : 효과적이고 적절한 방법 선택 ◇ 전달매체 : 학습내용과 교수방법 고려 ◇ 상호작용 : 학습자와 교수자의 작용기술	D+25
교육운영 7	◇ 교육예산, 교육운영 및 방법 ◇ 반편성, 시간운영(시간표) ◇ 지도교수 역할 등	D+30

(표 좌측 세로 제목: 교육과정 기획 흐름도)

4) 교육과정 기획 단계별 주요 내용

(1) 교육목표 설정

목 표 설 정	작 성 예
교육원 ↔ 교육목표 ↔ 경영방침 ↔ 교육생	○농업·농촌·농협을 이해하고 협동조합이념을 실천하는 농협인 육성 ○업무수행 기본역량을 습득하여 현장적응 능력 향상 ○조직 충성도(Loyalty)와 실무능력을 겸비한 농협인 육성 ○도전과 팀워크 형성훈련을 통한 강인한 정신력과 개척정신 함양

교육목표 포함사항

◆ 궁극적 행동(Terminal behavior) : 학습 활동이 끝난 시점에서 학습자가 할 수 있어야 하는 것에 대한 명확한 구체적 내용 적시
◆ 성과의 기준(Standard of performance) : 학습자가 궁극적 행동을 얼마나 잘 수행할 수 있어야 하는지에 대한 명확한 명시
◆ 성과의 조건(Condition of performance) : 학습자가 궁극적 행동에 수행할 수 있어야 하는 환경과 조건들에 대한 분명한 제시

(2) 교육개요 기술

구분	작 성 예					
교육 대상	교육대상 : 중앙회 신규직원 350명(신용 330, IT 20)					
교육 일정	회차	월	일 정	회차	월	일 정
	1회차	2월	2.22(월)~2.26(금)	4회차	6월	6.07(월)~6.11(금)
	2회차	3월	3.02(화)~3.05(금)	5회차	6월	6.14(월)~6.18(금)
	3회차	4월	4.12(월)~4.16(금)	6회차	7월	7.05(월)~7.09(금)
교육 장소	구 분	주 소	전화번호	강의실	비고	
	안 성 교육원	경기 안성시 공도읍 신두리 379-6	031)659-3500	협동관 대강의실	담당교수 장진호	

(3) 요구분석

조직 분석	◆ 교육을 필요로 하는 곳이 어디인지를 결정하기 위해 환경, 전략, 그리고 자원을 분석
과업 분석	◆ 요구되는 지식, 기술, 태도를 결정하기 위해 수행되어야 할 활동을 분석
개인 분석	◆ 교육시킬 필요가 있는 사람이 누구인지 결정하기 위해 개인의 성과, 지식, 그리고 기술을 분석

(4) 교육과정 설계

설 계 단 계

○ 교육수료 분석에서 발견했던 정보를 토대로 교수목표, 시간 및 예산, 교수자, 교수법, 학습환경 등 요구사항을 반영하는 단계
  ☞ 교육과정에 대한 하나의 청사진

주요 개선 및 변경 사항	구분	2008년	2011년	비고
	교육 방법	○강의식 교육 일변 - 낮은 학습효과 - 강사주도 학습	○참여 / 실습형 교과목 중점 편성 - TMSP 신설 - Engine, and 進(팀 역량 강화) 신설 · 창의의 씨앗(창의적 기법 활용) · 창의의 축제(최종발표회) · Project 학습 실천	참여 실습 중점 편성

구분	작 성 예		
조직 분석	**1** 경영여건		유통환경 **2**
	● 대내외 환경 변화에 따른 경영 불확실성 상존 ● 사업구조 개편에 따른 화합의 중요성 증대 ● 농협 역할에 대한 변화와 개혁 요구 증대		● 국내 시장포화에 따른 기존상권 갈등 심화 ● 안전농축산물에 대한 수요 지속 확대 ● 기업형 유통조직의 산지 유통 진출 확대
	● 실물경제 회복 기대에 따른 수익성 개선 전망 ● 자통법 시행 등에 따른 사업구조 개편 가속화 ● 금융기관 공공성 강화로 사회적 변화 요구		● 역할변화 인식 및 조직 마인드형성 교육 ● 성과와 연계된 교육 요구, 상생시너지 창조 ● 최고의 전문가를 지향하는 강한 농협맨 육성
	3 금융환경		HRD **4**

과업
분석
	□ 경쟁력을 갖춘 최고 농협인재 육성
	 ○ 개혁과 변화를 통해 대내외 위기에 적극적으로 대응하고 사업경쟁력
	   제고 등 지속성장 기틀 마련을 위한 강한 농협인재 육성이 절실히
	   요구되는 상황
	□ 개인별 비전달성을 위한 로드맵 제공 후 농협비전과 일체화
	 ○ 『긍지와 자부심 형성, 신규직원의 역할 및 업무에 대한 명확한 제시, 대인관계,
	   커뮤니케이션, 업무기초에 대한 충분한 교육』

개인 분석	□ 조사방법 ○ 조사대상 : 중앙회 신규직원(최근 3년 이내 교육이수자 200명) ○ 조사기간 : 2009. 6월 1일 ~ 7월 31일 ○ 조사방법 : 우편설문 조사 및 인터뷰 조사 ○ 조사내용 - 우편설문 조사 : 10개 문항(일반사항, 역량조사, 과정운영, KSA) - 인터뷰 조사 : 현재 및 미래 신규직원의 역할과 역량에 관한 질문

핵심 사항 검토	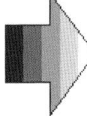	◆ 교육과정이 어떠한 목표를 달성하려고 하는 것인가? ◆ 시간 및 예산의 분배는 어떻게 해야 하는 하는가? ◆ 어떤 역량을 갖춘 교수자가 적절한가? ◆ 어떤 훈련방법이 적절한가?

구분	작 성 예			
설계 방향	○ 현장적용 Gap 해소를 통한 조기전력화 학습 설계(직무교육 강화) ○ 자율탐구 형태의 팀별 활동을 통한 교육성과물 도출 형태로 교육과정 설계 ○ 인내력, 체력, 문제해결력 강화 프로그램 설계(Can do spirit 강화)			

과정 설계 (모듈 구성)	구 분	모 듈 내 용	교육방법	비 율
	【모듈 1】 방향설정	○ 특 강 1, 2 ○ 농업의 현재와 미래 ○ 변화와 도전	강의, 견학, 체험	16.8%
	【모듈 2】 이론정립	○ 경제학 및 농업경제학 ○ 마케팅론 및 소비자 행동론 ○ 유통관리론 및 유통 정보론	강의, 토의, 실습, 현장 OJT, R/P	57.2%
	【모듈 3】 역량강화	○ PPT작성, 프리젠테이션 스킬 ○ 갈등관리, 이미지 메이킹 ○ 리더십, 변화와 미래 전략	강의, 체험	26.0%

교과 편성	구 분		교 육 내 용	시간
	실무 기초		○ 유류사업 발전방안	1.0
			○ 석유시장 동향	1.0
	실무 전문		○ 주유소 CS교육 ○ 토양오염관리요령	5.0
			○ 주유소 POS시스템 ○ 주유소 경영관리(가격,재고,판촉)	6.0
			○ 주유소 안전 및 위험물 관리 ○ 주유소 활성화 방안	3.0
	기타		○ 특강 ○ 주유소 발전 토론	3.5

평가목표	평가원칙	수료기준	평가배점
○조직 적응능력 및 직무능력 향상을 위한 학습 분위기 고취 등 팀워크 훈련을 통한 협동심함양	○객관적이고 엄정한 평가를 실시하여 평가에 대한 수용도 제고	○수료 기준은 전체 교육시간 90% 이상참석 및 종합 평가성적 60점이상 ○가/감점 적용	○준 비 도 ○형 성 도 ○참 여 도 ○학습이해도 ○생활자세/태도

(5) 교육평가

가. 평 가
  ○ 수료 기준
   - 과목(필기)평가에서 50%(60점)이상 득점하고, 전 과목 평균 60% 이상 득점
  ○ 평가 부문 및 배점

구 분	과목(필기)	AL연구과제	견학보고서	생활태도(참여도포함)	합 계
비 율	60	25	5	10	100

  ○ 과목(필기) : 경제 이론 및 실무교육 해당 과목
  ○ 연구과제(A4 20매 내외) : PPT 자료로 작성 발표
  ○ 현장견학 보고서 : 국내 견학지별 견학보고서 작성(A4 3매 내외)
  ○ 교육 및 생활태도 : 교육 참여 및 일과 후 생활태도

나. 특전 및 표창
  ○ 수료자에게는 교육원장 및 중앙대학교 총장 공동 명의 교육 수료증 발급
  ○ 경제사업 MBA과정 이수자에 대해 인사고과 가점 부여(가점 : 1.0)
  ○ 표 창
   - 우등상 (회장상) : 교육성적90/100 이상 득점자 중 상위 2명(가점 : 1.0)
   - 우등상 (원장상) : 교육성적 85/100점 이상 득점자 중에서 회장상
   - 공적상 (원장상) : 교육기간 중 타의 모범이 된 자 1명(인사가점 : 0.5)
     ※ 동점자 처리 기준 : 우수 연구과제 작성자 순
     ※ 부상 : 별도 기준에 의합

(6) 교수전략(과목내 세부활동)

구 분	세 부 내 용
교수방법 (방식)	○ 교수자가 이끄는 교실 프로그램, (웹에 기반을 둔) 독학 ○ 공공세미나, 사례연구, 역할극, 게임 또는 모의실험 ○ 경험적, 가상현실 프로그램
전달매체	○ 시트, 사례, 체크리스트, 양식, 플립 차트, OHP, 슬라이드 등 ○ 워크북/매뉴얼, 인터넷 / 인트라넷 / 익스트라넷 ○ CD-ROM / DVD / 디스켓 / 원격화상 / 비디오테이프 ○ 비디오컨퍼런스, 위성 / 방송 TV / 오디오카세트

상호작용 (교수자 ↔ 학습자)	□ 교수자-학습자 상호작용의 유형 ◆ 학습자 전체와 교수자　　◆ 학습자 특정 그룹과 교수자 ◆ 학습자 특정 개인과 교수자　◆ 학습자 전체와 촉진자 ◆ 학습자 특정 그룹과 촉진자　◆ 학습자 특정 개인과 촉진자 ◆ 학습자 성원 상호간　　　　◆ 학습자 전체와 학습자 특정 그룹 ◆ 학습자 특정 개인 상호간　◆ 학습자 특정 그룹 상호간 ◆ 학습자 전체와 학습자 특정 개인
동기적 특성	○ 동기적 특성 　- 과목별 관련 특성 : 주의, 관련성, 자신감, 만족감 등을 기술함 ☞ 교육에 대한 학습자의 동기(Motivation)는 실제로 교육생들이 　　조직의 엔진이 되어 차이를 만들어 낼 수 있도록 기여하는 　　핵심 원동력

교수방법	전달매체	상호작용	동기적 특성
○학습 내용을 가장 효과적이고 적절하게 전달 할 수 있는 교수방법을 선택	○학습내용(학습요점)과 교수방법을 고려하여 사용될 전달매체를 기재	○학습자의 교수자료, 다른 학습자, 교수자, 촉진자 등의 사이에 일어나는 상호작용을 기술	○각각의 과목내 세부활동과 관련된 동기적 특성중에서 과목별로 관련 되는 동기특성을 기재

(7) 교육운영

교육운영 포함 사항
■ 교육예산, 교육운영 및 방법 ■ 반편성, 시간운영(시간표), 지도교수 역할 등

구 분	작 성 예			

구 분		금 액	산출근거	비 고
강사료	내 부	180,000	○ 2명	● 부장급 : 50,000 ● 3급이하 : 20,000
	외 부	3,527,240	○ 4명	별 첨
	거마임	0	○ 4명	강사료에 포함
교재 편찬비		500,000	○ 50×10천원	200P 기준
교육 자료비		135,000	○ 45×3천원	
세 탁 비		180,000	○ 45×4천원	
야간 지도비		20,000	○ 1일×20천원	
야간 간식비		180,000	○ 2일×45×2천원	
진 행 제 비		135,000	○ 45×3천원	
계		4,857,240		

위 표의 좌측 구분: 교육예산

교육운영 및 방법

□ 교육운영 및 방법 포함사항
◆ 교육운영방향　　　　　　　◆ 시간운영 프로세스
◆ 조직 및 팀워크 강화훈련　　◆ Outdoor(현장학습) 편성
◆ 주말교육계획　　　　　　　◆ 사전학습 과제내용
◆ 조직 및 팀 강화훈련　　　　◆ 세부 시간표(과목 및 강사명)
◆ 교육원 생활 수칙　　　　　◆ 교육비(식대포함)
◆ 입교시 준비사항 등

반편성

구분	1반		2반		3반		4반	
	1조	2조	3조	4조	5조	6조	7조	8조
담임교수	박신용		장진호		김광대		봉정수	
교육지원	이종철		김현민		김미선		성유경	

☞ 담임교수 및 교육지원 담당자 편성 : 반별 책임 진행

지도교수 역할

○ 각 반별 전담 담임교수에 의한 지도 강화
○ 반별 교육진행 및 신상파악 등 책임있는 지도

5) 교육과정 운영 매뉴얼

(1) 개요

가. 목적

① 신규 교육 담당자가 운영 매뉴얼에 의해 교육과정의 준비에서 완료까지 체계적으로 적용 가능한 매뉴얼화

② 교육 담당자의 시행착오 사전방지, 전문성 확보, 성과지향 교육 실현

③ 3개 부문

부문	내용	비고
교육과정 준비	시간표 및 강사섭외, 계획수립, 강의장 셋팅	
교육과정 운영	입·수료식, Ice breaking, 강사영접	
결과보고 및 정리	예산집행 정산, 결과 보고, 수료 전산처리	

나. 개선 및 기대효과

① 교육 담당자의 효율적인 교육 운영

② 전 교육과정에 공통적으로 적용 및 실질적인 교육과정 운영에 활용

③ 각각의 교육과정 운영단계를 착안사항 중심으로 시계열적 순서로 구성, 교육진
행 시행착오의 사전방지 및 교육성과의 극대화 도모

다. 참고문헌 및 자료

① 중앙공무원 교육원 교육훈련 업무 매뉴얼(중앙공무원교육원, 2008년)

롯데 연수원 교육과정 운영 매뉴얼(롯데교육연수원, 2009년)

삼성 인재개발원 교육과정 운영 매뉴얼(삼성인재개발원, 2009년)

② 행정안전자치부 질의 및 회신자료(2010년 8월)

③ 손에 잡히는 조합원 현장 가이드북(농협안성교육원, 2005년)

④ 교수활동 길라잡이(농협안성교육원, 1999년)

(2) 교육과정 준비

1단계 : 교육생 모집문서 (D-40)

> 가. 교육목표, 대상 및 인원, 기간, 장소 명시
> 나. 교과목 편성 및 운영, 과정의 특징, 수료에 대한 메리트 적시
> ☞ 요건을 갖춘 관심있는 직원이 신청할 수 있도록 작성

2단계 : 교육생 ,확정통보 및 교육실시 문서시행 (D-30)

> 가. 선정 교육생의 철저한 교육준비를 위해 세부적이고 구체적으로 안내
> 나. 교육 시행문의 핵심 내용
> ☞ 교육대상자가 정확하게 준비를 하고 입교하도록 안내

3단계 : 시간표 확정, 강사섭외 및 선정 (D-25)

> 가. 시간표 작성 요령
> ☐ 전년도 수료설문 및 개선사항 등의 반영
> ☐ 교육내용을 전반적으로 알 수 있도록 주도면밀하게 작성
> ☐ 강의제목은 함축적으로 작성
> ☐ 점심식사 후 첫 강의는 흥미를 유발할 수 있는 교양과목 등 편성
> ☐ 휴식시간은 탄력적으로 편성 (교육생 연령대 등을 고려)

> 나. 강사 섭외시 주의사항
> ☐ 가능한 1순위의 강사를 초빙
> ☐ 섭외 순서는 저명인사를 초빙하는 특강의 경우 팀장급 이상이
>   직접 섭외
> ☐ 섭외 시에는 강의의뢰서 활용
> ☐ 전화 등 유선으로 섭외시 반드시 강사 섭외요령에 의함

> 다. 강사 선정시 참고 자료
> ☐ 우수강사 정보 자료 (책자) 활용
> ☐ 기존의 강사 DB (초빙된 경력 강사나 설문조사 자료)
> ☐ 동료나 각 분야별 전문가로부터의 추천
> ☐ 주요 일간신문 칼럼기고자 및 방송 출연자
> ☐ 연구소, 교육기관, 관련단체 임직원, 유관부서 실무자 등

4단계 : 교육계획서 작성 (D-20)

> 가. 신청 기한
> □ 교육시작 7일전
> ☞ 토요일 포함, 일요일 및 공휴일은 제외
> 나. 신청 서류
> □ 내부 강사 : 재직증명서 (중앙회, 지역 농·축협, 자회사)
> □ 외부 강사 : 강사위촉계약서, 이력서 또는 강의 경력증명, 재직증명서
> ☞ 평소 노동부와의 원활한 업무 및 친밀한 유대관계 유지 필요

5단계 : 교재원고의 수령, 제작 의뢰 및 편집 (D-15)

> 가. 교재원고 수령시 교육 과정운영에 반영되어야 할 것이 있다면 미리
>   강사와 협의하여 강사가 교육 진행시 차질이 없도록한다.
> 나. 교재의 구성 원칙
> □ 표지 : 과정명과 교육실행기관 명시
> □ 해당 기관의 목표와 지향가치 : 조직의 방향성, 전략,
>   공유해야 할 가치나 행동규범 등을 기술
> □ 전체 목차 : 교재 전체의 목차 또는 교육 모듈의 내용을 기술
> □ 모듈의 학습 목표와 내용의 목차를 기술
> □ 교재 내용 : 교재의 본 내용을 기술
> 다. 학습교재의 요건
>
> > ○ Clear and readable : 내용은 읽기 쉽고 전달력 구비
> > ○ Relevant : 교재를 통해 알고자 하는 내용이 빠짐 없이 포함
> > ○ Accurate : 최신자료로 사실에 근거, 논리적인 결론으로 구성
> > ○ Interesting : 시각적 흥미를 끌고 적합한 디자인, 색상과 예시 사용
> > ○ Practical : 실용적이고 활용도 높은 내용으로 구성

6단계 : 고용보험 신청 (D-10)

> 가. 신청 기한
> □ 교육시작 7일전
> ☞ 토요일 포함, 일요일 및 공휴일은 제외
> 나. 신청 서류
> □ 내부 강사 : 재직증명서 (중앙회, 지역 농·축협, 자회사)
> □ 외부 강사 : 강사위촉계약서, 이력서 또는 강의 경력증명, 재직증명서

7단계 : 과정안내 제작 및 교육생 숙소배정/ 반편성 (D-5)

> 가. 과정안내 원칙
> - □ 과정에 대한 동기부여를 통한 학습목표 달성
> - □ 동기부여, 학습목표, 교육 프로그램, 생활안내, 교육중
>   준수사항, 생활관 및 식사안내, 교육담당자 소개 등
> 나. 숙소배정의 규칙
> - □ 최대한 편하게 취침할 수 있도록
> - □ 필요시 1인실 확보 (코골이 등 교육생 습관 감안 숙소배정)
> 다. 반편성
> - □ 교육의 목적에 맞게 배정
> - □ 보통 혼합 편성 (남녀/사업부서/직급/경력 등)

8단계 : 교육생 및 강사배차 신청 확인 (D-1)

> 가. 교육생 배차, 반드시 3번 확인
> - □ 1번은 신청하고 나서 제대로 접수 여부
> - □ 2번은 사용일 전날 배차여부, 기사명, 핸드폰 번호까지 확인
> - □ 3번은 당일 날 아침 기사와 직접 통화하여 확인
> 나. 강사 이동 확인
> - □ 반드시 하루 전에 담당기사와 연락이 되었는지 강사에게 확인
> - □ 몇 시에 어디서 만나기로 하였는지 확인
> - □ 시간이나 장소가 적당한지 판단
> - □ 당일은 약속시간 1시간 전 기사와 통화 이상 유무를 확인

9단계 : 강의장 세팅 및 확인(D-1)

> 가. 좌석 셋팅 요령 (사전 시설팀 협조 통보)
> - □ 교육 프로그램의 성격에 따라 다르게 셋팅
> - □ 개인학습 중심, 팀활동 중심 여부
> 나. 교재, 명찰, 명패의 배포 요령
> 다. 영상, 음향, PC, 조명 등 모두 점검
> 라. 시계, 각종 부착물 등
> - ☞ 교육의 물리적 환경은 교육효과 제고를 위해 필수적임
> - ☞ 어떤 곳에서 학습하는 것이 교육생에게 필요한 것인지를 고민

(3) 교육과정 운영

1단계 : 입교식, 과정 및 생활안내, 교과목별 강사소개

> 가. 입교식 순서
> □ 개식 ⇒ 국기에 대한 경례 (이하 국민의례는 생략) ⇒입교사 ⇒직원소개
>   ⇒ 폐식 ⇒ 퇴장
> ☞ 반드시 실물 국기 게양 : 실물 국기를 게양하지 않은 채 발광화면
>   이나 스크린 등을 통해 영상만으로 국기를 보여 주어서는 아니된다.
>   (국무총리 훈령 제538호 제12조 3항)
> ☞ 국민의례시 사회자 참여 여부 : 직접 참여하는 것이 원칙이나, 행사의
>   <u>원활한 진행을 위해서 직접 참여하는 것이 곤란할 경우 직접 참여</u>
>   <u>하지 않아도 크게 문제되지 않음 (행안부 질의에 대한 회신 내용)</u>
> 나. 과정안내
> □ 진행자 자신을 소개
> □ 교육과정의 목적과 학습 목표, 전체내용, 시간표, 평가방식 등 설명
> 다. 생활안내
> □ 생활규칙, 근태관리, 유의사항, 주요 시설안내 등 설명
> 라. 강사소개
> □ 소개할 강사의 약력은 반드시 강사에게 확인
> □ 강사의 강점 또는 장점을 자연스럽게 소개

2단계 : Ice Breaking/ Spot운영

> 가. Ice Breaking
> □ 서로의 관계를 형성. 서로를 오픈하는 것이 필요.
> □ 토의중심 과정의 경우는 아이스 브레이킹이 더욱 중요.
> □ 교육생에 따라, 시간에 따라 적당한 방법을 활용.
> ☞ Ice Breaking 시도 방법
> - 좌석 앞, 뒤, 옆 사람과 인사 (악수 교환)
> - 팀 편성 좌석이면 팀원간의 인사, 전체 박수를 통한 집중력 유도
> 나. Spot
> □ 학습효과를 증대시키기 위한 방법.
> □ 단순히 웃기는 행동이 아님. 웃기기만 하려면 개그맨이 더 효과적.
> □ 사전에 활용방법 등에 대해서 계획적으로 준비.
> ☞ 교육시작 시에 사용할 수 있는 간단한 opening spot
> - 음악을 들려 줌   - 밝고 건강하게 인사
> - 강의 전에 무엇인가에 몰두 유도   - 기분전환을 위한 퀴즈 제공

3단계 : 강사 영접

> 가. 강사 영접법
> - [ ] 항상 내가 다른 곳에 강의를 갔을 때 어땠으면 좋을까 생각한다.
> - [ ] 최대한 정중히 예의를 갖추어서 응대하되 지나치게 굽신 거리지 않도록 한다.
> - [ ] 강의에 도움이 될 만한 내용(교육생 특성 등)에 대해 사전 안내한다.
> - [ ] 오랜 시간을 함께하여 강사를 불편하게 하거나 강의준비를 방해하지 않는다.
> - [ ] 쉬는 시간에 강사를 홀로 내버려 두지 않도록 한다.

4단계 : 입교인원 확정 및 보고

> 가. 과정안내가 끝나면 교육생의 입교여부를 즉시 파악한다.
> 나. 미 입교생들은 유선 등으로 사유와 문제점을 파악한다.
> 다. 최종 입교가 결정되면 팀장 및 교육원장에게 입교현황을 보고한다.

5단계 : 출석부 체크 확인

> 가. 고용보험이 신청된 과정의 경우는 출석부와 훈련일지를 잘 챙김
> 나. 불시에 노동부 실사, 항상 유념하고 대비
> 다. 출석부는 하루에 2번 사인, 교육 시작시와 끝날 때
> 라. 교육생이 잊지 않고 사인하도록 계속 안내하고 확인
> 마. 교육 종료일에는 전체 확인사인이 한번 더 있으니 잊지 않고 받음

6단계 : 일과 시작 및 마무리

> 가. 일과 시작
> - [ ] 아침은 항상 경쾌하게 시작될 수 있도록 한다.
> - [ ] 음악이나 담당자의 멘트도 달리 한다.
> - [ ] 환자나 불편한 사항이 없었는지 반드시 확인한다.
> - [ ] 칭찬과 격려를 많이 활용하고, 당일 학습에 대해 동기부여를 시도한다
> 나. 일과 마무리
> - [ ] 차분히 하루의 학습내용을 돌아보고 정리할 수 있도록 시간을 갖는다.
> - [ ] 간결하고 명료하게 진행한다. 늘어지면 역효과.
> - [ ] 항상 끝내기로 한 시간보다 조금 일찍 끝낼 수 있도록 운영의 묘를 살린다

7단계 : 과정 정리 및 수료식

> 가. 과정기간 중 발생한 제비용을 정산
> □ 영수증과 사용내역을 맞추어 정리
> □ 실행예산 내역을 지급회의서로 작성
> 나. 교육결과 보고시 실행예산 집행 내역을 첨부
> 다. 결과보고가 끝난 후 경리담당자에게 지급회의서 이첩

(4) 교육과정 결과 보고 및 정리

1단계 : 실행예산 집행 정산 (D+7)

> 가. 과정운영에 대한 모든 내용을 정리하여 보고
> 나. 교육인원과 경비사용에 대한 내용은 공식적인 근거가 되므로 착오가
>   없도록 정확히 보고
> 다. 과정을 모르는 사람이 보고 어떻게 과정이 운영 되었는지를 알 수 있게
>   하는데 초점
> 라. 교육 종료 후 교육과정운영 전반에 대한 리뷰와 과정평가 내용을 정리
>   하여 개선점과 보완사항을 찾고 향후 교육과정에 반영

2단계 : 교육결과 작성 및 보고 (D+10)

> 가. 교육정보시스템 과정평가의 성적 및 석차를 입력(입상자 전산등록 등)
> 나. HRD시스템에 접속하여 훈련생 수료보고 전산등록 후, 출석부와
>   야간교육 동의서를 첨부하여 실물을 노동부 송부
> 다. 수료만족도 집계 후, 강사별 강의 만족도를 입력
> 라. 과정 교육결과에 대한 내부 결재를 득한 후, 교육정보 시스템을
>   통하여 ① 과정 결과 보고서 ② 시간표 ③ 교육과정 예산집행결과
>   ④ 교육만족도 설문 조사서 집계결과(항목별, 교과목 및 강사별 등)
>   압축파일로 작성하여 보고

3단계 : 교육수료 전산처리 (D+10)

> 가. 4월, 7월, 10월, 12월 초에 직전분기에 실시한 교육정보 시스템상의
>   교육정보 검증 및 대사를 실시
>
> 나. 교육과정별 수료인원과 비용에 관한 자료를 본부에 보고하고, 통합업무
>   시스템에 세무자료를 등록
>
> 다. 동월 하순 경에 본부 일괄 역환처리 및 계산서를 일괄 발행

4단계 : 교육비 정산 (해당 분기말)

> 가. 과정안내 때 실수는 극복할 수 있지만, 과정정리 때 실수는 기회가 없다
>
> 나. 효과적인 과정정리 진행 요령
>
> > ○ 전체 교육과정의 가장 핵심적인 사항을 떠 올리게 한다.
> > ○ 좋았던 기억을 되살려 준다.
> > ○ 수료설문서를 차분하게 회수한 후 주변을 정리한다.
> > ○ 주변정리를 하는 동안 명찰반납, 교통편 안내 특히 잃어 버리고 가는
> >   물건이 없도록 소지품 확인을 안내한다.
> > ○ 교육의 활용에 대한 동기부여를 한다.
> > ○ 마지막 인사를 하고 서로가 격려하면서 나가도록 한다.
> > ○ 모든 교육생이 교육장을 떠날 때 까지 인사한다.
>
> 다. 수료식 순서
> > □ 개식 ⇒ 국기에 대한 경례 (이하 국민의례는 생략) ⇒ 시상
> >   및 수료증 수여 ⇒ 격려사 ⇒ 폐식 선언 ⇒ 퇴장

6) 전국 현장 학습지 소개

(1) 개 요

가. 추진목적

① 맞춤형 전국현장학습지 편람 제작으로 교과과정에 적합한 현장 학습지를 교육
   내용 특성에 따라 다양하게 선택할 수 있게 함

② 우수 산지·소비지를 체계적으로 벤치마킹 할 수 있게 하여 교육 효과를 제고

나. 매뉴얼 구성

① 구성 : 3개 부문 7개 코스

부 문	내 용	비 고
소비지 부문	농산물 소비지시장 학습	2개 코스
산지 부문	농산물 산지유통 분야 학습	3개 코스
산지·소비지 복합	산지·소비지 유통 이해	2개 코스

다. 실제 효과

① 교육과정 특성과 교육생 수준에 맞는 현장학습을 실시함으로써 교육효과 제고
② 과정 준비 교수의 현장학습 준비 업무를 경감
③ 실무 중심적이고, 현장감 있는 학습을 통한 체험적 교육 실시

(2) 소비지 현장학습

가. 학습 목적

① 농협 산지유통 담당자에게 농산물 유통 흐름 및 주요 출하처에 대한 이해 제고
② 산지 출하 담당자에게 최신 농산물 유통 트렌드를 학습

나. 교육대상자 : 농·축협 산지유통 담당
다. 주요교과 과정 : 경제사업 MBA, 산지유통실무, 산지유통전문가, 연합마케팅
라. 현장학습지

① 기본 코스

농협수원유통센터 / 이마트 / 농협유통 / 창동유통 / 가락도매시장

09시00분	교육원 출발	① 수원유통센터
09시50분	농협수원유통센터	수원시 권선구 구운동 218-1,
10시30분	이마트 서수원점	031-299-9000

10시50분　이동	② 이마트 서수원점
12시00분　점심식사	수원시 권선구 구운동 925,
13시00분　이동	031-895-1234
13시10분　농협유통	③ 농협유통
14시10분　이동	서초구 양재동 230,
16시00분　농협유통 창동점	02-3498-1037
16시30분　이동	④ 농협유통 창동점
17시30분　농협가락공판장	서울 도봉구 창동 1-10,
18시20분　이동	02- 3499-6000
19시00분　저녁식사	⑤ 가락도매시장
20시50분　교육원으로 출발	서울 송파구 가락동 600
	02-3435-1610(농협공판장)

☞ 학습 포인트 : 대표적인 농산물 도·소매 유통매장 연구를 통하여 농산물의 유통경로와 트렌드를 학습

【맛 집】

■옛골산장 (점심)
·주소 : 경기도 성남시 수정구 상적동 215-1 (양재하나로클럽 인근)
·연락처 : 031, 723-6562, 011-348-3523
·추천메뉴 : 장작불 곰탕, 장작불 정식
■옛골토성 (저녁)
·주소 : 서울 서초구 신원동 69-7 　·연락처 : 02-577-9494, 578-0808
·추천메뉴 : 오리훈제 바비큐, 삼겹살, 바비큐, 바비큐립

① 탐구 코스

　관악농협 농산물 백화점 / 농협유통 / 총각네 야채가게 / 스타슈퍼 /올가 / 초록
　마을 / 타임스퀘어

09시00분　교육원 출발	① 관악농협 농산물백화점
10시50분　관악농협 농산물백화점	관악구 신림동 1668, 02-837-8850
농협유통	② 농협유통
점심식사	서초구 양재동 230, 02-3498-1037
총각네 야채가게	③ 총각네 야채가게
스타슈퍼	강남구 대치2동 992-1 현대상가10호
올가	강남구 논현동 103 쌍용 한우리A 상가1호

	④ 스타슈퍼
초록마을 신세계 타임스퀘어 18시00분 타임스퀘어 광장으로 집결 18시10분 저녁식사 19시30분 교육원으로 출발 20시50분 귀원	강남구 도곡동 467 타워팰리스 2단지 F동 지하1층 ⑤ 올가(ORGA) 서초구 반포동 58-14 강남구 대치동 994-1 강남구 압구정동 481 A동 1층 1호 ⑥ 초록마을 강남구 대치동 999 삼성상가 103 강남구 도곡동 902-55 신한B/D 1층 ⑦ 타임스퀘어 영등포구 영등포동 4가 441-10

☞ 학습 포인트 : 국내 대표적 친환경 농산물매장, 고급 농산물매장, 주택가 침투형 소매 매장 등을 조별로 방문하여 탐구

【맛 집】

■진등포 뒷고기 갈매기 (저녁)
· 주소 : 서울 영등포구 영등포동 3가 아자쇼핑몰 뒷골목 , 영등포 시장 앞(3시 이후 open)
· 연락처 : 02-2635-2988
· 추천메뉴 : 진등포 모듬 스페셜, 뒷고기, 생갈매기, 주먹고기

---

(3) 산지 현장학습

가. 학습 목적
① 농협 산지유통 담당자에게는 우수 산지의 벤치마킹 기회를 부여하고, 소비지의
   판매부서 직원에게는 산지에 대한 이해도 제고

나. 교육 대상자
② 소비지 농·축협 판매담당, 산지농협 유통업무 담당

다. 주요교과 과정
③ 경제사업 MBA, 산지유통전문가, 연합마케팅, 유통센터 운영요원, 유통마케팅
   파워－업, 공판장 경영자, 유통관리자

라. 현장 학습지

① 산지 일일 코스(A)

안성마춤 APC / 안성마춤 신선편이 / 안성마춤 RPC / 햇사레 거점APC / 청원 친환경농산물 유통센터

09시00분 교육원 출발 09시30분 안성마춤 APC 10시30분 안성마춤 신선편이센터 10시50분 이동 11시15분 안성마춤 RPC 11시30분 이동 12시30분 점심식사 13시30분 이동 13시50분 음성 햇사레 거점APC 14시40분 이동 15시40분 청원친환경농산물APC 16시40분 이동 17시50분 귀원	① ②안성마춤 APC · 신선편이 안성시 대덕면 모산리 188-1 031.676-0781 ③ 안성마춤 RPC 안성시 보개면 불현리 77-6 031.671-1854 ④ 햇사레 APC 충북 음성군 음성읍 신천리 119 043. 872-4156 ⑤ 청원친환경농산물유통센터 충북 청원군 오창읍 구룡리 134-6 043. 214-7557

☞ 학습 포인트 : 농산물유통 종합시설을 갖춘 우수 산지를 견학함으로써 시설운영 노하우 및 농산물 상품화 과정을 학습

【맛 집】

■옛날 전통 추어탕 (점심)
· 주소 : 충북 음성군 금왕리 무극리 217
· 연락처 : 043-882-6671
· 추천메뉴 : 통 추어탕, 갈은 추어탕, 매생이 칼국수

---

② 산지 일일 코스(B)

천안배원예농협 청과물종합유통센터 / 평택 안중농협 RPC / 수원원예농협 APC / 화성 정남농협 웰빙떡 유통사업단

09시00분 교육원 출발 09시40분 천안배 원예농협 APC 10시30분 이동	① 천안배원예농협 청과물종합유통센터 천안시 서북구 성환읍 율금리 749, 041-581-1416

11시20분　안중농협 RPC	② 안중농협 RPC
12시00분　이동	평택시 안중읍 금곡리 305,
12시30분　점심식사	031-682-3100
13시30분　이동	③ 수원원예농협 APC
14시00분　수원원예농협 APC	화성시 팔탄면 율암리 430-14,
14시50분　이동	031-359-9637
15시30분　정남농협 웰빙떡유통사업단	④ 정남농협 웰빙떡유통사업단
16시30분　이동	화성시 정남면 금복리 78-1,
15시30분　귀원	031-352-7521

☞ 학습 포인트 : 수도권 대표적 APC, RPC, 신선편이 시설과 신사업 아이템인 웰빙 떡 사업장을 만날 수 있음

【맛 집】

■칠갑산 왕 갈비 (점심)
· 주소 : 경기 화성시 청북면 현곡리 342-5
· 연락처 : 031-652-3130
· 추천메뉴 : 뚝배기 불고기 (7,000원), 갈비탕+돌솥밥 (8,000원), 육계장

③ 산지 1박 2일 코스

㈜ 농산무역 / 순천농협 신선편이 사업소 / 낙안읍성 / 진주연합
　사업단 / 경주 APC

첫째날		둘째날	
08시30분	교육원 출발	07시30분	아침 식사
11시00분	㈜ 농산무역	09시00분	숙소 출발
11시40분	이동		
12시40분	점심식사(고인돌휴게소)	10시40분	진주연합사업단
13시10분	이동	11시30분	이동
15시30분	순천농협 신선편이사업소	12시00분	점심식사
16시20분	이동	13시00분	이동
17시00분	낙안읍성	14시30분	경주 APC
18시00분	이동	15시30분	이동
18시50분	저녁식사	19시00분	저녁식사
20시50분	숙소 도착	20시00분	이동
① (주)농산무역		20시30분	귀원
전북 김제시 순동 645-5			

② 순천농협 신선편이 사업소	④ 진주연합사업단
전남 순천시 조례동 70-2	경남 진주시 상대1동 299-5
③ 낙안읍성	⑤ 경주 APC
전남 순천시 낙안면 남대리	경북 경주시 효현동 1082-17

☞ 학습 포인트 : 남부권 대표적 산지유통시설과 모범적으로 연합사업을 수행중인 사업장을 방문하여 벤치마킹 할 수 있는 기회 제공

【맛 집】

■청산도 회타운 (저녁)
· 주소 : 전남 순천시 연향동 1499-2 (순천우편집중국 옆)
· 연락처 : 061-725-1673　　　　　· 추천메뉴 : 모듬회
■콩주발 (둘째날 아침)
· 주소 : 전남 순천시 조례동 1606 (순천제일병원 옆)
· 연락처 : 061-722-5355　　　　　· 추천메뉴 : 콩나물 해장국
■백송가든 (점심)
· 주소 : 경남 진주시 초전동 1244-3
· 연락처 : 055-759-3505　　　　　· 추천메뉴 : 돌솥밥
■안성장터국밥 (저녁)
· 주소 : 안성시 도기동 20-2
· 연락처 : 031-674-9494　　　　　· 추천메뉴 : 안성장터 국밥

【숙 소】

■파사드
· 주소 : 전남 순천시 풍덕동 290-11
· 연락처 : 061, 741-3311　　　　　· 가격 : 4만원/1실
■순천 로얄관광 호텔
· 주소 : 전남 순천시 장천동 32-8
· 연락처 : 061, 741-7000　　　　　· 가격 : 6~8만원/1실

(4) 산지·소비지 복합

가. 학습 목적

우수 산지 및 소비지 현장학습을 통하여 농산물 유통의 흐름을 이해하고, 벤치마킹의 기회를 제공

나. 교육 대상자

소비지 농·축협 판매담당, 산지농협 경제사업 담당

다. 주요교과 과정

경제사업 MBA, 산지유통전문가, 연합마케팅, 유통센터 운영요원, 유통마케팅 파워-업, 공판장 경영자, 공판장 실무, 유통관리자

라. 현장 학습지

① 동부권 1박 2일 코스

원주원예농협 하나로클럽 / 대관령원예농협 신선편이사업소 / 양구연합사업단 / 홍천 서석농협 APC

첫째날	둘째날
09시|00분 교육원 출발	07시|30분 아침 식사
11시|00분 원주원예농협하나로마트	09시|00분 숙소 출발
11시|50분 이동	10시|30분 양구연합사업단
12시|10분 점심식사	11시|20분 이동
13시|00분 이동	12시|00분 점심식사
14시|30분 대관령원예농협 신선편이	12시|40분 이동
15시|30분 이동	
17시|00분 숙소도착	
17시|30분 이동	13시|30분 서석농협 APC
18시|00분 저녁식사	14시|30분 이동
20시|30분 이동	17시|40분 귀원
21시|00분 숙소도착	
① 원주원예 하나로마트	③ 양구연합사업단
② 대관령원예농협 신선편이사업소	④ 서석농협 APC

☞ 학습 포인트 : 마트 활성화 전략과 농산물 가공 성공 사례를 분석하고 소규모 산지에서 경제사업을 활성화 시킨 사례를 연구

【맛 집】

■설악추어탕 (점심)
·주소 : 강원도 원주시 무실동 660-1 남원주 IC인근
·연락처 : 033-746-9257   ·추천메뉴 : 추어탕(7,000원),순대국(6,000원)
■코리아 횟집 (저녁)
·주소 : 강원도 속초시 장사동 577-33
·연락처 : 033-632-7688   ·추천메뉴 : 모듬회 (20,000원 / 1인기준)
■농협 설악수련원 구내식당 (둘째날 아침)
·주소 : 강원도 속초시 노학동 666-4
·연락처 : 033-636-3466   ·추천메뉴 : 황태해장국
■가리산 막국수 (점심)
·주소 : 강원도 홍천군 두촌면 역내리 237-1
·연락처 : 033-435-2704   ·추천메뉴 : 막국수, 민물새우 수제비

② 서남부권 1박 2일 코스

농협 충북유통 / 동부여농협 APC / 고창연합사업단 / 나주시 조합공동사업 법인 /
남원원예농협 APC

첫째날	둘째날
09시 00분 교육원 출발	07시 30분 아침 식사
10시 30분 농협 충북유통	09시 00분 숙소 출발
11시 20분 이동	10시 30분 나주시농협공동사업법인
12시 10분 점심식사(공주휴게소)	11시 20분 이동
12시 50분 이동	12시 00분 점심식사
13시 30분 동부여농협 APC	12시 40분 이동
14시 20분 이동	13시 30분 남원원예농협 APC
16시 20분 고창연합사업단	14시 30분 이동
17시 10분 이동	17시 40분 귀원
17시 40분 숙소도착	③ 고창연합사업단
18시 00분 이동	전북 고창군 고창읍 덕산리 850,
18시 10분 저녁식사	④ 나주시조합공동사업법인
20시 50분 이동	전남 나주시 이창동 83-2,
21시 00분 숙소도착	⑤남원원예농협 APC
① 농협 충북유통	
충북 청주시 상당구 방서동 118,	
②동부여농협 APC	

☞ 학습 포인트 : 지역 밀착형 유통센터의 성공 사례와 학교급식 우수사례, 경제사업이 활성화된 농협의 성공 노하우를 배울 수 있음

```
┌─────────────────────────────────────────────────────────────┐
│                        【맛 집】                              │
│                                                               │
│ ■참조은 집 (저녁)                                             │
│ ·주소 : 전북 고창군 아산면 삼인리 105-12                      │
│ ·연락처 : 063-562-3322    ·추천메뉴 : 풍천장어 (20,000원 / 1인기준) │
│ ■선운산 유스호스텔 구내식당 (둘째날 아침)                     │
│ ·주소 : 전북 고창군 아산면 삼인리 334                         │
│ ·연락처 : 063-561-3445~6  ·추천메뉴 : 북어국 (4,000원)        │
│ ■담양愛 꽃 (점심)                                             │
│ ·주소 : 전남 담양군 봉산면 기곡리 293-1                       │
│ ·연락처 : 061-381-5788    ·추천메뉴 : 담양愛꽃 정식           │
└─────────────────────────────────────────────────────────────┘

┌─────────────────────────────────────────────────────────────┐
│                        【숙 소】                              │
│                                                               │
│ ■선운산 유스호스텔                                            │
│ ·주소 : 전북 고창군 아산면 삼인리 334                         │
│ ·연락처 : 063-561-3445 ~ 6                                    │
│ ·가격 : 6인 기준 6만원~6만5천원                               │
└─────────────────────────────────────────────────────────────┘
```

7) 전문가 양성을 위한 유통교육

(1) 개 요

가. 「유통교육 체계」정립 취지

① 체계적인 교육을 통한 유통 교육의 전문화 및 집중화

② 단계별 및 수준별 교육을 통한 유통교육 체계 재정립

③ 사업부문별 필요 전문가를 육성하고 교육 체계 제시

④ 교육과 인사관리를 위한 전문교육 수료자 인재풀 관리

⑤ 최고의 전문가 양성으로 지속적 경쟁 우위 확보

나. 추진 경과

① 최근 3년 본 교육원 경제사업 관련 교육과정 분석(2010.8~9)

　　○ 교육기간 및 교육내용 등 교육과정별 수준 및 난이도 분석

　　○ 본부 부서(농업경제 및 축산경제) 교육실무자와 협의 등

② 타교육기관 유통교육 사례조사(2010.10)

　　○ 농수산물유통공사 αT 유통교육원(국내 대표적 유통교육기관)

　　－자체교육 및 연구기관, 대학 등 16개 전문교육기관에 위탁교육

　　○ 도 농업기술원(전남 농업기술원, 충남 농업기술원 등)

　　☞ 교육체계, 교육계획, 맞춤교육, 위탁교육 등 자료수집

(2) **유통교육 실시현황**

가. 현 황

본 부 **부 서**	○ 부서 단위 위탁성 교육으로 수준별 구분 없는 통합교육 ○ 중요도가 미 반영된 전년 수준의 반복적 비차별적 교육 ○ 회원조합 중심의 경제사업 관련 교육 실시 ○ 경제사업 실무 위주의 부서별 위탁교육

나. 문제점

유통 **교육** **체계**	○ 단계별·수준별 교육 체계화 미흡으로 교육 효과 감소 ○ 피교육생의 교육 수준 차이로 교육 이해도 괴리 ○ 전년도 수료생의 동일과정 중복 입교 가능 ○ 전문인력 양성을 위한 부서별 교육체계 미흡 ○ 유통교육체계 구축을 위한 통합부서 부재

다. 개선점

체계 **구축**	○ 실무능력을 고려하여 3단계(기본, 향상, 전문)과정으로 　수준별 교육생 모집 ○ 교육생 모집시 단계별, 자격요건 심사 단계를 거쳐 　유통전문가 교육과정 운영 및 유통전문가 육성 ○ 체계적인 교육을 통한 전문가로서의 경력개발 기회 확대 ○ 부서별 유통교육 체계 확립 및 핵심역량 강화 ○ 유통교육체계 구축 및 정립을 위한 통합부서 필요

라. 단계별 육성방향

기본과정		향상과정		전문과정
유통 및 경제사업 3년 미만 근무자	▷	기초과정 이수자 및 3년~5년 미만 경제사업 근무자	▷	중급과정 이수자 및 5년 이상 경제사업 근무자

마. 「유통교육 체계」정립

현 행	변 경

■ 교육계획 수립
○ 부서별 교육계획에 의함
○ 교육원 주관 교육은 자체적
  교육계획 수립
	■ 교육계획 수립
	○ 부서별 및 자체 계획 수립시
	  단계별·수준별 교육과정 구분
	○ 기본, 향상, 전문으로 구분
	○ 교육원 주관 교육은 현행유지

■ 교육대상자 선정 ○ 수준별 교육 미고려 ○ 중복 교육생 포함 가능 ○ 부서별 모집 후 통보	■ 교육대상자 선정 ○ 단계별·수준별 교육과정 운영 ○ 교육생 모집시 단계별 모집 ○ 중복 교육생 배제 후 통보

■ 교육과정별 교육실행
○ 실무나 이론 부족으로
  체계적인 이해 미흡
	■ 단계별·수준별 교육실행
	○ 단계별·수준별 교육으로
	  체계적인 전문가 양성

(재정립)

(3) 「유통교육 체계」 타기관 사례(농수산물유통공사 αT 유통교육원)

○ 교육대상
 - 생산자에서부터 영농조합법인, 농협, 도매 시장법인 임직원, 유통업체 농산물 구매 바이어 등 다양한 분야의 교육생이 참가
 ※ 맞춤식 교육과정일 경우에는 교육대상자를 한정 또는 축소
○ 교육프로그램
 - 교육과정 : 과수, 채소, 화훼, 축산, 공통 등으로 세분하여 운용
 - 유통이론, 현장실습 및 워크숍, 해외연수 등 다양한 프로그램 운영
○ 교육기간 및 인원규모
 - 단기과정 : 1~5일 이내(대부분 50명 내외의 소규모 교육)
 - 장기과정 : 4개월 /주 1회 교육(25명 내외의 소규모 교육)
 - 특별교육 : 1일(100명 내외)
 ※ 도 농업기술원
 - 영농기술, 농업기계, 정보화 교육중심 교육체계로 정보화 교육과정중 전자상 거래 과정이 있음

(4) 「유통교육 체계」구축 Flow Chart

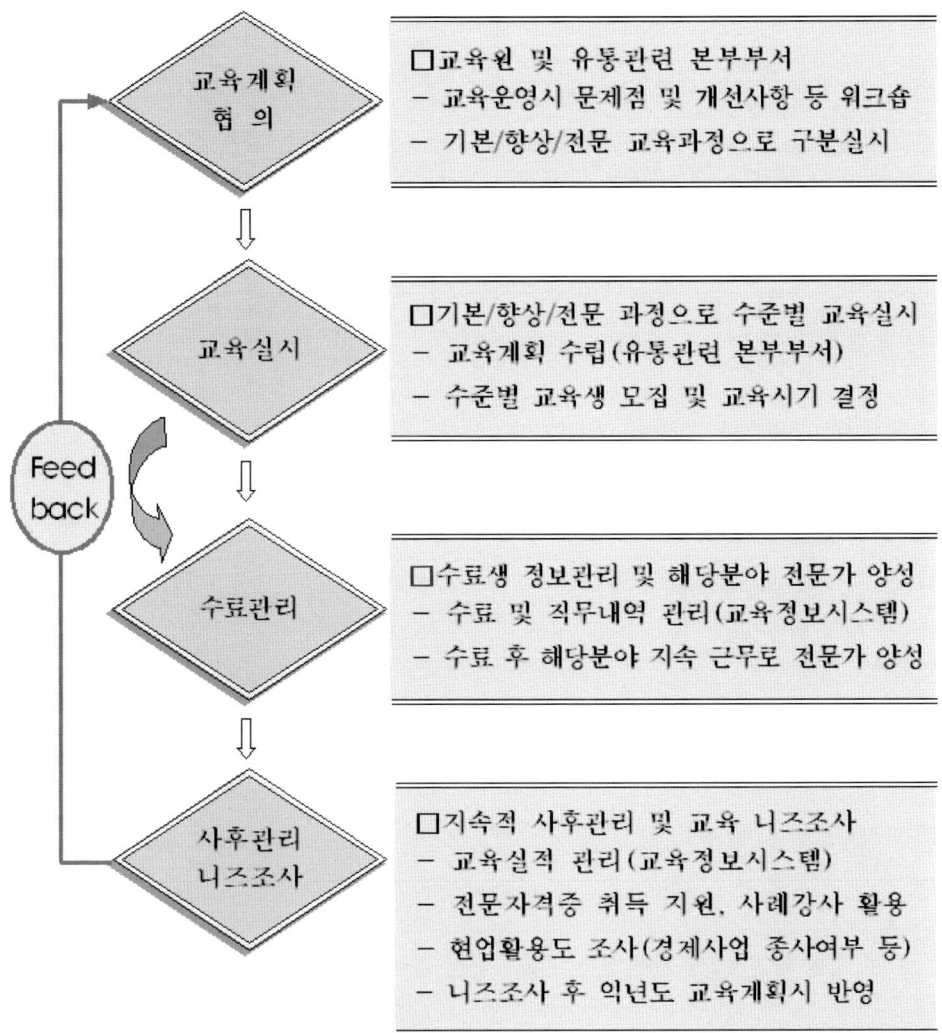

(5) 「유통교육 체계」구축을 위한 체크 포인트

구 분	단계별 체크포인트
1단계	○ 유통교육의 정의 및 개념 정리?
	○ 유통교육의 범위는?
	○ 농협의 유통사업 및 유통교육은 무엇인가?
	○ 경제사업교육과 유통교육의 차이는 무엇인가?

2단계	○ 농협내부 유통교육 현황 및 교육 체계는?
	○ 타교육기관 유통교육 현황 및 교육 체계는?
	○ 유통교육의 체계 정립의 필요성은?
	○ 현행 유통교육은 어떻게 이루어지고 있나?
3단계	○ 유통교육의 과정별 및 단계를 어떻게 분류 할 것인가?
	○ 현행 교육 중 어떤 과정을 유통교육으로 분류해야 하나? (예 : 농업경제·축산경제 등)
	○ 어떻게 과목별 수준을 단계별로 나누는 것이 좋은가? (예 : 기본·향상·전문)
	○ 필수과목과 선행학습이 필요한 과목은 무엇인가?
4단계	○ 교육대상 및 직급별 교육을 어떻게 적용 할 것인가?
	○ 어떤 과목을 구성하여 교육을 해야 하는가?
	○ 유통교육 체계 정립 후 어떻게 적용 할 것인가?

주) 1. 필요한 사항은 추가적으로 삽입하거나 변경하여 추진
   2. 단계별 추진 변경은 가능하며 가장 효율적인 방법으로 추진

(6) 주요 교육과정 수준별 분류(기본, 향상, 전문)

부문	수준	과정	과 정 별
농업경제	전문	5	○ 연합마케팅전문가, 산지유통전문가 ○ 경제사업MBA(안성교육원 독자 개발 및 운영과정)
	향상	6	○ 유통관리자 중급, 경제사업장 CS리더, 농약세일즈특별, 경매사마케팅향상, 공판장경영자양성, 농식품수출실무
	기본	7	○ 산지유통실무, 유통관리자 초급, 경제사업장 신규직원 경제일선배치예정자, 공판장 실무, 주요소경영능력향상 ○ 유통마케팅파워업(안성교육원 독자 개발 및 운영과정)
축산경제	전문	3	○ 축산컨설턴트전문(낙농, 양돈, 한우)
	향상	3	○ 축산컨설턴트핵심(낙농, 양돈, 한우)
	기본	-	없음

○ 부서의 의견, 교육과정별 난이도 등을 고려, 기본·향상·전문으로 분류

○ 기타 과정은 GAP 인증실무, 인삼류 검사원, 자원화조합 기술 등 경제사업부문
   별 실무성 위주 교육으로 편성

(7) 정 리

가. 유통교육체계 정립 시 효과

가) 지역농협 측면

① 최고의 전문가 양성으로 지역농협의 경쟁력 강화

② 전문가 육성을 위한 체계적인 교육계획 수립이 가능

　　○ 전문 분야별·수준별·연도별 육성계획 및 관리

③ 유통전문가 인재 풀 관리로 업무배치 등 효율성 증대

나) 직원 측면

① 전문가로 성장·발전하는 동기 부여

② 체계적인 교육을 통한 전문가로서의 경력개발 가능

③ 전문가에 대해서는 정기적인 보수교육 기회 부여

나. 유통교육체계 정립에 따른 조치

가) 부서별 협조사항

① 사업부서(농업경제기획부, 원예특작부, 양곡부, 자재부, 유통센터분사, 하나로마트분사, 공판도매분사, 식품유통부, 축산경제기획부, 축산유통부, 축산지원부, 축산컨설팅부, 축산물판매분사 등)

② 교육부서

○ 단계별·수준별 교육과정에 따른 입교 지도
○ 전문인력 양성을 위한 부서별 역할 명확화
○ 교육, 인사, 사업간의 연계시스템 활용
○ 교육정보시스템(웹아리 오피스) 전문 인력관리 철저
○ 양성된 전문인력에 대한 사후관리 강화

○ 수준별 교육생(기본, 향상, 전문) 구분 모집
○ 교육생 모집시 동일 교육생이 유사 교육과정 입교 배제
○ 전문가 육성을 위한 제도적 장치 마련
○ 1회성 및 매년 반복 교육과정 교육계획 자제
○ 새로운 교육과목 개발 등
※ 교육계획 수립전 교육원과 관련부서와 교육워크숍 신설 및 정례화

나) 향후 추진 사항

① 유통 교육과정의 질적 수준 향상

② 분야별 다양한 교육과정 지속 발굴 및 개발

③ 전문가 양성을 위한 유통교육과정 DB구축 및 활용

8) VIP 의전행사 진행 매뉴얼

(1) 기본계획 수립시 주요 체크 포인트

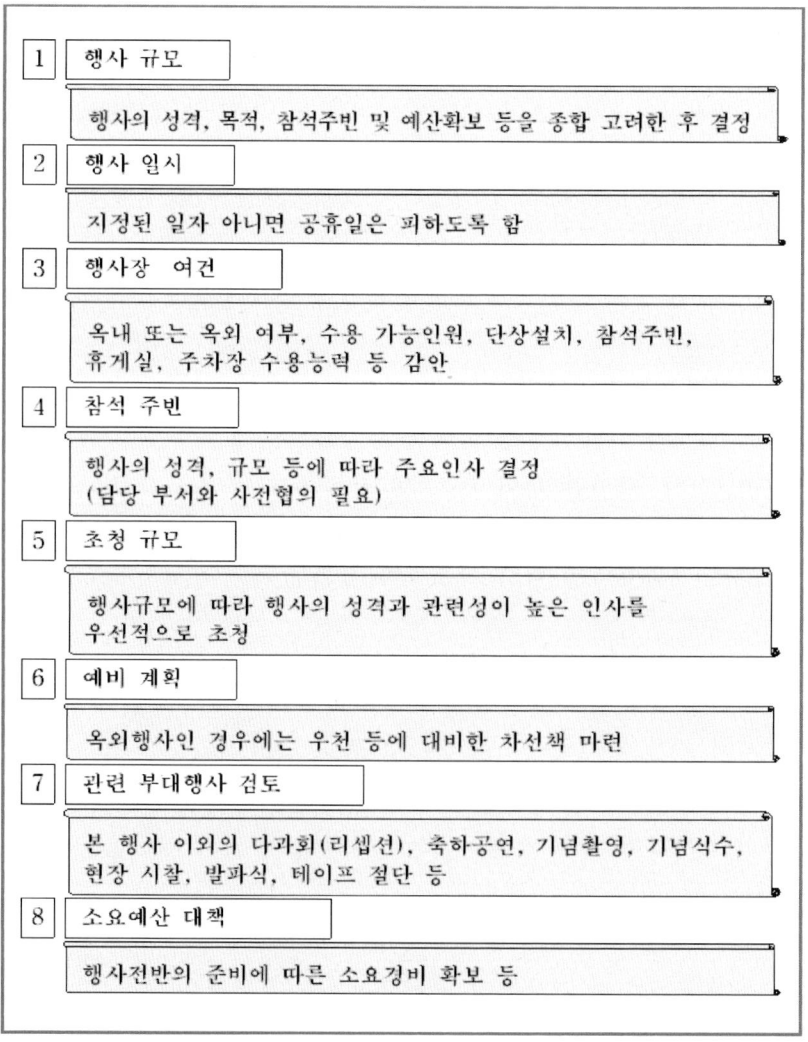

1	행사 규모
	행사의 성격, 목적, 참석주빈 및 예산확보 등을 종합 고려한 후 결정
2	행사 일시
	지정된 일자 아니면 공휴일은 피하도록 함
3	행사장 여건
	옥내 또는 옥외 여부, 수용 가능인원, 단상설치, 참석주빈, 휴게실, 주차장 수용능력 등 감안
4	참석 주빈
	행사의 성격, 규모 등에 따라 주요인사 결정 (담당 부서와 사전협의 필요)
5	초청 규모
	행사규모에 따라 행사의 성격과 관련성이 높은 인사를 우선적으로 초청
6	예비 계획
	옥외행사인 경우에는 우천 등에 대비한 차선책 마련
7	관련 부대행사 검토
	본 행사 이외의 다과회(리셉션), 축하공연, 기념촬영, 기념식수, 현장 시찰, 발파식, 테이프 절단 등
8	소요예산 대책
	행사전반의 준비에 따른 소요경비 확보 등

(2) 세부 추진계획 수립시 유의사항

시설 부문

1	□ 주차장 확보 및 배치계획 ○주차장 확보 및 입퇴장로 결정, 안내 입간판 및 홍보물 설치
2	□ 단상, 간이화장실 등 시설물 설치(옥외행사인 경우)
3	□ 단상 인사용 의자, 음향시설, 화분 설치
4	□ 주빈(VIP) 휴게실(접견실) 및 음료수 등 준비
5	□ 비상전원, 구급차, 통신망 구성 등 비상대책 ○야간인 경우, 조명시설 설치
6	□ 옥외 행사인 경우 우천시 대비책 ○대형 우산 우비 준비 ○옥내행사로의 전환가능 여부 및 전환 시 예비계획도 동시 수립

진행 부문

1	□ 진행순서, 시간계획, 식사 및 축사 작성 ○축사 예정자 등 외부인사는 사전 교섭 후 작성 의뢰
2	□ 표창장, 감사장 등 사전준비(필요시)
3	□ 기상예보 상황 ○옥내 행사인 경우 옥외행사 전환가능 여부 및 예비계획도 동시 수립
4	□ 식 진행 시나리오 작성
5	□ 행사 보도자료 배포, 언론사 홍보 협조(필요시)

의전 부문

1	☐ 초청인사 초청 및 안내계획 ○ 초청대상자 선정, 초청장 봉투, 주차증 등 ○ 초청장 문안 결정 및 제작 ○ 초청장은 본인에게 최소한 1~2주일 전에 도착할 수 있도록 미리 발송 조치 ○ 단체인 경우 단체별 수송계획 수립
2	☐ 초청인사 명부 작성 및 패용 명찰 제작 ○ 직위는 공식직위를 사용(약칭은 실례)
3	☐ 단상 인사 선정 및 좌석배치 ○ 주요인사에 대하여는 전날 또는 당일 참석여부 확인 및 좌석배치 조정
4	☐ 초청인사 안내요원 선발 및 사전교육 ○ 총괄관리, 식장관리, 비표 교환반, 식장안내, 주차관리 등 임무별로 업무 수행
5	☐ 기타 부대행사와의 연계 여부 등 ○ 기념식수, 현판식, 발파식, 비전선포식, 테이프커팅 등

의전구성 5요소(5R)

◇ 의전은 상대에 대한 존중(Respect)과 배려다.
◇ 의전은 문화의 반영(Reflecting Culture)이다.
  로마에 가서는 로마법에 따라 행동하라.
◇ 의전은 상호주의(Reciprocity)를 원칙으로 한다.
◇ 의전은 서열(Rank)이다.
◇ 오른 쪽(Right)이 상석이다.

(3) 기본 식순

1	개 식		
2	**국민의례**		
정식 절차 (기념식 등)	1. 국기에 대한 경례(국기에 대한 맹세 낭독, 경례곡 연주) 2. 애국가 제창(1~4절 또는 1절) 3. 순국선열 및 호국영령에 대한 묵념(묵념곡 연주)		
약식 절차 (회의 등)	1. 국기에 대한 경례(애국가 연주) ※ 국기에 대한 맹세문 낭독 생략 2. 순국선열 및 호국영령에 대한 묵념(묵념곡 연주) ※ 행사 성격에 따라 생략 가능		

※ 약식절차는 야간, 체육행사 및 기관 내부회의 등 부득이한 경우에 한하여 실시

3	내빈 소개 (필요시)

4	경과보고 (필요시)

5	감사패 수여 또는 유공자 표창 (필요시)

6	치사 (행사 성격에 따라 기념사 또는 축사 가능)

7	식가 (式歌)

◆ 행사 관련 "식가"가 있는 경우

8	테이프커팅, 현판식, 발파식 등 (필요시)

9	폐 식

◆ 식후 행사가 있을 경우 식후행사 안내

(4) 진행 시나리오

<table>
<tr><td>1</td><td>식전 안내 말씀</td></tr>
</table>

□ 안녕하십니까. 농협△△ △△팀 팀장 △△△입니다

□ 내빈 여러분께 잠시 안내말씀 드리겠습니다. 바쁘신 중에도
불구하시고 △△식 행사에 참석해 주신 내빈 여러분께 진심으로
감사드리며, 오늘 행사 진행순서를 간단히 말씀 드리겠습니다

□ 잠시후 거행될 △△식 식순은 국민의례, 경과보고
(△△ 선언문 낭독, △△ 축사 등 그리고 △△ 유공자에 대한
포상 및 치사 등) 이어서 △△ 노래 제창 순으로 약 △△ 간 진행
되겠습니다

□ 식 진행과 관련하여 내빈 여러분께서 협조해 주실 사항을
몇 가지 말씀 드리겠습니다. "국기에 대한 경례" 시에는 정면에
있는 국기를 향해 경례하여 주시고

□ "애국가"는 연주되는 음악반주에 맞추어 힘차게 불러 주시기
바랍니다

□ △△ 식이 끝나면 휴식시간 없이 바로 △△ 오찬이 약 △△분간
있겠습니다 (식후 행사가 있을 경우)

□ 만찬내용은 안내 팸플릿을 참고하시기 바라며, 내빈 여러분께서는
다함께 △△ 오찬장으로 이동하여 주시면 감사하겠습니다

□ 끝으로 내빈 여러분께서는 행사진행 중에는 무선호출기나
휴대폰을 사용하실 수 없으니 지금 바로 전원을 꺼 주시기 바랍니다

□ 곧 △△식이 시작될 예정이오니 잠시만 기다려 주시기 바랍니다.
감사합니다

《 주빈 입장》

□ 지금, ▢▢께서 입장하고 계십니다 (주빈의 모습이 보이면)

□ 모두 자리에 앉아 주시기 바랍니다
　(주빈께서 좌석에 앉으시고 연주가 끝난 후)

2　개　식

□ 지금부터 △△△△ △△식을 시작하겠습니다 (장내가 정리된 후)

3　국민의례

□ 먼저, "국기에 대한 경례" 와 "애국가 제창" 이 있겠습니다

□ 모두 일어나서서, 정면 단상에 있는 국기를 향하여 주시기 바랍니다
　※ 전원 기립하여 국기를 향한 후

□ 국기에 대하여 경례! (경례곡 연주)
　※ 경례곡 중간에

　　　　나는 자랑스러운 태극기 앞에
　　　　자유롭고 정의로운 대한민국의
　　　　무궁한 영광을 위하여
　　　　충성을 다할 것을 굳게 다짐 합니다

□ 바 로! (경례곡이 끝난 후)

□ 다음은 애국가 제창이 있겠습니다 (애국가 연주 시작)

4　순국선열 및 호국영령에 대한 묵념

□ 이어서 순국선열 및 호국영령에 대한 묵념이 있겠습니다
　※ 애국가 제창이 끝난 후 (선 채로)

□ 일동 묵념! (묵념곡 연주)

□ 바 로! (연주가 끝난 후)

□ 모두 자리에 앉아 주시기 바랍니다

5	경과보고 (필요시)

☐ 다음은 △△△ △△△ (성명 직위)의 경과 보고가 있겠습니다
(모두 자리에 앉으신 후)

6	유공자 표창

☐ 다음은 △△△의 축사가 있겠습니다
☐ 다음은 △△△ (주빈) 께서 △△△ 유공자에 대한 시상이
있으시겠습니다 (경과보고 (축사)가 끝난 후)
☐ 호명되신 유공자께서는 단상으로 나와 주시기 바랍니다
△△△ 회장 표창 △△△, △△△ , 홍길동, 이상 △△명입니다
☐ 수상자 일동, △△△께 경례! 바로!
※ 주빈께서 등단하셔서 수상자 중앙에 정렬하신 후
(표창장 낭독은 제1번 수상자 내용만 대표로 낭독)
☐ 수상자 일동, 경례! 바로!
※ 주빈께서 마지막 수상자 포상 수여 후 다시 수상자 앞 중앙에 서면
☐ 수상자께서는 제자리로 돌아가 주시기 바랍니다
※ 수상자가 경례한 후(주빈은 시상 후, 바로 연대로 이동)

7	기념사 (필요시)

☐ 다음은 △△△께서 기념사를 하시겠습니다

8	축 사 (필요시)

☐ 이어서 △△△께서 축사를 하시겠습니다

9	폐 식

☐ 끝으로 △△가 제창이 있겠습니다. 모두 일어나셔서 힘차게 불러
주시기 바랍니다 (축사가 끝난 후 주빈께서 자리로 돌아가시면)
☐ 이상으로 △△△ △△△을 모두 마치겠습니다(△△가 제창이 끝난 후)
☐ 바로 이어서 △△식 기념 오찬이 있겠습니다. 다함께 참석해 주셔서
즐거운 오찬되시기 바랍니다 (주빈 퇴장 후 바로 식후행사가 있는 경우)

(5) 종합(일정별) 체크리스트

부문별 추진 사항		일 정	주 요 내 용
기 본 계 획 수 립	주요행사 파악	D-50일	• 주요행사 벤치마킹 및 행사 • 기본 계획 수립시 반영
	초청범위 검토	D-45일	• 행사관련 초청대상 파악
	행사관련 사전협의	D-45일	• 행사관련 관계기관과 사전협의
	기본계획 수립·통보	D-30일	• 기본계획을 관계부서에 통보
초청인사, 행사요원 명단 취합		D-40일	• 초청인사 및 행사요원 확정
초청 유인 물 준비 및 발송	초청관계 유인물 준비	D-30일	• 초청장 도안 및 문구 결정 등
	초청장 발송	D-15일	• 행사 10~7일전까지 도착
행사 팸플 릿 제작	식순 등 행사관계 유인물 제작	D-30일 ~10일	• 행사관계 팸플릿 작성 및 제작
행사장 준비		D-30일	• 행사업체 및 연회 메뉴 선정
세부 시행 계획 수립	행사 관련사항	D-20일 ~10일	• 진행식순, 초청인사 좌석배치도 • 행사요원 운영계획 • 주빈 영접계획 • 식전·식후행사 계획 등
	연회장 관련사항	D-20일 ~10일	• 연회장 배치도 • 초청인사 입·퇴장 계획 • 건배 제의자 선정 등
행사장 장 식 및 비품 준비	식장 장식 및 행사장 준비	D-30일	• 행사장 장식 및 의자 임차 등
	행사비품 점검 및 행사장 배치	D-20일 ~1일	• 안내표지판, 단상의자 및 탁자, 화분 등 일체의 행사용 비품 점검 행사 전일까지 식장에 배치 완료
행사요원 리허설		D-7일 ~1일	• 행사 업무분담별 리허설
행사 홍보 및 기록관리		D-7일	• 행사 보도자료 배포 및 사진촬영
기상상황 점검		D-7일 ~1일	• 행사 당일 전후 기상상황 점검 및 우천시 대비책 마련
사후관리	행사 종료 후	행 사 종료후	• 행사결과 문제점 및 개선사항 등 요약 정리하여 다음행사 때 활용

3. 방문 및 특별교육

1) 농업인 PC 교육과정

(1) 배경

'90년도 이후 새로운 물결, 거대한 흐름인 정보화 물결은 우리농업의 생산과 유통 방식에 많은 변화를 주기 시작했다. 정보화 사회는 개인용 컴퓨터가 인터넷을 통해 교육, 상품의 홍보와 주문 및 판매, 정보교환 등 사회생활 전분야에 걸쳐 활용되고 있었으며, 이러한 추세는 농업인과 농업분야에도 급속하게 확산되었다. 컴퓨터로 농업회계, 영농일정관리 등 생산활동분야, 인터넷을 통한 농산물유통, 영농기술정보 검색 및 상호교환 등 농업 전분야에 다양하게 활용되기 시작하였다.

이러한 시대적 추세에 부응하여 안성교육원에서는 1996년부터 신규로 'PC 교육과정'을 시작하면서 농업인 컴퓨터 이용능력 향상과 신지식 농업인 육성에 많은 기여를 하면서, 농업인을 위한 컴퓨터 교육 활성화에 선도적인 역할을 하게 되었다.

이와 같은 농업인 컴퓨터활용 교육이 많은 성과를 거두면서 지방자치단체 또는 지역농협 관내에서도 지역농업인에 대한 컴퓨터 교육이 활성화 되었다. 2001년도 이후에는 교육수요가 줄어들어, 중급반을 개설하는 등 차별화를 시키면서 교육을 실시하였으나, 점차 수요가 줄어드는 추세여서 2003년도부터는 제2교육관에서만 실시하는 방향으로 조정해 나가게 되었다.

(2) 교육목적

① 컴퓨터 마인드 제고를 통한 영농정보의 신속한 제공으로 농업인 실익제고
② 농업정보 활용능력 제고를 통한 농업경영의 정보화를 도모
③ 정보화 능력을 겸비한 신지식농업인 육성

(3) 교육대상

① 조합원 및 그 가족
② 주부대학, 청년부, 작목반(회), 농가주부모임 등 단체

(4) **교육인원** : 30명 내외

(5) **교육기간** : 2박 3일

(6) **과정운영방향**

① 교육비 : 수익자 부담원칙

② 교육생 모집 : 계통사무소에서 직접 팩스 또는 개인우편으로 담당자에게 신청

③ 대상자 선정 : 계획인원기준으로 신청순서에 의거 선정

(7) **교과목 편성(예)**

분 야	과 목	시 간	강 사
PC기초	컴퓨터기초 및 타자연습	4	교육원 교수
윈도우	윈도우 95기초	4	교육원 교수
PC통신	PC정보통신기초, 인터넷기초, 농림수산정보 활용	4	교육원 교수
워드프로세서	훈민정음 95기초	4	교육원 교수
실습	컴퓨터조작실습	6	교육원 교수
합계		22	

2) 농업인 사이버 교육원(Cyberedu.nonghyup.com) 운영

(1) **배경**

21세기 새천년을 맞이하면서 정보기술(IT)의 발달과 구조조정에 따른 인력의 감축운용으로 급변하는 교육환경과 더불어 원격교육의 필요성이 제기되면서, 농협 내부적으로는 교육개혁 중심으로 Cyber 연수원·교육원 구축을 위한 검토 및 연구와 함께 각 교육원별로 과제를 부여하게 됨에 따라 안성교육원에서도 2000년 4월 Cyber 교육원 Task Force팀을 편성하여 본격적인 구축준비를 시작, 그 해 10월 '배 재배기술' 교육자료를 인터넷에 올리면서 사이버 교육원 운영을 시작하게 되었다.

이후 2001년도에는 딸기, 환경농업, 복숭아 재배기술 교육자료를 올리면서 활성화를 시도하였으나, 인력부족과 기존 정규 교육과정의 중복 업무분장에 따른 관리의 어려움으로 더 이상 활성화시키지 못하다가, 2002년 농촌지원부로 농업인 교육원 담당부서가 이관됨에 따라 농촌지원부에서 '농업인 사이버 교육원'이라는 이름으로

재편성하여 주관하고, 각 교육원에서는 교육과정 소개 및 농업재배기술 등 관련 자료를 관리자 모드에서 입력하는 형식으로 운영하고 있다.

(2) 개설목적

① 농업인에 대한 영농기술 및 영농정보의 신속한 제공으로 농업인 실익제고
② 농업인 교육매체 다양화 및 교육기회 확대
③ 농업인의 현장교육 니즈를 충족시키고 농업경영능력 함양을 위한 교육매체로 활용

(3) 메뉴별 구성 체계(Contents)

1단계(주메뉴)	2단계(부메뉴)	3단계
사이버교육원	사이버교육원안내, 공지사항, 이달의 교육	교육일정 등 소개
농업인교육원	안성교육원, 창녕교육원 소개	교육목표, 방침, 교육과정 등 안내
사이버강의실	농업기술, 축산기술, 친환경농업, 농업경영, 협동조합	작물별 재배기술 등 소개
정보광장	농업소식, 농업연구정보, 농업경영정보, 생활/문화, 농업인의견조사, 유용한 사이트	농업관련 각종 정보 수록
자료실	정책자료, 발간자료, 외국/북한자료, 농업관련법규, 기타자료실	농업관련 각종 자료 소개 및 안내
게시판	농사이야기방, 교육소감, 농촌현안토론방, 사이버종합상담	사랑방 대화 및 민원상담

3) 방문 및 특별교육

(1) 실시배경

1일 교육 및 특별교육(1박 2일)은 정규과정 이외의 교육원이 비어 있는 기간을 농협조합원, 임직원 등의 교육의 장으로 활용하여 농협에 대한 이해증진의 계기 마련 및 인식전환, 동기부여로 교육원 운영의 효율성 제고와 농업인조합원과의 친밀한 유대관계를 조성하는데 큰 기여를 하였다. 특히 외부기관, 단체 방문객에게 농협에 대한 이해증진 계기를 마련하였을 뿐 아니라 비교육기간 및 틈새교육 확대 실시로 인력과 시설운용의 효율성을 찾을 수가 있었다고 본다.

교육원 개원 초기에는 1일 교육이라기보다는 교육원 시설 및 농업인교육 현장에 대한 단순한 견학이거나 관광을 겸한 방문이었으나, 우리나라의 유일한 농업인교육 장이라는 것이 홍보되어 농업인조합원 방문보다는 외국 및 국내 농업관련단체나 사회교육기관의 방문이 많았으나 해를 거듭하면서 지도자 교육원 수료자의 보수교육을 겸한 1일 교육으로 발전하였으며 농협과 농업인조합원 자신의 필요에 의한 교육수요 증대로 관광 및 현지견학에서 조합원 1일 교육으로 자연스럽게 발전하였다.

또한, 지역농협에서 환원사업의 일환으로 실시하는 선진지 견학처로 교육원을 선정하여 선진지 견학을 겸한 1일 교육을 실시하고 비제도권 단체로의 이탈방지와 비제도권 인사에 대한 농협사업 이해증진 사업으로 발전하여, 명실공히 교육과정의 하나로 자리잡게 되었다.

교육의 내용면에서도 사전에 교육신청 농협과 충분한 협의를 거쳐 교육원 방문 조합원에 대한 단기 특별프로그램을 개발하여 강의 뿐만 아니라 상호학습과 발표로 꽉 짜인 1일 교육은 정규교육 이상의 교육효과를 거두고 있다. 특히, 1995년도에 교육원 생활관 후면의 유휴농지를 『창의력개발 학습농장』으로 개설하여 활용하였으며, 아이디어 박람회 개최 이후에는 그 전시품을 전면 재배치하여 농업인조합원의 1일 방문 및 특별교육시 창의력 개발 체험학습 현장교육장으로 활용하였다. 그러나 IMF가 발발되어 농업인에게 이 위기에 대처할 수 있는 위기관리 능력배양을 위한 『절약형농업학습장』으로 개편하여 운용하다가, 『창의농업학습장』, 『신지식농업학습장』으로 개편되었다. 인근 종묘개발센터와 『현장견학장』, 『신지식농업학습장』 등을 연계하여 『1일 방문 세트교육』화로 안성교육원을 '농업인의 순례지'화 하였다.

근래에 와서는 농업인조합원과 지역농협의 요구가 다양하여 1일 교육을 정규과정으로 편성하여 『농축협 사업활성화 과정』으로 진행하고 있으며, 특별교육은 시설지원교육으로 전환하여 증가하는 교육 수요를 수용하고 있다.

(2) 1일 방문 교육 실적

(단위 : 회, 명)

연도별	회수	인원	비고
1997년	88	27,565	일일방문교육 과정
1998년	103	26,979	일일방문교육 과정
1999년	85	6,135	일일방문교육 과정

연도별	회수	인원	비고
2000년	45	3,993	일일방문교육 과정
2001년	49	3,621	일일방문교육 과정
2002년	21	1,722	일일방문교육 과정
2003년	39	3,366	일일방문교육 과정
2004년	29	2,615	일일방문교육 과정
2005년	109	19,033	일일방문교육 과정
2006년	47	6,801	일일방문교육 과정
2007년	23	2,656	농협사업활성화 과정
2008년	21	1,823	조합사업활성화 과정
2009년	25	2,382	조합사업활성화 과정
2010년	30	3,403	조합사업활성화 과정
2011년	35	3,582	농축협사업활성화 과정
2012년	14	1,465	농축협사업활성화 과정
2013년	25	2,500	예정
계	1,061	134,035	

주 : 실적은 농협안성교육원 20년사와 연도말 교육평가 보고서를 근거로 작성함.

(3) 특별교육 및 시설 지원교육 실적

(단위 : 회. 명)

연도별	회수	인원	비고
1994년	2	379	대졸신규, 서울강서
1995년	1	62	임직원 자녀
1996년	31	2,176	특별+틈새교육
1997년	2	386	경영혁신 특별교육
1998년	14	2,348	틈새교육
1999년	17	1,663	틈새교육
2000년	13	1,603	비정규과정
2001년	7	833	특별교육
2002년	8	1,160	틈새교육
2003년	7	1,360	특별교육
2004년	2	275	특별교육
2005년	21	2,315	특별교육
2006년	84	14,805	시설지원 교육
2007년	92	13,097	시설지원 교육
2008년	34	11,306	시설지원 교육
2009년	0	0	본관 개축
2010년	44	5,650	시설지원 교육
2011년	63	9,462	시설지원 교육
2012년	78	18,078	시설지원 교육
2013년	70	16,000	예정
계	43	6,394	

주 : 실적은 농협안성교육원 20년사와 연도말 교육평가 보고서를 근거로 작성함.

(4) 성 과

그 결과 농업인 조합원에게 농협활동 및 본 교육과 교육원에 대한 인식을 제고시켰고, 농협과 농업인 조합원과의 이해의 폭이 증대되고 조합원의 주인의식고취 및 지역농협의 각종사업 확대 신장과 농협에 대한 올바른 사회여론 조성에 큰 기여를 했다고 본다.

제3절 생활지도 및 교수활동

1. 교육생 맞이

행동은 절도 있고 기품 있게, 밝은 표정으로 하고, 안내는 두 손으로 공손히 하며, 목소리는 부드러운 「솔」음정으로 한다.

상황	면접요령
가. 역전 및 진입로 입구	• '어서오십시오. 반갑습니다' • '안녕하십니까. 반갑습니다'
나. 교육생 도착(정문, 현관)	• '어서오십시오. 반갑습니다' • '안녕하십니까. 반갑습니다' • '예 등록장소는 생활관1층 현관입니다' 내려가셔서 오른쪽으로 돌아가십시오.
다. 버스 도착	• '어서오십시오. 반갑습니다' • '안녕하십니까. 반갑습니다' • '예. 등록 장소로 안내해드리겠습니다' 이쪽으로 가시겠습니다.(가장 빠른 길로 안내)
라. 입교 등록	• '안녕하십니까. 반갑습니다'
마. 호실 안내	• '안녕하십니까. 제가 안내해드리겠습니다' 1보 좌측 앞에서 부딪히지 않도록 공손히 안내

바. 복도 통행	• '안녕하십니까. 반갑습니다'
	• '좋은 시간 되십시오'
	  통행은 중앙에서 일보 좌측으로 보행
	  마주칠 때는 밝은 표정으로 15도 목례

사. 흡연장소 안내	• '죄송합니다. 흡연장소는 저쪽입니다' • '흡연장소로 안내해드리겠습니다'
아. 식사지도	• '많이 드십시오. 맛있게 드십시요' • '맛있게 드셨습니까'
자. 아침 및 저녁 문안	• '편히(잘)주무셨습니까' • '좋은 아침입니다' • '안녕히 주무십시오' • '좋은 밤 되십시오'

상황	면접요령
차. 사무실 방문	• '어서오십시오. 무엇을 도와드릴까요' - 먼저 마주친 사람이 직접 안내 • '예. 직접 안내해드리겠습니다' • '예. 확인하여 처리해드리겠습니다'

카. 전화 응대	• '감사합니다. 농협○○교육원 ○○○입니다'
	• '늦게 받아 죄송합니다. 농협○○교육원 ○○○입니다'
	• '감사합니다. 조합원교육팀 ○○○입니다'
	• '늦게 받아 죄송합니다. 조합원교육팀 ○○○입니다'
	• '감사합니다. 안녕히 계십시오'
	   <전화를 돌리는 경우>
	• '담당자인 ○○○교수님(또는 씨)에게 돌려 드리겠습니다'
	• '감사합니다. 조합원교육팀
	   <전화를 종료하는 경우>
	• '감사합니다. 안녕히 계십시오'
	- 수화기는 상대방의 수화기를 놓는 소리를 듣고
	  난 후에 조용히 놓는다.

2. 교육생 생활지도

구 분	내 용	담 당	비 고
가. 호실정리	• 호실명패부착 • 침구류 정리, 옷장, 실내화 정리 • 쓰레기통 확인 • 냉난방 Low 버튼조작 • 달력, 형광등 점검 • 동계 실내습도 유지 (방화수통에 물채움 등)	담임교수 교육지원팀	교육시작 하루 전까지
나. 분임토의실 정리	• 에어컨 사전에 가동(하절기) • 탁자, 의자 정리 • 분필확인, 칠판지우개 청결유지	담임교수 교육운영팀	
다. 역전, 진입로 입구	• 환영프랑카드 확인(버스부착) • 환영팻말 지참(진입로 입구) • 입교 교육생 환영 및 안내	지정교수	평택역 10:30~11:30 진입로 10:30~12:00 (버스 도착시까지)

라. 교육생 맞이	• 환영인사와 함께 교육등록 장소로
	  안내(10:00~13:00)
	- PC, 아카데미, 일일교육은 담당팀
	  과 교육참여 직원원
		지정교수	주요인사 입교식
			원장 영접

마. 입교식	• 입교식 10분전 교육생 강단 입실 안내(교육운영팀) • 담임교수 소개	원장 부원장 담임교수	
바. 입교당일 야간 교수 회의	• 반별 교육생 인적사항 파악보고 - 재입교율, 연령·성·경력별 등 • 특이사항 파악 보고	원장 부원장 전교수요원	

사. 저녁 문안
   인사
	• 문안인사 및 취침
	  (21:30~23:00)
	• 환자 위로
	  (의무실에서 명단 확인)
	• 냉난방 버튼 확인
		담임교수	• 담임교수 저녁문안 인사 후 지
			  도교수에게 보고
			• 지도교수 결과내용 원장 및 부
			  원장께 보고(교육인원, 특이사
			  항 등) (23:00)

구 분	내 용	담 당	비 고
아. 아침문안 인사	• 기상음악과 함께 방송 • 생활관 현관앞 맞이 및 문안인사	내·외근 교수	내근 1명은 지도교수실 근무
자. 아침체조	• 각 반별 위치에서 2줄로 정렬 • 교육생 반 위치 안내 • 준비 운동시 담임교수 맨 뒤에 1일 횡대로 위치	체조교수 담임교수	자율적 분위기 속에서 '농업인 건강체조'를 실시할 수 있음
차. 호실점검	• 침구류, 실내화정리(코가 앞으로) • 쓰레기통 정리 • 환자 의무실 안내 • 수강기피 교육생 강의실 안내	담임교수 교육운영팀	
카. 식사지도	• 식당입구, 식기반납 장소에서 식사안내 • 식당 내를 순회하면서 식사안내 • 국 배식 및 인사	영양사 식당담당 교수 식당종사원	식사시간 10분전 정위치(담임교수는 가급적 반원들과 함께 식사
타. 전야제 등 각종행사	• 행사시간 10분전 행사 장소 및 역할분담 장소에서 대기	원장 부원장 담임교수	필요시 교직원 협조
파. 수료식	• 수료시간 5분전 강당 맨 뒷자석에 착석 • 담임교수는 '교육마무리' 안내시각반 분임 토의실로 입장	담임교수 원장 부원장	
하. 수료소감 집계	• '남기고 싶은 말씀'담임교수별 취합(내용 파악 및 요약) • 수료소감 집계(교육평가, 과목 및 강사 평가)	담임교수 교육기획팀	필요시 교직원 협조
거. 교육생 환송	• '석별의 노래'방송이 시작되면 정문안쪽에 1열 횡대로 정렬하여 환송 • 차가 보이지 않을때까지 손을 흔들고, 큰소리로 인사말을 건낸다. • 차량출발 지도 및 환송버스 출발전 최종 안내방송 실시	원장 부원장 담임교수 영양사 지정교직원	강당진행, 전야제 교수 필수 참석 PC, 아카데미, 일일교육은 당당팀과 교육참여 교직원
너. 수료결과 평가교수회의	• 집계결과 분석 • 교육생 애로 및 건의사항 파악 • 차기 교육시 개선 및 참고사항 파악	원장 부원장 전교수요원	

3. 교수활동 지침

1) 교육진행 및 생활지도

(1) 교육인원 관리

① 담당 : 과정담당교수

② 입교인원, 조기수료(퇴교)인원 등 교육인원 변동상황(야간 외출, 외박 제외)을 Check 하여 변동이 있을 경우 수시 계통보고

③ 입교등록 후, 교육 입교인원을 원장까지 보고

④ 교육기간 중, 교육인원 변동상황은 생활지도(내근) 교수의 근무일지 보고에 불구하고 교육인원 종합관리 및 계통보고

　－야간 외출, 외박인원은 생활지도교수가 다음날 아침 과정담당 교수에게 인수 인계 철저

　－과정담당교수는 인계받은 교육생의 복귀여부 확인 후 계통보고

(2) 수강시 주의사항 및 교육생활 안내

① 담당 : 진행교수 및 담임교수

② 진행교수는 입교식 때, 담임교수는 상호토론 시간에 수강시 주의 사항 및 생활관 사용과 관련한 다음 사항을 요청형식으로 안내

○ 수강시 주의사항

－휴대폰 관리(진동 전환 또는 전원 차단)

* 부득이한 휴대폰 사용 시(강의장 밖으로 이동하여 통화)

－강사의 강의진행을 고려하지 않는 질문 및 잡담

－강사에 대한 기본예의를 벗어난 태도

* 발을 앞 의자에 걸치는 행위

* 드러내 놓고 코를 골면서 수면을 취하는 행위 등

－교육 불참 및 무단 이석 등

－강의 중에 강의실을 이탈하여 강의실 주변에서 잡담하거나 흡연, 음료 등으로 교육분위기를 저해하는 행위

○ 생활관 사용시 주의사항

－생활관 내에서는 원칙적으로 음주 불가

* 호실 안에서 제한된 시간(오후 12시)내에 교육생간 대화(정보교환)를 위한 음주는 담임교수에게 사전 협의토록 통지·담임교수는 동 사실을 생활지도교수에게 인계하여 관리할 수 있도록 함

* 어떠한 경우(원장방침 제외)에도 호실 외의 공공연한 음주는 허용되지 않음을 강조

－다른 교육생의 취침을 방해하는 행위 자제

* 취침시간(오후 11시 원칙) 이후 생활간을 배회하거나 소음을 발생시키는 행위

－기타 다음날 교육에 지장을 초래하는 행위(밤샘 등)

(3) **강의 중의 교육생 관리**

① 담당 : 과정담당 교수 및 진행교수

② 강의 시작 5분 전, 차임벨(필요시 입실방송)을 울리고 입실안내

○ 차임벨은 조합원교육팀 1명에게 별도 임무 부여

○ 입실안내는 과정담당교수가 담당하되, 필요시 팀장과 협의하여 조합원교육팀 교수들 전원 협력

③ 강의가 시작되면, 과정담당교수는 생활관을 점검하여 전원 교육에 참여 하도록 지도

④ 교육참여 촉구에도 불구하고 불참하거나 수강이 불가능한 경우, 강의불참 인원 및 불참사유를 파악하여 계통보고

○ 1차적으로 팀장에게 보고

○ 불참인원이 많거나 별도의 조치가 필요한 경우 원장방침을 받아 조치

⑤ 강의 도중, 강의실을 이탈하여 강의실 주변에서 배회하거나 잡담, 흡연 등으로 교육분위기를 저해하는 교육생에 대한 조치

○ 과정담당교수 및 진행교수가 강의실에 입실하도록 지도

○ 질병, 피로 기타 사유로 강의실 입실이 어려운 경우에는 사유에 따라 조치

－몸이 편찮은 경우 : 생활관에서 휴식하도록 안내

－잠깐의 휴식이 필요한 경우 : 강사대기실 이용 안내

○ 어떠한 경우에도 강의실(특히, 대강당) 주변에서 잡담하거나 배회하는 일이 없 도록 지도

※ 수 차례의 정상적인 지도·안내에도 불구하고 이행을 하지 않는 경우 계통보고 후, 방침에 따라 조치

(4) **상호학습 및 담임활동**

① 담당 : 담임교수 및 진행교수(과정담당교수)

② 상호학습은 기 시행방침인 "상호학습 담임교수활동 지침"(원장결재 : 2007.4.16) 에 의거 실시

○ 방침문서("상호학습 담임교수활동 지침") : 붙임

③ 안내방송은 업무분장 여부에 불구하고 진행교수가 반드시 Check하여 정시(상

호학습 10분 전)에 방송되도록 조치

○ 안내방송이 나가면, 담임교수는 상호학습실로 이동하여 상호학습 최종 점검 및 교육생 안내

○ 안내방송 후, 생활지도교수 및 진행교수(과정담당교수)는 생활관 호실을 점검하여 전원 상호학습에 참여하도록 지도

④ 상호학습 중 간식이 있는 경우, 과정담당교수가 준비상황을 미리 점검하고, 당직자로 하여금 정시(오후 8시 반)에 배부토록 조치

○ 담임교수는 교육생 중 미리 간사(최연소자)를 선정하여 간식이 전달될 경우 간사로 하여금 배분토록 함

○ 담임교수는 간식배부에 관계없이 상호토론이 원활하게 이루어지도록 진행

⑤ 상호학습을 간담회와 겸해서 하는 경우 교육생에게 미리 통지하고, 식음료는 상호토론을 저해하지 않는 범위 내에서 간단하게 준비

○ 간담회는 통상의 상호학습 방법에 의해 담임교수가 주관하여 질서 있게 진행

○ 교육적인 분위기를 일탈하지 않도록 각별히 유의하고, 음주분위기가 숙소로 연결되지 않도록 적절히 차단

⑥ 첫 번째 상호학습 종료시에는, 입교식 때 주지시켰던 "수강 시 주의사항" 및 "생활관 사용시 주의사항"을 다시 한 번 주지시키도록 함

(5) 야간 생활지도

① 담당 : 생활지도 교수 및 담임교수

② 담임교수 업무수행

○ 상호학습 종료 후, 오후 10시 반에 소관(반) 교육생의 호실을 방문하여 이상유무, 취침상황 등 점검

－공개적인(호실 외) 음주는 유연한 방법으로 강력 저지

－호실 내 음주는 유의사항을 다시 주지시키고 시간을 정해서 허용

○ 생활관 점검결과 이상유무, 현재시점의 동태를 생활지도교수에게 전달

③ 생활지도교수 업무수행

○ 저녁식사를 조기에 마치고 최소한 오후 6시 반까지는 생활지도실에 정위치

－2명인 경우 교대로 식사하고 6시까지 정위치

○ 상호학습 종료 5분 전, 생활관 및 복도 점등
○ 담임교수의 생활관 점검결과 전달사항을 일지에 기록하고, 음주중인 호실 특별 관리
○ 매시간 생활관을 순회 점검하고, 그 결과를 일지에 기록
○ 순찰시 화재예방 사항을 점검(전열기 사용, 개별취사, 에너지절약)
○ 익일 아침기상 방송 및 교육입실 안내 방송후 순찰, 생활관(호실, 복도, 화장실 등) 소등 및 화재예방 사항 점검
④ 외출, 외박은 생활지도교수 판단 하에 허용여부를 판단하여 결정
○ 외출, 외박 허용시는 정확한 귀원 시간을 정해서 귀원 토록 안내
○ 외출, 외박을 허용할 수 없는 상황이라고 판단되는 경우
- 담임교수 퇴근 전에는 담임교수와 협의하여 조치
- 담임교수 퇴근 후에는 생활지도교수가 적의 조치하되, 부득이한 경우 담당 팀장 과 협의하여 조치
⑤ 생활관 사용시 주의사항에 불구하고, 공동생활을 저해하는 교육생에 대한 조치
○ 복도·휴게실 배회, 음주, 소음 유발 등으로 다른 사람의 취침을 방해하는 경 우 우선 반장의 협조를 구해서 취침토록 함
○ 막무가내인 경우에는 생활지도실로 격리하여 안정을 취하도록 한 후, 숙소로 안내하여 취침 유도
○ 교육생간 폭행, 상해 발생 등 이상 상황이 발생될 경우에는 계통 보고 및 상황 에 따른 긴급조치 시행

2) 상호학습 지침

(1) 담임교수 역할(개념) 및 유의사항

가. 역할(개념)
① 상호학습은 담임교수가 강의를 통해 지식이나 식견을 전달하는 교육이 아니라 교육생 상호간에 주제에 관한 토론과 질의 응답, 경험과 사례발표 등을 통해 정보를 공유하고 인적네트워크를 형성하도록 하는 교육생 주도 학습임

② 그러나, 농업인들은 토론에 익숙하지 않고 다수를 상대로 하는 의견발표에 어색해 하므로 교육생들에게만 맡겨 둘 경우 원활한 상호학습이 이루어지기 어려움

③ 담임교수는 상호학습 진행자로서 학습분위기를 조성하고 원활한 토론과 정보교환이 이루어질 수 있도록 좌장으로서 역할에 중점을 두고 상호학습을 리드해야 함

나. 유의사항

① 학습분위기 조성관련

○ 학습분위기 형성을 위한 지나친 아이스 브레이킹(농담, 질문, 몸풀기 등)은 오히려 역효과

○ 담임교수의 일방적 지식전달이나 훈계(강의)는 반감 초래

○ 상호학습 시간을 담임교수의 지식전달 시간으로 활용해서는 안됨

○ 특히, 인생관이나 철학 등 담임교수의 가치관을 상호학습 시간을 통해 교육하려 해서는 안됨

② 자기소개 관련

○ 가능한 간략하고 속도감 있게 진행(전체 시간의 1/3이내, 2시간의 경우 40분 이내) 하여 상호토론 시간을 최대한 확보

－교육생이 자기 소개 및 기타사항을 연계하여 장황하게 할 경우 별도의 시간 할애를 약속하고 적절히 차단

－상호토론의 토론 주제와 연계하여 모자란 내용을 개진할 수 있도록 기회부여

○ 영농현황, 사회경력 등과 관련한 특이사항 등을 중심으로 각 교육생별 1~2가지 질문사항을 메모하여 상호토론 시 활용

－토론이 단절되는 경우 비중있는 교육생 중심으로 메모해둔 질의를 통해 자연스럽게 토론 연결

－상호토론 시 질문에 대한 응답이 충분치 못할 경우 메모를 토대로 보충 질의를 통해 추가 답변을 유도하여 토론 활성화

③ 상호토론 관련

－분위기에 경직화를 방지하되 담임교수가 분위기를 주도해서는 안됨

－담임교수가 주도할 경우 담임교수의 입만 쳐다보게 됨

- 담임교수는 있는 듯 없는 듯 자연스런 토론이 되도록 유도
* 좋은 의견 발표자에 대한 칭찬과 박수유도
* 비슷한 경험이나 다른 의견이 발표될 수 있도록 유도한 후 의견이 없을 경우 비중있는 교육생이나 다른 경력자에게 발언권 부여
○ 교육생 모두에게 참여기회가 골고루 갈 수 있도록 배려
- 특정인이 발언권을 장악하는 상황방지
- 동일인의 발언이 5분 이상 지속될 경우 양해를 구해 적절히 발언권 회수 후 적당한 기회에 발언권 재 부여
○ 주제에서 벗어난 의견이나 핵심이 없는 의견이 쟁점화 되거나 계속 토론되는 경우에는 본 토의 주제로 유도
- 담임교수가 토론에 개입하여 기 표출된 의견을 종합정리 하여 더 이상의 토론 차단
- 자기 소개시의 메모를 토대로 교육생에게 주제와 관련된 질의를 통해 상호토론 정상화 유도

(2) 담임교수 사전 준비사항

항목	내용	비고
생활관 정돈	○ 생활관 정돈 및 확인사항 - 호실 명패 - 실내화 - 옷장(옷걸이) - 침구류 - 쓰레기통 - 메모지(펜) - 생활안내 자료 - 달력 - 책상, 의자 등 ○ 청소상태 확인	교육 시작 1일전
상호 학습실 준비	○ 칠판, 책상, 의자 ○ 분필, 지우개, 확인 ○ 개인명패, 토의자료, 반원 주소록 등 준비 ○ 상호학습실 온도확인 및 냉난방기 가동	상호 학습 2시간전
	○ 반원 주소록을 작성 개인명패 앞에 정성 들여 책상위에 놓음 ○ 개인명패를 책상 위에 놓을 때는 입구에서 잘 볼 수 있도록 함 ○ 주소록은 책상 끝 선에 맞추어서 놓음 ○ 실내 온도 확인 및 조절하고 전등을 켜 놓음 ○ 칠판에 상호학습 진행순서, 간단한 환영인사말 및 담임 교수의 성명과 전화번호를 기록 ○ 상호학습실 문 앞에 서서 인사와 함께 반원을 반갑게 안내	상호 학습 15 분전

(3) 담임교수 세부진행요령

① 1일차[2시간기준]

항목	시간	진행요령	비고
분위기 조성	5분	○ 상호간 인사, 안마, 박수 등 ICE BREAKING ○ 교육원 소개 - 역사, 운영, 교육과정 등	

자기 소개	40분	○ 자기소개 의미 및 방법 안내
		○ 주요 소개내용
		  - 소속농협
		  - 성명/나이
		  - 가족현황
		  - 영농현황(경력/규모/품목 등)
		  - 주요사회경력
		  - 고향소개 및 기타 자랑거리 등
			1인당
			2분 이내
			(20명기준)

반장 선출	5분	○ 반장 선출 후 반을 잘 이끌어 갈 수 있도록 책임과 역할에 대해 설명 ○ 수료 후에도 반장을 통해 상호 정보교환을 할 수 있도록 유도	
토의	60분	○ 반원 전체가 참여할 수 있도록 유도하여 만족한 상호토의가 이루어지도록 원할 하게 진행	담임활동 유의사항 참고
교육 안내	5분	○ 분반강의 및 견학지에 대한 사전 설명 등 ○ 시간표에 의해 해당과정 세부 소개 등	
생활안내 및 마무리	5분	○ 음주 및 도박 등 자제 부탁 ○ 외출, 외박자에 대한 지도 ○ 취침시간 준수 ○ 휀코일 작동 및 기타 사항 (예: 조손가정 추천, 개안수술 대상자 추천 등)	

② 2일차[2시간기준]

항목	시간	진행요령	비고
분위기 조성	5분	○ 견학 등의 교육수강에 대한 인사 등 ○ 금일 토의할 내용에 대한 설명 등	
토의	105분	○ 전일 상호학습 시간에 이어 주제별 토의 ○ 반원 전체가 참여할 수 있도록 유도하여 만족한 상호토의가 이루어지도록 원활하게 진행	담임활동 유의사항 참고
교육안내	5분	○ 수료 일에 대한 일정 등 설명 - 수료증수여, 수료소감작성, 수료식 장소, 배차	
생활 안내 및 마무리	5분	○ 음주 및 도박 등 자제 부탁 ○ 외출, 외박자에 대한 지도 ○ 취침시간 준수 ○ 기타 사항 - 수료일 침구류 반납 등	

③ 3일차[15분기준]

항목	시간	진행요령	비고
수료증및 영수증 배부	5분	○ 수료증 케이스 왼쪽에는 교육영수증, 오른쪽에는 수료증을 부착하여 책상 끝에 맞추어 가지런히 놓음 ○ 수료증 및 교육영수증 배부 시 소속 농협, 성명 확인	
수료 소감작성	5분	○ 수료소감에 대한 내용 설명 및 작성	
마무리 인사	5분	○ 교육일정 참여 및 노고에 대한 인사 ○ 안성교육원과의 인연 및 수료 후에도 주소록을 통하여 상호네트워크 구축 지도	

④ 생활지도교수 점검표

과정명 :

점검항목	점검결과				비고
	양호	미흡	불량	매우 불량	
1. 생활관					
가. 각 호실 청소 및 정리정돈 상태? (신발장, 샤워장, 침구류 등)					
나. 취사도구 사용 및 음식물 반입 여부?					
다. 개별 전열구 사용 여부?					
2. 생활태도					
가. 복장상태(상의를 벗는등 심한노출등)?					
나. 고성방가 행위?					
다. 음주, 도박 행위?					
마. 금연구역에서 흡연 여부?					
바. 외출.외박후 귀임시간 준수?					
3. 기 타					
가. 입실 후 각 호실 소등 및 휴게실 정리상태?					
나. 냉장고 음식물 방치여부?					

▶점검결과 비고란은 개인별(호실, 교번, 성명 기재)표시를 할것.

⑤ 과정담당교수 및 담임교수 점검표

과정명:

점검항목	점검결과				비고
	양호	미흡	불량	매우 불량	
1. 생활관					
가. 생활관내에서 취침여부?					
나. 출강시 복장상태(반바지, 슬리퍼)?					
다. 개별 전열구 사용후 방치여부?					
2. 강의실					
가. 출석(인원) 및 명찰패용 여부?					
나. 휴대폰 지참(전원차단)여부?					
다. 반바지, 슬리퍼 착용여부?					
라. 강의중 강의실 밖(복도 등)에서 휴대폰 사용여부?					
마. 강의중 소란행위?					
바. 강의실에 음식물등 반입여부?					
3. 기 타					
가. 식당출입시 복장상태? (반바지, 슬리퍼 착용)					
나. 강의실 입실 후 생활관 정리정돈 및 소등상태?					

▶점검결과 비고란은 개인별(호실, 교번, 성명 기재) 표시를 할것.

⑥ 경 위 서

과정명 :

소속			직	성명	개인번호	전화번호	
지역본부	시.군지부	조합명				사무실	휴대폰

- 내 용 -

▶내용작성은 6하원칙에 의하여 작성 할것.

⑦ 퇴교원(강제, 자진)

과정명 :

소속			직	성명	개인번호	전화번호	
지역본부	시.군지부	조합명				사무실	휴대폰

- 내용 -

▶내용작성은 6하원칙에 의하여 작성 할 것.

⑧ 야간생활지도일지

☞ 지시받은 사항 :	사감(내근교수)	부 원 장

<인원현황>

교 육 과 정 명	입교인원	사고	현재원	사고내용	팀 장 결 재	
					임직원교육팀	교육지원팀

<환자조치사항>

자 체 조 치	입 원 후 송	인원	주요 조치내용

<야간지도사항(교육내용 등)>

_____

_____

<특기사항>

_____

_____

<담임 활동사항>

구분	1반	2반	3반	4반	5반	6반
시간						
담임교수						

<책임교수 · 외근교수>

구분	직	성명	날인	구분	직	성명	날인
책임교수				외근교수			
책임교수				외근교수			
책임교수				외근교수			

제4절 교육평가 및 사후지도

1. 교육평가

1) 평가의 목적

교육평가는 교육의 질적 향상을 통한 최고수준의 교육을 실현하고 교육목표를 달성하기 위한 피교육자의 학습성과, 재능, 가치관, 태도의 변화, 사회성의 발달 등 모든 교육 사상(事象)을 일정기준에 의하여 검증·평가하고 이에 대한 지도를 수행하는 일련의 행동이라고 정의할 수 있다.

이와 같은 교육평가의 목적은 교육목표 달성도를 측정, 분석하여 다음 교육에 피드백(Feed Back)함으로써 교육효과를 제고하고 시행과정에서 착오를 사전 예방하여 교육방향의 설정 등 교육계획 수립과 교육발전을 위한 자료로 활용코자 함에 있다.

2) 교육평가 방법

현대교육의 평가이론에 있어서 그 영역은 대단히 광범위하고 다양하다. 농업인지도자 교육원에서는 평가의 대상영역을 피교육생을 대상으로 교육에 대한 평가에 한정하여 실시하고 있으나 전문인력 부족, 평가 장치의 미비 및 평가 주체가 교육기관(농업인지도자 교육원) 자체인 까닭에 완벽한 평가에는 한계가 있다.

현재 교육원에서 실시하고 있는 평가방법으로는 교육기간 중에 교육생 상호간에 대화과정에서 나타나는 현상, 교육생의 수강태도, 상호학습시 참여자세 등의 교육참여 반응조사를 통한 교육기간중 평가와 수료식 직전 설문조사에 의한 교육효과 측정 및 반응분석, 평가, 수료시 남긴 「남기고 싶은 말씀」, 수료 후 보내온 편지글과 사후지도 출장을 통한 현장확인 및 수료후 활동상황분석 등이 있다.

(1) 교육현장에서의 교육효과 측정 및 반응파악

교육원에서 교육결과에 대한 평가는 교육기간 중 교육생의 교육참여 반응평가와 수료직전 교육수료생 전원을 대상으로 받는 수료소감과 「남기고 싶은 말씀」의 집계 분석에 의한다. 모든 교육수료생은 매기 교육수료 직전에 수료소감, 과목별소감을 무기명으로 제출하며, 이를 집계 분석한 뒤 「남기고 싶은 말씀」을 취합 분석하여 1차 교육을 평가한다. 이 자료는 차기 교육에 반영되며 발전적인 교육계획수립 자료로 활용하고 있다.

[수료소감]

(앞면에서 계속)

남 기 고 싶 은 말 씀

교육중 느끼신 소감이나 남기고 싶은 이야기를 기록하실 분은 이곳에
적어 주시면 정성껏 간직하겠습니다.

농협지도자교육원

[수료소감] 직책 : (반)

1. 농협에 대한 현재의 생각은? ( ) 가. 농민에게 매우 필요한 기관이다. ( ) 나. 농민에게 약간 필요한 기관이다. ( ) 다. 그저 그런 기관이다. ( ) 라. 별로 필요없는 기관이다. ( ) 마. 아주 필요없는 기관이다. **2. 이번 교육은?** ( ) 가. 매우 유익하였다. ( ) 나. 약간 유익하였다. ( ) 다. 그저 그렇다. ( ) 라. 별로 유익하지 못하였다. ( ) 마. 아주 유익하지 못하였다. **3. 교과목 구성은?** ( ) 가. 매우 잘 짜여져 있다. ( ) 나. 약간 잘 짜여져 있다. ( ) 다. 보통이다. ( ) 라. 약간 잘못 짜여져 있다. ( ) 마. 아주 잘못 짜여져 있다. **4. 교육기간은?** ( ) 가. 너무 짧다. (적당한 기간은 일) ( ) 나. 적당하다. ( ) 다. 너무 길다. (적당한 기간은 일)	**5. 교육원은 교수들은?** ( ) 가. 대단히 친절하였다. ( ) 나. 약간 친절하였다. ( ) 다. 보통이었다. ( ) 라. 별로 친절치 못하였다. ( ) 마. 전혀 친절치 못하였다. **6. 교육원의 규율은?** ( ) 가. 너무 엄격하여 완화할 필요가 있다. ( ) 나. 적당하다. ( ) 다. 너무 문란하여 규제할 필요가 있다. ※ 규제를 요하는 점 ( ) **7. 식사상태는?** ( ) 가. 아주 좋았다. ( ) 나. 약간 좋았다. ( ) 다. 보통이다. ( ) 라. 약간 나쁘다. ( ) 마. 아주 나쁘다. **8. 이번 교육이 효과적이었다면 가장 큰 이유는?** **9. 이번 교육에서 개선할 점이 있다면?** **10. 교육원에 남기고 싶은 말씀은?**

---

1. **임직원의식개혁을 위한 정신교육의 필요성은?**

( ) 가. 꼭 필요하다.
( ) 나. 어느정도 필요하다.
( ) 다. 해도 좋고 안해도 좋다.
( ) 라. 필요치 않다.

2. **이번 교육은?**

( ) 가. 매우 유익하였다.
( ) 나. 약간 유익하였다.
( ) 다. 그저 그렇다.
( ) 라. 별로 유익하지 못하였다.

3. **본 교육을 통한 농촌과 농민조합원에 대한 이해는?**

( ) 가. 매우 도움이 되었다.
( ) 나. 약간 도움이 되었다.
( ) 다. 별로 도움이 되지 않았다.

4. **반·호실 편성에 대해서?**

( ) 가. 현행대로 혼합편성 방식이 좋다.
( ) 나. 지도자들과 분리하여 직원은 별도 편성하는 것이 좋다.
( ) 다. 아무래도 상관없다.

5. **교과목 편성은?**

( ) 가. 잘 짜여져 있다.
( ) 나. 보통이다.
( ) 다. 교과목을 재검토해야 한다.
    ※ 편성희망과목(   )
    ※ 제외희망과목(   )

6. **교육기간은?**

( ) 가. 적당하다.
( ) 나. 짧다. (적당한 기간은   일)
( ) 다. 길다. (적당한 기간은   일)

7. **교육원의 교수들은?**

( ) 가. 대단히 친절하였다.
( ) 나. 친절하였다.
( ) 다. 보통이었다.
( ) 라. 친절하지 못하였다.

8. **식사상태는?**

( ) 가. 대단히 좋았다.
( ) 나. 약간 좋았다.
( ) 다. 보통이다.
( ) 라. 좋지 않다.

9. **이번교육이 좋았다고 생각되는 점은?**

   (구체적으로)

10. **이번 교육과정에서 개선되었으면 하는 사항과 교육원에 남기고 싶은 말씀은?**

(인 적 사 항)
  1. 소속(본부, 시도지회, 시군지부, 지점, 슈퍼, 공판장, 기타)
  2. 직급(임원, 별급, 1급 2갑)
  3. 연령(20세 이하, 21~40세, 41~50세, 51세 이상)
  4. 학력(대학원졸, 대졸, 전문대졸, 고졸, 중졸, 기타)
  5. 근무연수(1년 이하, 1~5년, 6~10년, 11~20년, 20년 이상)

[과목별 소감]
농협지도자교육과정 제262기 직책 : (반) ※해당란에 ○표 하십시오

	과목	강사	매우 효과적	효과적	보통	별로 효과 없음	아주 효과 없음
영농 기술 등	채 소						
	가축질병						
	화훼						
	버섯						
	종합농협운영사례						
	개방경제와 우리농업의 진로						
선진영농 사 례 등	사과						
	시설오이						
	비육우						
	종합농협 현장교육						
	농민의 노래춤과 시청각						
농촌이 살아야 나라가 산다							
반기제작 및 반조직 활동							
반별대화 및 사례토의							
나라경제와 우리의 농업							
일촌일품운동							
농촌환경과 건강관리							
협동한마디(윷놀이)							
우수농산물과 유기농업							
영농성공사례							
즐거운 노래							
협동조합이념과 새농민의 자세							
쌀! 우리는 왜 그것을 지켜야 하는가							
상업농업시대의 생산과 유통							
제값받는 농산물 출하							
가정생활과 자녀교육							
조합별 토의							
5분 강연							
수료 전야제							
새농협운동과 수료생활 등							

1. **우리가 잘 살고 못 사는 가장 큰 이유는?**

( ) 가. 자신의 노력여하에 달려있다.
( ) 나. 나라에 달려있다.
( ) 다. 지역여건에 달려있다.
( ) 라. 유산이 많고 적음에 달려있다.
( ) 마. 가문의 배경에 달려있다.

2. **농협에 대한 평소의 생각은?**

( ) 가. 농민에게 꼭 필요한 기관이다.
( ) 나. 농민에게 상당히 필요한 기관이다.
( ) 다. 그저 그런 기관이다.
( ) 라. 별로 필요없는 기관이다.
( ) 마. 전혀 필요없는 기관이다.

3. **협동조직(영농회, 부녀회, 청소년회,**

  작목반)에 대하여?

( ) 가. 아주 잘 알고 있다.
( ) 나. 잘 알고 있다.
( ) 다. 조금은 알고 있다.
( ) 라. 거의 모르고 있다.
( ) 마. 전혀 모르고 있다.

4. **이번 교육에 참여하면서 기대는?**

( ) 가. 꼭 필요한 교육으로서 매우 효과적
        일 것이다.
( ) 나. 상당히 효과가 있을 것으로 기대한다.
( ) 다. 보통으로 기대한다.
( ) 라. 늘 하는 교육으로서 별로 기대하지
        않는다.
( ) 마. 단지 차출되어 왔을 뿐이며 전혀 기
        대가 없다.

5. **이번 교육중 가장 바라는 사항은?**

( ) 가. 정신교육
( ) 나. 농협이념 고취
( ) 다. 협동조직의 관리능력
( ) 라. 소득증대사업(영농기술)
( ) 마. 농협의 각종사업 내용
( ) 바. 기타(   )

6. **이번 교육 기간은**

( ) 가. 너무 짧다.(적당한 기간   일)
( ) 나. 적당하다.
( ) 다. 너무 길다.(적당한 기간   일)

7. **기타 입교 소감**

인적사항(해당 항목에 ○)

1. 연령	2. 학력	3. 재임기간 (통산)	4. 교육받은 횟수	5. 경지규모 (전담)	6. 주종농업
가. 30세 이하	가. 국졸 이하	가. 1년 미만	가. 없음	가. 비농가	가. 일반영농
나. 31~40세	나. 중 졸	나. 3년 미만	나. 1회	나. 1,500평 미만	나. 축 산
다. 41~50세	다. 고 졸	다. 5년 미만	다. 2회	다. 3,000평 미만	다. 과 수
라. 21~60세	라. 전문대졸	라. 10년 미만	라. 3회	라. 4,500평 미만	라. 원 예
마. 61세 이상	마. 대졸 이상	마. 10년 이상	마. 4회이상	마. 4,500평 이상	마. 기 타

[수료소감] 농업인 지도자용 ※ 해당란에 ○표 하십시오 (   )반

| 1. 이번 교육을 전체적으로 어떻게 생각하십니까?

( ) 가. 매우 유익 하였다.
( ) 나. 유익 하였다.
( ) 다. 보통이다.
( ) 라. 미흡하였다.
( ) 마. 아주 미흡하였다.

2. 교과목의 구성은 적절합니까?

( ) 가. 아주 적절하였다.
( ) 나. 적절하였다.
( ) 다. 보통이다.
( ) 라. 미흡하였다.
( ) 마. 아주 미흡하였다.

3. 외부강사들의 교육내용은 어떠합니까?

( ) 가. 매우 유익하였다.
( ) 나. 유익하였다.
( ) 다. 보통이다.
( ) 라. 미흡한 편이다.
( ) 마. 아주 미흡하였다. | 4. 교육원 교수들의 봉사자세 및 교육지도 열의에 대해 어떻게 생각하십니까?

( ) 가. 매우 열성적이었다.
( ) 나. 열성적이었다.
( ) 다. 보통이다.
( ) 라. 별로 열의가 없었다.
( ) 마. 전혀 열의가 없었다.

5. 이번 교육이 영농(축산) 경영 및 실생활에 어느 정도 도움이 되었다고 생각합니까?

( ) 가. 크게 도움이 될 것이다.
( ) 나. 다소 도움이 될 것이다.
( ) 다. 보통이다.
( ) 라. 별로 도움이 안될 것이다.
( ) 마. 전혀 도움이 안될 것이다. |

[수료소감] 임직원 교육용
※ 해당란에 ○표 하십시오 (   )반

| 1. 이번 교육을 전체적인 진행은 어떠합니까?

( ) 가. 매우 유익 하였다.
( ) 나. 유익 하였다.
( ) 다. 보통이다.
( ) 라. 미흡하였다.
( ) 마. 아주 미흡하였다. | 4. 이번 교육교재에 대한 의견은 어떠합니까?

( ) 가. 매우 잘 되었다.
( ) 나. 잘 되었다.
( ) 다. 보통이다.
( ) 라. 미흡하였다.
( ) 마. 아주 미흡하였다. |

2. 교과목의 구성은 적절합니까?

( ) 가. 아주 적절하였다.
( ) 나. 적절하였다.
( ) 다. 보통이다.
( ) 라. 미흡하였다.
( ) 마. 아주 미흡하였다.

3. (기본과정 교육시) 교육원 교수들의 강의 내용은 어떠합니까?

( ) 가. 매우 유익하였다.
( ) 나. 유익하였다.
( ) 다. 보통이다.
( ) 라. 별로 유익하지 못하였다.
( ) 마. 전혀 유익하지 못하였다.

5. 이번 교육이 직무수행에 어느 정도 도움이 되었다고 생각합니까?

( ) 가. 크게 도움이 될 것이다.
( ) 나. 다소 도움이 될 것이다.
( ) 다. 보통이다.
( ) 라. 별로 도움이 안될 것이다.
( ) 마. 전혀 도움이 안될 것이다.

[과목별 소감]
※ 아래 과목의 『교육효과도』에 ○표 하십시오. ( )반

	과목	강사	매우 양호	양호	보통	미흡	아주 미흡
7. 28 (월)	작목반 육성방향						
	과수산업 발전대책						
	유통업체 산지구매 증가에 따른 산지의 대응전략						
7. 29 (화)	리더쉽 시청각						
	지도자의 역할과 리더쉽						
	농산물 공동계산제 추진 (사례중심)						
	수확후 관리기술						
	신물류 체계와 상품화 전략						
	우수농업인 재배사례						
7. 30 (수)	농협 당면과제와 조합원의 역할						
	특 강						
상 호 학 습							

교육받으시느라 수고하셨습니다.

안녕히 가십시오!

□ 2010년대

조합원교육 수료설문지

전문농업기술 『블루베리』과정 수료 설문조사

금차 교육과정에 적극 참여해 주신 것에 대해 진심으로 감사 드립니다.
본 설문은 지도자 여러분의 의견을 수렴하여, 농협 교육의 발전과 보다 나은
교육 실시를 위한 것입니다.
지도자 여러분의 진솔하고 성의 있는 답변을 부탁 드립니다.

1. (교육전반) 본 교육과정에 대해 느끼는

   전반적인 소감은 어떠합니까 ?

   (　) ① 매우 만족 하였다
   (　) ② 만족 하였다
   (　) ③ 보통이다
   (　) ④ 미흡하였다
   (　) ⑤ 아주 미흡하였다

2. (교과편성) 본 교육과정의 교과목 및

   교육내용은 적절하였습니까 ?

   (　) ① 매우 적절 하였다
   (　) ② 적절 하였다
   (　) ③ 보통이다
   (　) ④ 미흡하였다
   (　) ⑤ 아주 미흡하였다

3. (교육진행) 교육원 교수의 봉사자세와

   교육진행은 어떠하였습니까 ?

   (　) ① 매우 만족 하였다
   (　) ② 만족 하였다
   (　) ③ 보통이다
   (　) ④ 미흡하였다
   (　) ⑤ 아주 미흡하였다

4. (교육효과) 본 교육과정이 현재 또는

   앞으로의 블루베리 재배에 어느 정도

   도움이 된다고 생각하십니까 ?

   (　) ① 매우 도움 되었다
   (　) ② 도움 되었다
   (　) ③ 보통이다
   (　) ④ 미흡하였다
   (　) ⑤ 아주 미흡하였다

5. (교육환경) 본 교육원의 식당, 강의실 등

   교육환경은 어떠합니까 ?

   (　) ① 매우 만족 하였다
   (　) ② 만족 하였다
   (　) ③ 보통이다
   (　) ④ 미흡하였다
   (　) ⑤ 아주 미흡하였다

6. **(강의평가)** 이번 교육과정의 교과목 및 강사에 대한 평가입니다.

일자	교 과 목	강사	매우 양호	양호	보통	미흡	아주 미흡
3.10 (수)	블루베리 재배 현황 및 재배 기술	류 명 상					
	병 예방 및 방제	김 완 규					
	해충 및 방제	한 만 종					
3.11 (목)	토양관리	신 건 철					
	블루베리 재배사례	이 양 우					
	현장학습(예산농원, 밝은농원)	허 현 숙					
	현장학습(블루베리 코리아)	함 승 종					
3.12 (금)	블루베리 가공 우수사례	임 정 도					
	상호학습	담임교수					

7. **(교육개선)** 금번 교육을 받으신 소감과 보다 나은 교육을 위한 의견이 있으시면 간략히 적어

주시기 바랍니다.

직원교육 수료설문지

2012 『지도사업 리더 과정』 수료 설문서

금차 교육과정에 적극 참여하여 주셔서 진심으로 감사 드립니다. 본 설문은 교육생 여러분의 의견을 수렴하여, 농협 교육의 발전과 보다 나은 교육 실시를 위한 것입니다. 여러분의 진솔하고 성의있는 답변을 부탁 드립니다.

1. (교육전반) 본 교육과정에 대해 느끼는 전반적인 소감은 어떠합니까? (   )

① 매우 만족함   ② 만족함   ③ 보통   ④ 만족 못함   ⑤ 매우 만족 못함

2. (교과편성) 본 교육과정의 교과목 편성 및 교육내용은 적절하였습니까? (   )

① 매우 적절함   ② 적절함   ③ 보통   ④ 부적절함   ⑤ 매우 부적절함

3. (교육진행) 본 교육과정 담당교수의 교육진행 및 운영에 대해 어떻게 생각하십니까? (   )

① 매우 만족함   ② 만족함   ③ 보통   ④ 만족 못함   ⑤ 매우 만족 못함

4. (교육효과) 본 교육과정이 현재 또는 앞으로의 직무수행에 도움이 된다고 생각하십니까?(   )

① 매우 도움됨   ② 도움됨   ③ 보통   ④ 도움 안됨   ⑤ 매우 도움 안됨

5. (교육환경) 본 교육원의 교육환경은 어떠합니까? (   )

① 매우 만족함   ② 만족함   ③ 보통   ④ 만족 못함   ⑤ 매우 만족 못함

6. (강의평가) 이번 교육과정에서 강의한 교과목 및 강사에 대한 설문입니다.

일자	교 과 목	강 사	매우 만족	만족	보통	만족 못함	매우만 족못함
6/18	12년 지도사업 추진계획						
	지도사업 홍보실무						
	사회적기업 육성						
	소통의 시간						

	협동조합의 가치					
	정부의 농업, 농촌 정책 추진 방향					
	지도사업 활성화 추진 전략					
6/19	지도사업 활성화 추진 전략					
	생활경영 비지니스컨설팅 기법					
	교육프로그램 운영 작성법 및 강의 전략					
	지도사업 추진우수사례 발표					
	지도 담당자의 자기계발					
	지도자의 건강관리					
6/20	외부공모서 및 제안서 작성법					
	성공적 회의진행 기법					
	현장견학(연꽃마을)					
6/21	상호토의 및 질의 응답					

7. (교육개선) 보다 나은 교육을 위한 의견이 있으시면 간략히 적어 주시기 바랍니다.

　　※ (예) 교과목 신설 및 폐지, 강사 추천, 기타 건의사항 등

(2) **현업활용도 평가**

① 기본과정(기존직원)

교육수료 후 현업활용도 조사

본 조사는 지난 2012.00.00~00.00 ○○교육원에서 받으셨던 ○○○○과정 교육에 대한 활용도를 조사하여 보다 나은 고품질의 교육서비스 제공을 위하여 실시하는 것이오니 교육발전을 위하여 진솔한 답변 작성 후 개인우편 발송 부탁 드립니다.

■ 해당 항목별 답변에 번호, 밑줄 또는 ○표 하여 주시기 바랍니다.

1. 본 교육이 업무수행 자세 및 마인드정립에 얼마나 많은 도움이 된 것 같습니까?
   (   )

① 매우 많은 도움이 되었다   ② 약간 도움이 되었다   ③ 보통이다

④ 그저 그렇다   ⑤ 별 도움이 되지 않았다

2. 본 교육이 본인의 업무처리능력 향상에 얼마나 도움이 된 것 같습니까? (   )

① 매우 많은 도움이 된 것 같다   ② 약간 도움이 된 것 같다   ③ 보통이다

④ 그저 그렇다   ⑤ 별 도움이 안된 것 같다

3. 다른 직원이 본 교육과정 참석을 희망할 경우 추천의향은? (   )

① 적극 추천하겠다   ② 추천하겠다   ③ 보통이다

④ 만류하겠다   ⑤ 적극 만류하겠다

※ 끝으로 현장에 도움이 되는 현장중심의 교육실현을 위한 건의 또는 개선의견이
   있으시면 간략히 작성 부탁드립니다.

(붙 임) 기본과정(신규직원)

교육수료 후 현업활용도 조사

본 조사는 지난 2012.00.00~00.00 ○○교육원에서 받으셨던 ○○○○과정 교육에
대한 활용도를 조사하여 보다 나은 고품질의 교육서비스 제공을 위하여 실시하는 것이오니
교육발전을 위하여 진솔한 답변 작성 후 개인우편 발송 부탁 드립니다.

■ 해당 항목별 답변에 번호, 밑줄 또는 ○표 하여 주시기 바랍니다.

1. 본 교육수료 배치 후 현장에서의 업무 수행자세 및 마인드는 어떠합니까? (   )
① 매우 적극적이다   ② 다소 적극적이다   ③ 보통이다   ④ 소극적이다
⑤ 매우 소극적이다

2. 본 교육이 현장업무 수행에 얼마나 도움이 된 것 같습니까? (   )
① 매우 많은 도움이 된 것 같다   ② 약간 도움이 된 것 같다   ③ 보통이다
④ 그저 그렇다   ⑤ 별 도움이 안된 것 같다

3. 본 교육 수료 후 농협인이 된 것에 대한 자긍심은 어떠하였습니까? (   )
① 매우 자긍심이 높아졌다   ② 다소 자긍심이 높아졌다   ③ 보통이다
④ 별로 자긍심이 없다   ⑤ 자긍심이 없다

※ 앞으로 신규직원 교육발전에 도움이 될 만한 좋은 의견이 있으시면 어떤 내용
　이든지 작성 부탁드립니다.

(붙 임) 직무과정(직원)

교육수료 후 현업활용도 조사

본 조사는 지난 2012.00.00~00.00 ○○교육원에서 받으셨던 ○○○○과정 교육에
대한 활용도를 조사하여 보다 나은 고품질의 교육서비스 제공을 위하여 실시하는 것이오
니 교육발전을 위하여 진솔한 답변 작성 후 개인우편 발송 부탁 드립니다.

■ 해당 항목별 답변에 번호, 밑줄 또는 ○표 하여 주시기 바랍니다.

1. 교육실시 전과 비교하여 교육복귀 후 업무에 대한 마인드는 어떠합니까? (　　)
① 매우 적극적이다　② 다소 적극적이다　③ 보통이다　④ 약간 소극적이다
⑤ 매우 소극적이다

2. 본 교육이 현장 업무처리능력 향상에 얼마나 도움이 된 것 같습니까? (　　)
① 매우 많은 도움이 된 것 같다　② 약간 도움이 된 것 같다　③ 보통이다
④ 별 도움이 안된 것 같다　　　⑤ 아무런 도움이 안된 것 같다

3. 다른 직원이 본 교육 참석을 희망할 경우 적극 추천하시겠습니까? (　　)
① 적극 추천하겠다　　② 추천하겠다　　③ 보통이다
④ 만류하겠다　　　　⑤ 적극 만류하겠다

※ 끝으로 현장에 도움이 되는 현장중심의 교육발전을 위해 교육분야에 바라는 점
이 있으시면 작성 부탁드립니다.

② 농업인교육원 기술과정

교육수료 후 현업활용도 전화조사

본 조사는 지난 2012.00.00~00.00 ○○교육원에서 받으셨던 ○○○○과정 교육의
영농현장에서의 활용도를 조사하여 보다 나은 고품질의 교육서비스 제공을 위하여
실시하는 것입니다. 답변을 작성하신 후 동봉해 드린 봉투에 넣어 우편발송 부탁 드립니다.

1. 본 교육의 전반적인 내용에 대해 어떻게 생각하십니까? (   )

① 매우 좋았다   ② 좋았다   ③ 보통이었다   ④ 미흡하였다

⑤ 매우 미흡하였다

2. 본 교육에서 배운 기술내용을 현장실무에 얼마나 많이 활용하십니까? (   )

① 매우 많이 활용한다   ② 약간 활용한다   ③ 보통으로 활용한다

④ 별로 활용하지 않는다   ⑤ 아무런 활용하지 않는다

3. 다른 분에게 본 교육을 적극 추천하실 만큼 영농현장에서 활용도가 높다고 생각하십니까? (   )

① 매우 높다   ② 높다   ③ 보통이다

④ 별로 높지 않다   ⑤ 활용도가 없다

※ 끝으로 일선현장에 도움이 되는 현장중심의 교육실현을 위한 건의 또는 개선사항 이 있으시면 간략히 작성 부탁드립니다.

┌───┐
│   │
│   │
│   │
│   │
└───┘

농업인교육원 경제사업활성화 핵심리더

<u>교육수료 후 현업활용도 전화조사</u>

┌───┐
│ 본 조사는 지난 농협○○교육원에서 받으셨던 ○○○○과정 활용도를 조사하여 교육의 질을 │
│ 향상시키고자 실시하는 설문입니다. 번거로우시겠지만 교육발전에 도움이 될 수 있도록 진솔 │
│ 한 부탁드립니다.   │
└───┘

1. 본 교육의 전반적인 내용에 대해 어떻게 생각하십니까? (　　)
① 매우 좋았다　　② 좋았다　　③ 보통이었다　　④ 미흡하였다
⑤ 매우 미흡하였다

2. 본 교육에서 배운 내용을 업무현장에 얼마나 많이 활용하십니까? (　　)
① 매우 많이 활용한다　　　　② 약간 활용한다　　　　③ 보통으로 활용한다
④ 별로 활용하지 않는다　　　⑤ 아무런 활용하지 않는다

3. 다른 사람에게 본 교육을 적극 추천하실 만큼 현장활용도가 높다고 생각하십니까?
　(　　)
① 매우 높다　　　　　　　　② 높다　　　　　　　　　③ 보통이다
④ 별로 높지 않다　　　　　　⑤ 활용도가 없다

※ 끝으로 농업인교육발전을 위하여 바라는 내용이 있으시면 작성 부탁드립니다.

공선출하육성 과정
<u>교육수료 후 현업활용도 전화조사</u>

본 조사는 지난 농협○○교육원에서 받으셨던 ○○○○과정 활용도를 조사하여 교육의 질을 향상시키고자 실시하는 설문입니다. 번거로우시겠지만 교육발전에 도움이 될 수 있도록 진술한 부탁드립니다.

1. 본 교육의 전반적인 내용에 대해 어떻게 생각하십니까? (   )

① 매우 좋았다   ② 좋았다   ③ 보통이었다   ④ 미흡하였다

⑤ 매우 미흡하였다

2. 본 교육에서 배운 내용을 업무현장에 얼마나 많이 활용하십니까? (   )

① 매우 많이 활용한다   ② 약간 활용한다   ③ 보통으로 활용한다

④ 별로 활용하지 않는다   ⑤ 아무런 활용하지 않는다

3. 다른 사람에게 본 교육을 적극 추천하실 만큼 현장활용도가 높다고 생각하십니까?
   (   )

① 매우 높다   ② 높다   ③ 보통이다

④ 별로 높지 않다   ⑤ 활용도가 없다

※ 끝으로 농업인교육발전을 위하여 바라는 내용이 있으시면 작성 부탁드립니다.

2. 사후지도

1) 사후지도의 의의와 목적

교육목표 달성 여부는 궁극적으로 교육원을 수료한 수료생의 실천의지와 능력에 있다고 할 수 있다. 따라서 교육 수료후에도 수료생 개개인의 실천의지를 북돋우고 교육원에서 다짐한 결의와 열기를 지속시키기 위해 수료생을 대상으로 다양한 사후지도를 실시하고 있다.

교육 수료후 실시되는 원외교육의 일종인 사후지도는 교육기간중에 편성된 토의시간부터 시작된다고 할 수 있다.

교육일정 후반의 토의시간에 교육받은 소감과 함께 농협과 협동조직의 활성화를 통한 소득증대와 지역사회 발전을 위한 결의와 다짐을 하게 된다.

이 결의와 다짐이 교육수료 후에 결실을 맺을 수 있도록 도와주는 모든 조치가 사후지도라 할 수 있으며, 실시하는 목적은

첫째, 교육 수료 후에도 교육 효과를 지속 시키기 위한 동기를 부여하고

둘째, 수료생의 사기를 진작시켜 사업 실천 의욕을 촉진하며

셋째, 수료생의 활동상황을 파악하여 교육에 반영시키며 교육발전 및 개선을 위한 여러 가지 교육자료를 수집하는데 있다.

위와 같은 목적으로 다음과 같이 다양한 사후지도를 실시하고 있다.

첫째, 교육이 없는 기간을 이용하여 출장, 현지 방문 지도하는 방법

둘째, 서신을 통한 사후지도

셋째, 정기적인 통신교재를 발간, 배포하는 통신교재지도 방법

넷째, 지역별, 직능별, 교육수료 동기생모임에 참석하여 지도하는 방법

다섯째, 계통기관을 통한 지도방법이 있다.

<태풍 「매미」 피해 조합 격려서신>

조합장님께

평소 교육을 통한 조합원 실익증대에 남다른 열정을 보여 주신데 대해 다시 한 번 감사의 말씀을 올립니다.

금번 태풍 『매미』로 인해서 관내 조합원님들께서 큰 피해나 입지 않으셨는지 걱정이 되어서 이렇게 글월을 올립니다. 직접 찾아가서 조합원님들의 피해 복구에 팔을 걷고 동참하였으면 더욱 좋겠으나 행동으로 옮기지 못함을 용서해 주시기 바랍니다.

한가위 명절 잘 보내시라는 인사를 못 드려서인지 "늘 한가위 같기만 하여라"라는 말이 무색한 정도로 전국이 태풍의 피해를 입어 안타까운 마음 그지없습니다. 흔적도 없이 쓸려 내려간 마을, 바다가 되어버린 농경지, 누워버린 벼, 출하를 앞둔 배·사과의 대부분이 땅에 뒹굴고 있는 모습 등을 TV에서 보고 "피해를 당하신 농업인들의 심정은 어떠했을까?"생각하면서 가슴이 저며 오는 것을 느꼈습니다.

멕시코 칸쿤에서 열렸던 제 5차 WTO 각료회의 선언문 초안은 태풍의 피해 못지않게 우리 농업을 위태롭게 하는 쪽으로 논의되었습니다.

비록 그 선언문이 확정되지는 않았지만 향후 협상에서 개도국 지위를 유지하더라도 농산물 시장을 큰 폭으로 개방해야만 하는 상황에 직면하게 되었습니다.

우리가 걷고 있는 이 길이 참으로 힘들고 어렵다는 것을 느낍니다. 하지만, 우리가 아니면 누가 우리의 생명산업인 농업과 우리에게 소중한 먹거리를 제공해 주는 조합원님들을 지키겠습니까?

저와 저희 교육원 교직원 모두는 겨울의 추위를 이겨내고 희망을 틔우는 새싹처럼 더욱 더 강하고 현명하게 위기를 극복해 내는데 최선을 다하겠습니다. 조합장님의 지속적인 관심과 격려를 부탁드립니다.

태풍 피해를 입은 조합원님들과 가족께서 슬픔과 좌절을 딛고 하루빨리 정상적인 생활을 하실 수 있기를 바라며, 보다 더 충실한 내용의 교육과 조합원들께 실익이 되는 교육을 통해 조합장님과 조합원님들을 다시 만나 뵐 수 있기를 기원합니다.

2003. 9.

농협 ○○○○원장 배상

2) 유형별 지도내용

(1) 출장지도

교육원에서는 교육이 없는 비교육 기간을 이용하여 사후지도 출장계획을 수립하여 모든 교수들이 개인별 또는 조를 편성, 연간 3, 4회 농축협과 수료생을 방문하여 현지 출장지도를 실시하고 있다.

출장교수는 수료조합을 방문하여 수료생관리, 수료생모임, 자금지원 현황 및 우수활동사례를 파악하고 수료생 활동강화 및 협동조직 활성화 방안에 대한 의견을 교환하고 지도자 교육발전을 위한 의견을 청취한다.

이때 수료생을 소집하여 간담회를 갖고 교육당시의 열기를 재충전하기도 한다.

또한 출장교수는 수료생의 가정이나 농장현장을 직접 방문하여 함께 땀 흘리며 바쁜 일손을 돕고 밤에는 영농계획과 협동조직 활동에 대한 의견을 나누는 가운데 사기를 진작시켜 실천 의지를 북돋운다.

이와 같이 사후지도출장은 현지방문을 통하여 농업인 조합원들의 여론을 수렴하고 선진영농사례를 발굴하여 사례강사 확보, 담임활동 및 통신교재 자료로 활용하여 기타 교육개선과 발전을 위한 여러가지 자료수집 활동도 겸하고 있다.

출장 후에는 출장 보고회를 개최하여 농민의 여론, 우수활동 사례, 수료생 관리 및 모임현황, 새로운 영농사례 등의 정보를 공유함으로써 교육발전에 기여하였으며 현지에서 얻어진 수료생에 대한 모든 자료는 교육 당시 작성하여 보관중인 학적부에 기록 보존하여 계속적인 지도가 되도록 하고 있다. 현지 출장지도 외에도 회원농협의 요청시 협동조직장 교육, 결산 총회, 수료생 모임, 주부대학 등에 원장 및 교수요원들이 출강하여 농협이념 교육과 정신교육을 실시하고 전야제 진행 등 교육활동을 지원하였다.

현지조사 및 의견수렴 결과보고서

■ 조합원 니즈 조사 및 의견수렴 현황

소속농협	동부여농협	성명 전화	홍길동 이도령	성별	남
주소	충남 부여군 초촌면 송정리			나이	
조합원은 주작목, 직책, 직원은 담당업무 및 직책	멜론 수박 양송이	수료 과정명	2012년 사업활성화 교육	교육 기간	12.10.11 10. 6.20
교육수료 후 건의사항 및 애로사항	○ 협동조합 이념 뿐만이 아니라, 최근의 FTA 문제 및 시대 환경변화에 대한 교육도 포함되었으면 좋겠다 ○ 이사 역할에 큰 도움이 되었다. 하지만 실무에 직접 활용할 수 있도록 보다 현장 밀착형 교육을 부탁드린다				

향후 교육과정에 반영할 사항 -교과목, 추천강사, 현장학습장 등	○ 시간확대가 필요하다 (최소 4시간 2강좌 정도) ○ 농협에서 주산지 현장 영농기술교육을 실시하여 주었으면 희망
조합장, 조합원, 직원의 의견	○ 조합장 : 관내는 멜론 주산단지인 만큼 『멜론』교육을 해주었으면 한다 ○ 실제 상황의 『이사회』 시연하는 시간이 필요하다

(2) 서신지도

① 목적

서신지도의 목적은 교육 수료 후 잊혀져 가는 교육내용을 상기시키고 교육수료의 노고에 대한 감사 및 격려를 하며 교육 수료 후 식어가는 협동의 열기를 재충전토록 하여 새로운 각오로 농협운동에 앞장서도록 하는데 있다.

정기적인 서신을 통하여 수료생은 교육원의 깊은 관심에 긍지와 자부심을 갖게되어 협동조직의 활성화로 복지농촌 건설에 전력투구할 것을 지속적으로 다짐하게 된다.

② 서신 종류별 지도 내용

서신의 종류는 크게 두가지로서, 교육수료 일정기간 경과 후 지도자교육원 원장이 전 수료생에게 보내는 정기 서신과 교육수료생이 수시로 교육원과 주고받는 개별 서신으로 구분할 수 있다.

개원이래 1990년 6월까지는 수료 후 1주일 되는 날 1차 서신을, 그리고 6개월 후 2차 서신을 발송해 오다가 1990년 7월부터는 1개월 되는 날 1차 서신을 3개월 후 2차 서신을 보내고 있으며 1984년부터 1987년까지는 영농과 가사로 가정을 떠나기 어려운 부녀회장의 교육입교에 대하여 가족에게 감사하는 내용의 서신을 발송하였다.

또한, 매년 입교 전 조합장에 대하여 연하서신을 발송하고 있으며 수료 후 1주일 되는 날 「남기고 싶은 글」 중에서 우수한 글을 골라 조합장 입교시와 미입교시를 구분하여 그에 맞는 내용의 서신을 「남기고 싶은 글」과 함께 발송하고 있다.

<교육수료 교육생 감사서신>

지도자님 안녕하십니까?

지도자님께서 우리 교육원을 수료하신 지 벌써 3개월이 되었습니다.

요즈음은 어떻게 지내시는지요? 그리고 농사일은 어떤지요?

저희 교직원 모두도 지도자님의 성원과 격려에 힘입어 교육에 최선을 다하고 있습니다.

무엇보다도 농산물시장의 개방이라는 엄청난 충격 속에서 오늘도 묵묵히 우리 농촌을 지키면서 풍요로운 농촌을 가꾸어 가시는 지도자님께 위로와 감사의 말씀을드립니다.

한편으로는 지도자 여러분께서 농업에 대한 확고한 신념과 비전을 갖고 우리 농협을 중심으로 지혜와 힘을 모으셔서 협동의 꽃을 피워주시기 바랍니다.

우리가 걷고 있는 이 길이 아무리 어렵다 해도 우리 모두가 손에 손을 잡고 굳은 신념으로 끈기 있게 정진한다면 우리가 바라는 복지농촌은 꼭 이룩되리라 믿습니다.

경쟁력 있는 농협, 협동하는 새농촌을 향한 결의를 다시 한 번 되새기면서 지도자님과 우리 모두가 농촌발전의 밑거름이 될 것을 다짐하여 봅니다.

아울러 지도자님께서 교육을 마치신 후 그 동안 활동하신 내용, 영농체험담, 교육원에서의 추억과 건의사항, 그리고 좋은 소식 등을 알려주시면 저희 교직원들에게는 더 없이 소중한 힘이 되겠습니다. 늘 건강하시고 가정에 행운이 가득하시길 바랍니다.

안녕히 계십시오.

1995.   .   .

농협 ○○○○원

원장   올 림

품질관리사 직원 여러분, 그 동안 안녕하셨습니까?

최근 기습적인 장마에 별 다른 피해는 없으셨는지요?

더운 여름 날씨에 건강히 잘 근무하시리라 믿습니다.

지난 4월, 우리 교육원에서 실시한 품질관리사 교육과정을 수료하시고, 안전한 농식품 관리를 위해 불철주야 고생이 많으시리라 생각됩니다.

요즘 지속되고 있는 세계 경기 침체로 농축산물에 대한 소비가 줄어들고 있는데, 원자재 가격마저 상승하여 생산농가의 어려움이 날로 가중되고 있는 현실입니다. 더욱이 우리 농협의 경영사정이 악화되어 올해 사업추진이 그리 녹록치 않을 것으로 보입니다.

이럴 때 일수록, 우리 임직원 모두는 농업·농촌이 처한 여건을 올바로 인식하고, 한 마음 한 뜻으로 위기를 극복하는데 지혜와 역량을 모아야 하겠습니다.

저희 교직원들은 교육과정을 운영하면서, 여러 분이 최고의 전문가로서 자긍심을 가질 수 있도록 나름대로 정성을 다 하였습니다만, 부족한 부분이 없었는지 모르겠습니다. 일선 현장에서 근무하시면서 교육개선을 위한 좋은 의견이나 아이디어를 언제든지 건의해 주시면, 적극 반영토록 노력하겠습니다.

지금 우리가 아무리 어려운 상황에 놓여 있다 하더라도, 여러분께서 전문가로서의 역량과 능력을 충분히 발휘해 주신다면, 저는 모든 것이 잘 해결될 것으로 믿고 있습니다. 다시 한번, 지난 교육과정에 적극 참여해 주신데 대하여 깊이 감사드리며, 앞으로도 우리 교육원에서 실시하는 모든 교육과정에 많은 관심을 가져 주실 것을 당부 드립니다.

끝으로, 여러 분의 가정에 항상 행복과 행운이 가득하시길 빌며, 다시 만날 때까지 안녕히계십시오.

2009. . .

농협 ○○○○원

원장　　　　올 림

(3) 통신교재 지도

농협안성교육원을 수료한 협동조직장, 조합원 및 임직원으로 하여금 교육효과를 지속시키고 지면을 통하여 조합간, 수료생간의 대화기회를 부여하며 협동조직 활성화를 위한 자료를 제공하여 농협운동에 적극 참여를 유도함으로써 복지농촌 건설에 기여를 목적으로 발간하고 있다. 1984. 2. 29자로 「협동의 메아리」를 창간하여 1992. 12. 31까지 제29호를 발행 배포하였다. 그동안 꾸준히 통합 발간의 필요성이 대두되어 거론해 왔으나 이루어지지 않던 중 1992. 11. 16 창녕교육원이 개원됨으로써 3개 교육원이 각각 별도의 통신교재를 발간하는데 따른 문제점이 다시 대두되어 1993. 3. 12자로 본부에서 3개 교육원의 편집자가 협의회를 개최하여 3개 교육원 통합호 발간을 결정하였다. 발간방법은 3개 교육원이 윤번제로 편집주간을 담당하여 제작, 발송 및 일체의 부대되는 사무를 맡기로 하였다. 이에 따라 3개 교육원의 통신교재는 「협동하는 사람들」이라는 제호로 1993. 5. 25 통산호수 제 30호로 발간 배포되었다. 이후 1998년도에 들어 계절지로 『안성교육원 교육 포럼』이 발간되었고, 뉴스레터 『NH경제사업포커스』가 제작 발송되었다

협동의 메아리	협동하는 사람들

안성교육원 교육 포럼	NH 경제사업 포커스

3. 수료생 모임 지도

수료생들에게 교육의 열기를 지속시키고 활력을 불어넣기 위해서 수료생모임은
필요하다.

지도자교육원 수료생은 수료 후 또는 교육기간 중 읍·면 단위나 시·군 단위로

지역모임을 조직하기도 하고 반별이나 직책별, 특정작목 재배자들끼리 수료생 모임을 조직하기도 한다.

지역단위 모임에서는 인간적인 유대로 친목을 도모함으로써 협동조직간 유기적인 협조체제를 구축하여 교육기간 중 다짐한 사항을 지속적으로 추진해 나가며 반별, 직책별 또는 동일작목 재배자 등 동기생 모임에서는 각 지역의 영농기술과 각종 정보를 교환하고 수료 후 활동상황에 대하여 토론 및 상호 격려한다.

교육원에서는 각종 수료생 모임에 원장 및 교수요원들이 참석하여 지원과 격려를 통해 모임의 발전을 도모하였다.

<2000년, 2001년 최고기술아카데미 「수박」 수료생 모임>

<2001년도 전문농업기술 「복숭아」수료생 모임>

<2007년도 전문농업기술 「복숭아」수료생 모임>

<귀농교육 수료생 카페 모임>

제5절 교육활성화 보조활동

1. 상생 마당

(전야제)

순 서	내 용	시 간 (분)	담 당 자	준비물 (장 소)
제 1 부 (사회자)				
1 입장합창	"연가" "언덕에 올라"	5	사회자	
2 단체합창	"서울의 찬가"를 변곡하여 부른다.	2	사회자	
3 단결의 구호	"21C 꿈과 희망의 ○○지역 야!"	2	사회자	
4 우정의 포옹	"안녕하세요!" "반갑습니다!"	1	원장, 강사	
5 풍선터트리기	풍선 공중으로 날리기, 풍선 터트리기	1	전체	풍선
6 축하떡 절단헤드테이블	헤드테이블 주요 지도자가 절단, 절단시 반원은 힘찬 박수(밴드 : 빵빠레)	1		
7 건배 제의	원장, 주요 인사(밴드 : 빵빠레)	1	원장	마이크
8 음료, 다과 및 대화 반별 노래대표 추천	음료, 다과, 대화, 노래명단 제출(반별 1명),	10	사회자, 강사	

제 2 부 (사회자, 강사)				
9 노래자랑(반별 1명), 디스코 타임, 교직원 풍물	반별 노래자랑(반별 1명), 초대가수 등, 디스코(사랑의 트위스트, 강원도 아리랑), 교직원 풍물(디스코타임 끝나고)	33	사회자, 강사, 교직원	
10 마무리	"흙에 살리라(기차놀이)" "아리랑(손에 손잡고)" "고향의 봄"	13	사회자	
제 3 부 (사회자)				
11 단결의 구호	"21C 꿈과 희망의 ○○지역 야!"	5	사회자	
12 퇴장	"작별" 원장, 주요 인사 등과 악수하며 퇴장	5	전체	
총 소요시간		80		

조합장, 부원장, 원장, 주요 인사

○ 코러스 : 진행교수　　　　　○ 입장 및 퇴장 안내 : 진행교수

○ 본관소등 : 당직근무자　　　○ 소강당 안내(점·소등) : 진행교수

○ 소강당 출발 : 마지막 담임교수　○ 엠프 및 조명 : 시설담당

○ 소품준비(풍선, 템버린, 반표시 등) : 업무분장상 담당 교직원

■ 좌석배치도

　① 헤드테이블

4반		7반

　② 반별 테이블

	헤드테이블	
1반		10반
2반		9반
3반		8반
5반　7반		

■ 담당자별 행동지침

①. 강당 → 소강당 입장

- 입장 순서 : 헤드테이블 앞을 지나 10반 뒷 테이블을 지나 시계방향으로 노래를 부르며 입장

② 노래자랑 명단 제출

- 경쾌하고 빠른 곡으로 선정

- 분임토의 시간에 사전 선정(반별 1명 및 초대가수 사전 선정)

③ 풍물시연[21]

- 입장시기 : 디스코 끝마침과 동시에 "잠시 귀를 귀울여"(교육복)

④ 소강당 퇴장

- "작별"노래와 함께 출입문에서 원장, 시장 등과 인사 하며 퇴장

■ 진행시나리오

<제1부>

① 박수를 치면서 노래부르며 입장 : "연가", "언덕에 올라"

이렇게 해서 ○○지역 지도자님 모두가 입장을 하셨습니다.

지금부터 2013 ○○지역 지역발전을 위한 Leaders' Traning

화합과 상생의 한마당 그 화려한 막을 올립니다.

② 단체합창

자, 우리 모두 흥겨운 마음으로 합창 하시겠습니다.

"서울의 찬가"중 서울을 ○○으로 바꿔 아름다운 ○○에서 ○○에서 살으렵니다.

<바로 음악>

③ 단결의 구호

이번에는 ○○지역 지도자님의 단결과 화합을 위한 단결의 구호를 외쳐보도록

---

21) 전통농악의 보급으로 농협의 전통문화 보급 의지를 홍보하고 교직원과 교육생이 함께 어울려 동질감을 심어주며, 동기부여를 통한 농협운동 확산을 위하여 교육기간 중 누구나 악기를 다룰 수 있도록 꽹과리, 장구, 북, 징, 소고 등을 비치하였다. 모든 교수요원은 1인1기 이상 풍물을 습득하여 지도하고 전야제 행사시에는 교직원들이 신명나는 풍물한마당을 연출하여 열정적인 농협인의 이미지를 심어주며, 결국 우리 것을 소중히 하는 마음을 우리농산물 애용운동으로 연결하여 교육효과를 제고하였다. 2002년부터는 안성 바우덕이 풍물단으로 부터 풍물연수를 받아 전야제행사나 풍물놀이 공연시 보다 효과적인 풍물놀이가 될 수 있도록 교수요원 전원이 적극적으로 참여하고 있다. 2010년 들어 교수요원의 급격한 감소와 교육과정 증가 및 전야제행사 축소로 교직원 풍물행사는 폐지 되었다.

하겠습니다.

제가 구호준비 하면 "야!" 하고 팔을 옆으로 들어 주시기 바랍니다. 구호 시작

하면 "21C 꿈과 희망의 ○○ 야!" 하시고

팔을 하늘 높이 올려 전국민이 들을 수 있도록 힘차게 외쳐 보시기 바랍니다.

전체 구호준비 "야!"

구호시작 "21C 꿈과 희망의 ○○ 야!"

④ 우정의 포옹

이번에는 바쁘신 가운데서도 저희 교육원에 오신 기념으로 안성교육원식

포옹인사를 하도록 하겠습니다 옆사람과 마주 보시고 양어깨를 마주치며 제가

「시작」하는 구호에 맞춰 가슴과 가슴을 힘차게 끌어 안으면서

"안녕하세요 반갑습니다!" 하면서 인사를 나누겠습니다.

그럼 먼저 저희 원장님과 ○○○씨가 시범을 보이도록 하겠습니다.

자 옆으로 서주시기 바랍니다. 준비, 시작!

"안녕하세요 반갑습니다!"

이 우정의 포옹은 지도자님 상호간의 정을 나누는 계기가 될 것입니다.

자 이제 지도자님들이 한번 해보겠습니다.

네 옆사람과 마주보시고 준비 시작

"안녕하세요 반갑습니다!"

⑤ 풍선날리기 및 풍선터트리기

다음은 탁자위에 놓여있는 풍선을 하나씩 크게 불어서 잘 묶어 주시기 바랍니다.

이 풍선을 우리 ○○지역 지도자님의 꿈과 희망을 담아서 공중으로 높이 날려

겠습니다.

전체 준비하시고 공중으로 날리세요!

네, 이번에는 풍선을 하나씩 잡아서 옆 지도자님과 함께 가슴에다 놓고 진하게

포옹하면서 터트리도록 하겠습니다.

힘차게 풍선 터트리기 준비하시고 터트리세요

⑥ 축하떡 절단

이번에는 올 한해도 풍년 농사를 기원하며

지도자 여러분의 건승을 기원하는 의미의 축하 떡을 절단하는 순서입니다.

<작별(오랫동안)>

<원장, 시장, 확인 후 1반부터 서서히 퇴장>

<점등, 완전퇴장 확인 후, 커튼 닫기>

2. 협동체련

입교대상자인 농업인조합원 또는 농업종사자들의 건강상의 특징을 살펴보면 농촌
인구의 고령화 추세로 개원 초기에는 젊은 연령층인 30대~40대 중심에서 '90년대
들 점차로 고령화되어 50~60대가 중심이 되고 있다.

교육원에서는 교육생 건강관리를 위한 노력으로 크게 두 가지로 나눌 수 있다. 하
나는 심신의 긴장을 풀어서 기분 및 몸의 상태를 건강하게 유지하도록 하는 운동시
간의 편성이다. 운동시간은 정규시간에 편성되는 체련시간이 있고, 또한 강의시작
전 간단한 레크리에이션 활동이 있다.

초창기 '80년대 초 아침운동은 군사문화의 영향과 새마을운동의 영향으로 국민의
례에 이어 구보, 행군 등 조금은 힘이 드는 운동으로 교육생의 건강 및 극기훈련의
일환으로 실시되었으나 '90년대에 들어서는 교육생의 고령화 및 민주화분위기에 따
라 아침운동은 가볍게 몸을 풀면서 자유스런 분위기 속에서 개인적인 운동이나 산
책을 할 수 있도록 바뀌었다. 따라서 아침운동은 국민의례에 이어 국민체조와 가벼
운 달리기로 집단운동을 마치고, 산책코스 안내와 자율적인 운동(축구, 배구, 배드민
턴, 테니스, 탁구, 줄넘기, 그네타기 등)으로 대체되었다.

1990년도 후반부터는 점호나 국민의례가 완전히 없어지고, 기상방송에 자유스런
아침운동을 할 수 있도록 안내방송을 실시하여 교육생 스스로 자율적인 운동이나
산책을 할 수 있도록 시간을 부여해 주었고, 특히 1996년에 개장한 창의력 개발학습
농장을 견학하게 하여 농업경영에 많은 아이디어를 창출하는 데 기여를 하였다.

2000년대에 들어서는 교육일정 축소, 심도 있는 농업기술교육을 위하여 교육프로
그램에 편성하지 않았고, 특별교육이나 1일 방문 교육 과정에 편성하여 운영하다가
2000년대 후반 2010년도에 들어서면서 조합원교육의 경우 조합원 고령화로 별도의
협동 체련은 실시하지 않고, 직원교육의 경우 교육기간 단축으로 인하여 장기 과정
에 한해 협동 체련을 실시하고 있다.

1) 항목 및 내용

항목	시간	내용	준비물
입장안내	12:50~13:50	· 곧이어 '한마음 협동체련' 행사를 개최하겠습니다. 지도자 여러분께서는 본관앞 잔디운동장으로 모여주시가 바랍니다. 2반(원예)타이거즈팀→운동장 우측 1반(과수), 3반(축산)라이온스팀→운동장 좌측	텐트2
개회 및 준비운동, 율동	13:00~13:10	· 지금부터 '한마음 협동체련' 행사를 개최하겠습니다. · 스트레칭(농업인을 위한 건강체조) · 음악에 맞추어 율동	마이크

어깨동무하고
공물고
돌아오기
	13:10~13:20	· 5인1조 6개팀(30명 전체)
		· 5명이 어깨동무하고 공물고 돌아오기
		- 어깨동무가 풀어지거나 다른팀 럭비공을 발로 찰 경우 실격처리
		* 출발점 : 원예(타이거즈) →○○○교수
		  과수/축산(라이온스) →○○○교수
		* 반환점 : 원예(타이거즈) →○○○교수
		  과수/축산(라이온스) →○○○교수
			럭비공
			오뚜기

2인3각	13:20~13:30	· 2인1조 15개팀(30명 전체)
		· 2인1조가 발목 묶고 반환점 돌아오기
		- 끈이 풀어졌을 경우 그 자리에서 다시 묶고 다시 출발
		* 출발점 : 원예(타이거즈) →○○○교수
		  과수/축산(라이온스) →○○○교수
		* 반환점 : 원예(타이거즈) →○○○교수
		  과수/축산(라이온스) →○○○교수
			끈60

장애물
경기
	13:30~13:40	· 1명씩 출발(30명)
		· 남자팬티를 입었다 벗고(1차장애물), 홀라후프 5번 돌린 후(2차장애물)반환점 돌아오기
		- 남자 팬티를 완전히 입었는지를 확인
		- 홀라후프를 5번 돌렸는가를 확인
		* 출발점 : 원예(타이거즈) →○○○교수
		  과수/축산(라이온스) →○○○교수
		* 반환점 : 원예(타이거즈) →○○○교수
		  과수/축산(라이온스) →○○○교수
			남자팬티
			2장,
			홀라후프
			2개,
			오뚜기2

공 전달
릴레이
	13:40~13:50	· 30명 전체(1열 횡대)
		· 일렬로 선다음 머리위로 럭비공을 전달하고, 뒤로 돌아서는 다리 밑으로 럭비공 전달
		* 공을 발로 차거나 던지는 경우 실격처리, 반드시
		  한사람씩 손에서 손으로 릴레이
		* 출발점 : 원예(타이거즈) →○○○교수
		  과수/축산(라이온스) →○○○교수
			럭비공2

응원전	13:50~14:00	· 각팀별 응원전	징, 북, 꽹과리

단체
줄넘기
	14:00~14:10	· 2인1조 15개팀(30명 전체)
		· 2인1조가 발목 묶고 반환점 돌아오기
		- 끈이 풀어졌을 경우 그 자리에서 다시 묶고 출발
		* 출발점 : 원예(타이거즈) →○○○교수
		  과수/축산(라이온스) →○○○교수
		* 반환점 : 원예(타이거즈) →○○○교수
		  과수/축산(라이온스) →○○○교수
			줄넘기줄
			2

피구	14:10~14:20	· 팀당 30명씩(공격 15명, 수비 15명) * 10분 동안 상대방을 공중볼로 공격하여 아웃시키는 경기, 땅볼로 공격하여 상대방을 맞추었을 경우는 계속 진행. 공격하는 공중볼로 잡았을 경우는 아웃이 아니고 상대편이 공격하는 기회 제공 10분이 경과해도 전원을 아웃시키지 못했을 경우는 잔류인원이 많은 팀 승리 * 심판 : ○○○교수	
줄다리기	14:20~14:30	· 팀당 25명씩 줄다리기(3판 2승제)	밧줄
1000M 계주	14:30~14:40	· 팀당 10명씩 계주 　(A출발점 : 5명, B출발점 : 5명) · 여성지도자님이 앉아서 원을 이룸. - 운동장 반바퀴씩 돌아 전체 2바퀴 계주 · 여성지도자님이 둥글게 원을 이루어 트랙의 역할을 　할 수 있도록 담임교수가 지도. * A출발점 : ○○○교수 * B출발점 : ○○○교수	럭비공2
폐회식	14:40~14:50	· 곧이어 '한마음 협동체련' 행사를 마무리 하는 폐회식을 개최하겠습니다. 지도자 여러분께서는 1반(과수)타이거스팀은 운동장 우측, 2반(원예), 3반(축산)라이온스팀은 운동장 좌측으로 모여주시기 바랍니다. 원장님의 '한마음 협동체련'를 마감하면서 폐회말씀이 있겠습니다. · 계속해서 분반강의가 진행되겠습니다. 　과수 및 원예는 대강당으로, 한우는 제1강의실로 　입실하여 주시기 바랍니다. 대단히 감사합니다.	줄넘기줄2

2) 특기사항

(1) 준비물

① 유선마이크 2개, 무선마이크 1개

　텐트설치와 라인그리기 → 교육지원팀 협조

② 럭비공(2개), 오뚜기(2개), 끈(60개), 남자팬티(大 2장), 밧줄, 훌라후프(2개), 바톤(2개), 구급약, 줄넘기줄(대형 2개), 우승컵 → 교육운영팀

③ 징, 북, 꽹과리 등

(2) 채점

① 기록 → ○○○

② 채점방법 → 우승팀에게만 10점

(3) 경기의 시작신호 → '삐'하는 호르라기 소리

(4) 선수선발 및 응원 → 담임교수

(5) 비담임교수는 심판 및 선수통제를 담당

3) 예비종목

(1) **다리에 풍선 묶고 터트리기**

(전체인원, 끈 길게, 손은 절대 사용하지 않는다. 풍선 색깔 2종류로 통일)

(2) **기차놀이(가위, 바위, 보)**

(3) **원형으로 공몰고 반환점 돌아오기**

(5명 1개조로 원을 이루어 원안에 있는 공을 발로 몰면서 반환점 돌아오기)

(4) **통굴리기**

(5) **오리발 릴레이**

3. 현장 견학

1) 견학차량 준비

① 냉·난방, VTR시설, 안전벨트, 마이크 시설 등이 잘 구비되어 있는지 확인, 35인
   승·45인승 여부 확인

② 견학 출발 30분전 도착 확인

③ 각 차량별 승차인원(반별) 표지판 부착

④ 견학 간식 준비

2) 견학 출발시 환송<잘 다녀오십시오>

① 차량이 보이지 않을 때까지 손을 흔듦

② 운동장 화단 쪽에 일렬로 정렬

③ 고개를 숙이지 않고 손만 흔듦·정규교육 : 전 교수요원·아카데미과정 : 담당
   팀 교수요원

3) 견학 귀원시 환영<수고 하셨습니다>

① 원내 잔류교수 전원(현관 앞)

② 베드민턴 코트 앞쪽으로 차량 유도

③ 차량 하차시 인사(버스 당 2명씩 순차적으로 환영)·정규교육 : 전 교수요원·

   아카데미과정 : 담당팀 교수요원

4) 인솔교수 준비물

① 고속도로 통행카드

② 휴대폰

③ 확성기(선도차)

④ 모자 착용

⑤ 교육용 비디오 테이프

5) 차량 탑승 후 이행사항

① 탑승인원 확인 후 지정 좌석에 착석

② 출발시 환영교수단과 인사토록 유도

③ 정문 청경과 인사

④ 차량이 통과하면, 차량마이크 이용하여 기사님에 안전운행에 대한 감사박수 유

   도, 견학시간, 장소, 주의사항 등 전달

⑤ 교육용 비디오 테이프 시청 등으로 장거리 이동에 지루하지 않도록 조치

6) 기타

① 승차시 주류 반입 금지

② 차량내 청결 유지

③ 승·하차시 탑승인원 정확히 확인

④ 차량 준비시 유의사항 점검·냉난방 완비된 차량·VTR시설 완비된 차량·마

   이크 상태 양호한 차량으로 배차

CHAPTER 02

협동조합교육
강의전략

<행동 지침>

1. **교직원 행동지침**

1) 첫인상이 중요하다-----초전에 결판을 내라

2) 미안할 정도로 친절하자-------우리에게 주어진 절호의 기회다

3) 판정승에 만족치 말자 --------우리의 목표는 KO다

4) 강풍은 쓰지 않는다-------외투는 햇볕으로 벗겨라

5) 고되고 바빠야 한다------내가 편한 만큼 교육은 김이 샌다

6) 남에게 미루지 말자-------먼저 본 사람이 먼저 하라

7) 교육생 있는 곳에 교수요원이 있어야 한다-----10분전에 현장에 임하라

8) 바삐 걷고 절도 있게 행동하자-----그것이 행동언어이다

9) 칭찬받기를 기대하지 말자--------보람으로 족하다

2. **교육생 행동지침**

1) 하나하나 메모하고 관찰하고 연구하자

2) 두려워하지 말고 도전하자

3) 변화의 시대 인터넷과 스마트폰을 활용하자

4) 내 농업기술만 고집 말고 벤치마킹하자

5) 다양한 시스템 사고로 발상을 전환하자

6) 여러 사람과 함께 노하우를 공유하자

7) 일상생활 속에서 개선, 개혁하고 개발하자

8) 여유로운 시간에는 자기계발을 하자

9) 아무거나 하지 말고 우물을 제대로 파자

10) 열과 성을 다하여 농업 농촌을 선도하자

산업교육에서는 단 한 시간의 강의라도 꼭 교육평가 과정이 따른다. 이때 교육생들이 제기하는 사항들 중에서 빠지지 않고 나오는 것이 "이론상으로는 맞지만 현실성이 없다. 조직 현장에 적합한 사례를 많이 들어 달라"는 것이다.

아마도 교육에 있어서 내 아픔의 근원은 여기에 있지 않나 싶다. 각 조직의 특성

에 적합한 사례 제시와 현장의 문제해결에 직접적 도움을 줄 수 있는 솔루션 제공에 한계가 따르기 때문인 듯하다.

혼자의 몸으로 다양한 조직과 직종, 직무의 특성을 고려한 내용 개발과 사례, 솔루션 제시가 불가능에 가까움을 부인할 수 없다.

해결점은 하나인 듯싶다. 조직과 현상의 문제, 그리고 그 해결책을 가장 잘 아는 사내강사에 의해 교육이 이루어지면 산업교육의 가장 큰 특징 중 하나인 성과지향형 교육과 맥락을 같이 한다고 생각한다.

이 책은 사내강사로서 반드시 알고 있어야 할 성인학습에 대한 기초 이론과 내용 구조화 원리, 그리고 강의 현장에서 바로 적용할 수 있는 교수방법 및 강의 스킬에 대하여 5개의 파트(Part)로 나누어 설명하고 그 조직의 전문가들이 그들의 체계화 된 지식과 노하우를 조직구성원과 효과적으로 공유할 수 있는 방법과 기법을 제시하고 있다. 사내강사로서 조직 구성원들에게 사례 제시와 현장의 문제해결에 직접적 도움을 줄 수 있는 솔루션(solution)을 제공하면, 우리 조직은 많은 성과를 창출해낼 수 있을 것이다.

한편, 본 도서의 내용은 온라인강좌(www.ekpcre.or.kr)를 통해 온라인 콘텐츠로도 만나볼 수 있다.

강의는 학습자를 중심으로 준비한다. 효과적인 강의를 위하여 고려해야 할 학습자의 특성에는 여러 가지가 있다. 그 중에서 강의의 성패에 직접적으로 영향을 미치는 것에는 학습자의 교육요구, 태도, 지식수준, 학습자의 수 외에 성별, 연령과 같은 인구통계학적 정보가 포함된다.

교육요구(training needs)는 학습자의 삶이나 직무수행에 요구되는 지식, 기술, 태도와 연계되어 있는 것으로, 바람직한 기대수준(To be)과 현재수준(As is)의 차이를 말한다. 강사는 다음 사항에 대한 분석결과를 학습내용을 선정할 때 반영하여야 한다.

첫째, 학습자들이 강의에 참여하는 목적이 무엇인가?

둘째, 학습자들은 강의를 통해 무엇(지식, 기술, 태도)을 얻고자 하는가?

셋째, 학습자들에게 가장 중요하고 시급한 문제는 무엇인가? 이 문제들은 교육으로 해결이 가능한가? 등이다.

제6절 강의 A to Z

1. 강의 시작전 준비

1) 사전정보 파악[22]

(1) 참가자를 진단하라
다음 요소를 참고로 하여 참가자들에 대한 정보를 파악해야 한다.

가. 지식
참가자가 가지고 있는 지식과 경험의 수준은 어느 정도인가, 참가자의 지식을 절대 과소평가 하지 말고, 새로운 정보에 대한 그들의 요구를 과대평가하지도 말라는 격언을 기억하라.

참가자가 가지고 있는 지식의 정도와 그들이 도달해야 할 지식의 수준을 알아내야 한다.

나. 흥미
프리젠테이션 성공의 50%는 처음부터 참가자의 관심을 어느 정도 관심을 집중시키는가에 달려 있다. 흥미의 정도가 프로그램에 미치는 영향을 고려할 때, 흥미를 더

---

22) 밥파이크(2004). 창의적 교수법, 서울 감영사, pp44~49.

욱 돋우기 위해 강의 처음에 먼저 생각해야 할 것이 있다. '그들의 기대감을 어떻게 고조시켜서 효과를 얻을 수 있을까?' 하는 것이다.

참가자에게 다음 질문을 가지고 브레인스토밍하게 할 수 있다.

① _____을 알지 못하면 어떤 문제에 부딪힐까요?

② 당신과 내가_____을 알게 되면 무슨 일이 일어날까요?

소그룹에 위의 질문을 던지고 답을 기록하게 하거나 토의하게 할 수도 있다. 이런 간단한 시도를 통해 이 교육프로그램에 참가함으로써 얻을 수 있는 이익과 막을 수 있는 손실이 무엇인지를 알 수 있게 된다.

다. 언어

참가자에게 익숙하고 편안한 언어를 사용하되 가능한 전문용어를 쓰지 말자.

참가자가 이해할 수 있는 수준의 언어를 사용해야 한다. 참가자가 이해하고 있는지를 확인하고, 명확하지 않을 경우에는 반드시 써서 보여주도록 하라. 꼭 전문용어를 써야 할 경우에는 그 용어를 자세히 설명해야 한다.

라. 자료를 수집하고 강의실을 준비하라

강의실이 교육생 수에 비해서 적당한지를 살펴보고 필요한 경우, 변경을 요청해 놓는다. 일반적으로 앞뒤로 긴 강의실보다는 옆으로 넓은 강의실이 주의집중에 유리하다. 부득이 앞뒤로 긴 강의실이 배정되었다면, 교육생을 되도록 교탁 쪽으로 모이게 하는 등 세심한 주의를 기울일 필요가 있다.

제일 뒷자리에 보려면 글자크기는 얼마나 크게 해야할지, 목소리는 얼마나 커야할지, 마이크를 사용해야 할 정도인지 등을 파악해 놓는다. 해당 강의실에서 사용가능한 기자재의 종류가 무엇인지를 알아 놓는다.

2) 최선의 법칙 – 최신의 법칙, 90/20/8법칙[23]

모든 일은 처음과 끝이 가장 기억된다. 강의에서도 처음 시작 10분과 마지막 10분 동안에 말한 내용을 가장 잘 기억한다는 연구결과가 있다. 그러므로 중요한 내용은

---

23) 연세교육개발센터(2003), 명강의 핵심전략, 연세대학교출판부. pp27~28.

강의의 제일 앞부분과 끝부분에서 다루는 것이 좋다.

또한 강의를 적당한 시간(8~10분)으로 나누어, 매번 최선의 법칙과 최신의 법칙이 적용되도록 한다. 구체적인 방법은 90/20/8법칙과 함께 생각해보자. 유명한 교수법 강연자 밥 파이크(Bob Pike)에 따르면 90분동안 강의를 한다고 하면, 교육생들은 평균 20분 정도만 제대로 집중한다고 한다.

그들의 집중을 유지하려면 2시간 연극이 3막 3장으로 구성될 때와 같이 중간 중간에 '장면의 전환'이 필요하다.

예를 들어, 장면의 전환은 다음과 같인 이루어진다.

① 같은 내용을 [설명]한 후에
② 교육생들에게 [질문]을 하고
③ [답변]을 요구하는 것,
④ [예화]를 드는 것,
⑤ [OHP] 등의 기자재를 활용하는 것

장면의 전환이 이루어지면 각 장면마다 또 다시 최선의 법칙, 최신의 법칙이 적용되어 강의 효과를 극대화 할 수 있다.

한 장면은 일반적으로 8분 정도가 적당하다. 90분 강의 경우, 강의 시작과 끝맺음을 위한 약 15분을 제외하면 실제 강의시간은 75분이다. 따라서 하나의 강의는 9~10개 정도의 장면으로 구성 할 수 있다.

2. 강의 시작[24]

1) 강의 10분전

강의 10분전 어디에서 무엇을 하고 계십니까?

자동차만 워밍업이 필요한 것이 아니다. 사람도 새로운 일을 시작할 때에 적당한 워밍업 시간이 필요하다. 서두르면서 시작한 일은 성과가 좋지 않다. 강의 전에 사람들과 어울려 큰 소리로 떠들거나 강의 직전 까지 식사를 하고 허겁지겁 강의실로 들어가는 것은 금물이다.

---

24) 앞의 책. pp.32~43.

■ 강의 10분전, 혼자서 마음을 가다듬는 시간이 필요하다. 이를테면 강의 시간의 전체적인 흐름을 머릿속에 그려본다. 강의 시작과 진행, 끝맺음까지 전체적인 구성을 짜 본다.

2) 긴장 푸는 법

많은 사람 앞에서 누구나 긴장을 한다. 강의를 앞두고 어깨가 경직되거나, 배가 아프거나, 입이 마르거나, 숨이 가빠오는 현상은 누구나 있다. 나에게만 일어나는 일이 아니므로 당황할 필요가 없다. '앗, 긴장하면 안되는 데!' 하고 생각하면 점점 더 긴장이 된다. 이럴 때는 '나는 긴장하고 있다' 하고, 받아들이는 것이 차라리 효과적이다.

■ 긴장을 푸는 데 도움이 되는 몇 가지 전략

첫째, 준비하라

강의시간에 할 일들이 시간 순으로 머릿속에 잘 정리되어 있다면, 그렇지 않은 것보다 훨씬 불안수준이 낮아진다. 강의 준비가 잘 되어 있다면, 그렇지 않은 것보다 훨씬 더 침착하고 평온한 태도를 유지할 수 있다. 철저한 강의준비, 긴장을 낮추어 주는 필수 조건이다.

둘째, 심호흡하라

사람은 긴장 할수록 말이 빨라지면서 호흡을 가쁘게 하기 쉽다. 이럴수록 불안수준은 점점 더 높아질 뿐이다. 깊게 숨 호흡을 하라. 뇌에 약간의 산소를 공급하는 것이 놀라운 효과를 가져온다. 호흡은 긴장을 푸는데 결정적인 역할을 한다. 코로 숨을 깊게 들이마시고 길게 내쉰다. 심호흡을 되풀이 하다보면 경직된 어깨가 부드러워짐을 느낄 수 있다.

셋째, 친근한 얼굴에 초점을 맞춰라

강단에서 교육생을 바라보면, 유난히 교수자에게 긍적적인 태도를 보이는 교육참가자들을 발견할 수 있다. 긴장을 풀기 위해서는 잠시나마 이들과 시선을 교환함으로써 자신감을 얻은 후, 다시 전체 교육생들에게 시선을 주는 것이 효과적이다.

넷째, 유인물을 나누어 줘라

유인물을 나눠주기 위해 움직이면서 자연스럽게 긴장을 풀 수 있다.

다섯째, 몸을 움직여라

강단에서 옆으로, 앞뒤로 몇 걸음 걸어 다니거나, 손짓을 활용하면 자연스럽게 긴장이 풀린다.

여섯째, 일부러 웃어라

처음에는 억지로 웃는다 하더라도 웃는 동안에 자신도 모르게 긴장이 풀리는 효과가 있다.

3) 강의를 시작하는 첫마디

강의 핵심을 뚫는 질문, 일화, 현재 관심이 모아지는 사건 등으로 강의를 시작하는 것이 효과적이다.

■ 강의를 시작하는 첫마디는,

　하나, 선입견을 깨뜨리는 말

　둘, 유대관계를 촉진하는 말

　셋, 오늘 배울 내용을 포괄하는 내용

　넷, 호기심과 기대를 불러일으키는 말이 좋다

■ 강의를 시작하는 첫마디로 다음과 같은 것은 삼가는 것이 좋다.

첫째, 농담으로 강의를 시작하지 말 것

농담으로 강의를 시작하는 것은 많은 강연자들이 선호하는 방법이지만, 농담으로 강의를 시작하지 말라. 이것은 위험부담이 큰 방법이다. 많은 경우, 교육참가자들이 강의실에 허겁지겁 들어온다. 몸은 강의실에 와 있지만, 마음은 다른 곳에 있는 경우가 많다. 이럴 때에 교수자가 아무리 재미있는 농담을 해도 교육참가자들은 별로 반응을 보이지 않는다. 처음 시도한 유머가 분위기를 설렁하게 하면, 교수자는 당황하게 된다. 좋은 시작이라고도 할 수 없다.

둘째, 처음 30초 동안 파워포인트 등의 시각적인 자료를 보여주는 것을 삼갈 것.

처음 30초 동안에 이러한 기자재를 활용하는 것은 강의실의 분위기를 산만하게 만든다. 처음 30초 동안이라도 배경 설명을 한 다음, 이러한 기자재를 활용하는 것이 효과적이다.

셋째, 겸손의 표현으로 강의를 시작하지 말 것.

강의를 시작할 때에 인사치레로 '내 전공은 원래 이 과목이 아니지만', 제가 여러분 보다 조금 더 아니까...' '제가 그래도 몇 년 먼저 공부를 했으니 그냥 아는대로 이야기 해 본다면...' 등의 이야기를 하는 경우가 있다.

이는 '차린 것은 별로 없지만...' 류의 겸양이지만, 이러한 태도는 역으로 듣는 사람들은 김새게 만들고, 교수자에 대한 신뢰를 떨어뜨린다는 사실을 아는가. '부족한 강의를 들을 만큼 교육생들은 한가하지 않다. 보다 자신감 있고, 열의 있는 태도로 강의를 시작하라. 교육 참가자들이 더욱 열심히 강의를 듣게 될 것이다.

4) 효과적인 오프닝[25)]

효과적인 오프닝을 하기 위해서는 참가자들에게 다음 네 가지를 알려야 한다.

첫째, 당신은 유익한 시간을 보낼 것이다.

둘째, 나는 당신이 누구인지, 당신의 경력과 경험, 전문성을 잘 이해한다.

셋째, 나는 당신을 존중하기 때문에 많이 준비하였다.

넷째, 나는 교육과 경험을 통해 교육 내용을 잘 알고 있다.

■ 효과적인 오프닝을 위한 10가지 팁

첫째, 활기차고 열정적이며 생동감 있게 시작하라

지루하고 재미없고 요점 없는 프리젠테이션을 듣는 것은 누구나 싫어한다. 흥미와 열정을 발산하라. 생동감과 강렬함을 프리젠테이션에 불어넣어라. 참가자들의 도전 의욕을 불러 일으켜라.

둘째, 사과하지 말라

사과할 필요가 없을 정도로 세밀하게 준비하라. 만약 사과할 필요가 있다 해도 참가자의 85%는 당신이 뭘 사과하는지 모른다는 점을 기억하라. 당신이 말하지 않는 한 나머지 15%는 그것에 영향 받지 않을 것이다.

셋째, 눈을 맞추어라

눈을 맞추는 것은 아주 효과가 있다. 한 사람 한사람 눈을 맞추는데, 같은 강도로

---

25) 밥파이크. 앞의 책. pp.236~239.

눈을 맞추려면 한 자리에 서 있지 말고 강의장 안을 돌아다녀라. 바닥이나 천장, 벽 또는 방 뒤쪽에 시선을 주지 말라

넷째, 상대방 입장이 돼라

자기 자신보다는 타인을 의식하고 생각하라. 당신의 메시지를 전달하고, 내용을 이야기하고, 참가자들 설득하고 영향을 주는데 초점을 맞춘다면 당신이 잘하고 있는지에 대해서는 걱정할 필요가 없다. 당신이 진심으로 열심히 그들의 이익을 위해 노력하고 있다면 그들은 당신에게 존경하고 감사할 것이다. 백년전에 토마스 칼라일 (Thomas Carlyle)은 '당신이 말한 것에 대한 보상을 바라지 말고, 두 마음을 갖지 말며 당신이 말하는 것의 진실성만을 생각하라' 라고 말했다.

다섯째, 참가자들에게 개요를 알려 줘라

'당신이 말하려고 하는 것을 이야기하고, 그 다음에는 당신이 이야기 하는 것을 말하라' 라는 말을 기억하라. 처음에는 당신이 다룰 교재에 대해 기본적인 것을 설명하고 핵심용어를 정의하라. 당신과 참가자 사이의 동질감을 형성하라.

여섯째, 관심을 유지하라

'핵심 질문이 무엇인지요? 무엇이 그것들을 중요시하고 시급한 문제로 만들었지요? 첫 번째 질문이 무엇인가요?' 라고 참가자들에게 질문을 한다.

일곱째, 열린 마음을 가져라

대부분의 참가자들은 당신이 누구인지, 주제에 대한 당신의 태도는 어떤지, 왜 당신이 그 주제를 다루는 데 자신감이 있는지 정확하게 알아야 한다. 당신의 아이디어를 참가자들과 나누고, 의사소통에 쏟는 당신의 진정한 관심을 그들이 느낄 수 있어야 한다.

여덟째, 외모에 주의한다.

당신의 외모가 사람들로 하여금 당신의 메시지를 잘 받아들이도록 도와줄 수도 있지만 방해가 될 수도 있다. 외모는 중요하다. 좋은 첫인상을 주도록 하라.

① 옷차림 : 전문가답게 옷을 입었는가? 적절한 옷차림인가? 우리가 어떤 옷차림을 했는가는 참가자들에 대한 예의를 나타낸다. 당신이 생각하는 것보다 조금 더 격식을 차려서 입어라. 너무 격식을 차렸다고 생각되면 양복 상의를 벗는다든지, 소매를 걷는 것들로 조절할 수 있다. 그러면 조금 더 편하게 보일 수 있다. 내 개인적으로는 강사로서의 위치를 유지하려면 가장 옷을 잘 입은 참가자

들보다 한 단계 더 잘 입어야 한다.

② 제스처 : 손이나 머리를 편하게 사용하는가, 말하는 동안에 제스처를 편안하게 사용하는가?

③ 얼굴표정 : 표정에 생동감이 있는가? 참가자와 주제에 대한 관심을 표현하고 있는가?

④ 자세 : 너무 경직되지 않으면서도 바르게 서있는가?

⑤ 몸 움직임 : 의서소통을 위해 편하게 움직이면서 변화를 주는가? 주제를 적절히 강조하고 있는가?

아홉째, 목소리에 주의하라

강사의 목소리는 참가자들의 메시지 수용에 심각한 영향을 미친다.

① 톤 : 목소리 톤에 열정과 진지함, 관심과 흥분을 전달하고 있는가?

② 발음 : 각 단어를 정확하게 발음하는 가? 아니면 특정 단어를 흘리거나 건너 뛰지는 않는가?

③ 박자와 속도 : 적절히 쉬고 있는가? '음'이나 '어'따위로 말을 끌지는 않는가? 유창하게 이야기하는가, 아니면 더듬는가? 너무 빠르거나 느리지는 않는가?

④ 용어 선택 : 당신의 생각을 전달하기 위해 적절한 용어를 사용하고 있는가? 당신이 사용하는 용어가 너무 생소해서 참가자들이 잘 못 이해하고 있지는 않는가? 너무 쉽지도 어렵지도 않은 꼭 맞는 용어를 선택하라.

열, 참가자와 친밀감을 유지하라

참가자들이 당신에게 편하게 접근할 수 있는가? 참가자들과 친밀한 분위기를 형성하였는가? 참가자들이 당신의 생각과 아이디어를 알 수 있도록 도와주는 것이 중요하다.

3. 강의 중[26]

1) 말하고 듣기(Say & Listen)

(1) 교육생의 이야기를 들을 것(Listen)

사람들은 이야기를 잘하는 사람보다 남의 이야기를 잘 들어주는 사람을 더욱 좋아하고 믿는다. 교육생의 이야기를 잘 들어준다면, 교육생은 교수자를 존경하고 따른다.

많은 교수자들이 강의 내용을 제한된 시간 내에 다 마쳐야 한다는 강박관념이 있기 때문에 강의 중에 교육생의 이야기를 들어주는 것은 쉬운 일이 아니다. 사실 교육생이 자신이 생각하는 바를 서투르게 표현하여 듣는 사람을 힘들게 하는 경우도 많다. 그렇기 때문에 강의실에서 교육생이 열심히 이야기를 하는데, 교수자가 말의 앞부분만 듣고 지레 짐작하여 말을 잘못 알아듣거나, 교육생의 말을 중간에 잘라버리는 일들이 일어난다. 이는 교육생과의 의사소통을 단절시켜버리는 데에 매우 효과적인 방법이다. 아마도 한 번 이런 일을 당하면 교육기간 내에 다시는 교수자에게 이야기하려고 시도하지 않을 것이다.

교육생이 질문을 할 때에 그들의 이야기에 귀 기울여라, 질문이 다 끝났다고 생각되어도 약 1~2초간 기다려 주어라, 그 1~2초간이 관계를 위해서 황금 같은 시간이다. 교육생의 이야기가 끝난 것이 확실한데, 질문이 잘 이해가 가지 않으면, 솔직하게 되물어 보라. 교육생은 자신의 이야기에 관심을 가져주는 것을 고맙게 생각할 것이다.

또한 교수자가 던진 질문에 교육생이 대답을 할때에도 잘 들어주어라. 교육생의 대답을 듣고, 교수자의 말로 요약한 다음, 내용이 맞는지를 교육생에게 다시 물어보라. 교육생은 자신을 존중해준 교수자를 따르기 시작한다.

(2) 자신의 말로 이야기하듯 강의 할 것(Say)

연설(Lecture)하듯이 하지 말고, 이야기(Say)하듯이 강의하라.

---

26) 연세교육개발센터. 앞의 책. pp.50~77.

그리고 절대로 노트나 교재를 그대로 줄줄 읽지 마라.

가르칠 내용을 숙지한 다음, 자신의 이야기로 설명하라. 강의록을 그대로 읽으려면 이를 복사해서 나누어 주고 교육생을 집으로 보내주는 것이 낫다.

(3) 목소리의 높이와 속도에 변화를 줄 것

아무리 좋은 내용이라도 똑같은 높이와 속도로 한 시간 내내 강의를 진행하면 강의가 지루해질 수밖에 없다.

말을 할 때에도 노래와 마찬가지로 '도, 미, 솔'가 있다. 때로는 '도'의 높이로, 때로는 '솔'의 높이로 변화를 준다.

강조할 때에는 대개 목소리를 크게 하지만, 가끔은 톤을 낮추는 것이 높이는 것만큼의 효과가 있다. 또한 보통 속도로 말하다가, 갑자기 말의 속도를 낮추면 교육생들이 더 집중하는 것을 볼 수 있다.

(4) 침묵(Pause)을 활용할 것

강단 위에 서면 침묵이 영원처럼 길게 느껴지지만 침묵의 활용은 매우 좋은 효과가 있다.

교수자가 열심히 강의을 하다가, 갑자기 이야기를 멈추고 침묵이 흐르면 교육생이 일순간 긴장하며 집중을 한다. 침묵을 적절히 활용하면 중요한 사항을 더 강조할 수 있다.

침묵은 교육생이 방금 배운 새로운 개념을 '되새김'할 수 있는 여유를 준다. 중요한 개념을 설명한 다음에는 침묵으로 생각할 여유를 주어라. 침묵의 길이는 강의실을 좌우로 한차례 둘러볼 수 있는 시간 혹은 천천히 열을 셀 수 있는 시간이 적당하다.

(5) 음성에 유의할 것

교수자의 음성이 성우와 같을 필요는 없지만,

① 분명하게 들리고
② 목소리가 충분히 크며
③ 너무 빠르거나 느리지 않고
④ 한 가지 톤이 아니라 변화가 있고

⑤ 중요한 부분은 적절히 강조해야 한다.

(6) 조심해야 할 사항

① 습관적으로 문장의 끝을 올리는 것 : 교육생들은 질문을 한 줄 알고, 대답을
하나? 하고 생각하는 순간 교수자는 다른 이야기를 시작한다. 이러한 습관은
듣는 사람들을 매우 피곤하게 한다.

② 말끝을 제대로 알아들을 수 없게 떨어뜨리거나 흐리는 것

③ 입속으로 중얼거리는 것

④ 중요한 내용이 나오면 갑자기 흥분해서 말이 빨라지고 높아져서 도리어 학습
자가 따라오기 힘들게 설명한다든지, 단조롭게 한가지 높이로 계속하여 지루
하게 하는 것

⑤ 습관적으로 '음...', '어...' 같은 소리를 내면서 학습자를 피곤하게 하는 것

2) 적으며 가르치기(Write)

(1) 칠판에 적으면서 가르칠 것(Write)

강의를 하면서 칠판에 쓰는 것까지 겸하면 시각적 효과가 더해져서 요점이 더욱
강조되고 강의 효과가 커진다. 많은 교수자들이 시각적인 측면에서 관심이 소홀하
다. 강의를 잘하고, 적는 일까지 잘한다면 교수자는 교육생에게 자신의 의사를 전달
하는 이중의 기회를 갖게 된다. 사실 적는 것을 통해 교수방법상의 많은 단점을 보
완할 수 있다.

칠판은 매우 효용도가 높은 도구이다. 오랫동안 칠판이 이용되고 있는 것은 그만
한 이유가 있기 때문이다. 칠판은 강의 전체 윤곽을 잡아줄 수 있도록 활용하라. 이
를 위해서는 칠판의 사용을 미리 계획하는 것이 필요하다. 강의를 하다가 생각나는
대로 적지 말고, 전체 강의 내용에 비추어 칠판에 적을 내용을 미리 정하여 수업에
들어간다.

적어야 할 내용이 매우 많고 판서의 진행내용을 꼭 봐야 하는 내용이 아니라면,
강의 시작 전에 대부분을 써 놓는 것도 방법이다. 특히 복잡한 표나 수식, 그림 등은
미리 복사하거나 파워포인트를 활용하라.

교육생이 흔히 불평하는 내용은 다음과 같다.

① 글씨가 너무 작아 읽을 수 없다.

② 분필이 제대로 지워지지 않은 위에 글을 써서 읽을 수 없다.

③ 파란색 분필을 사용해서 잘 보이지 않는다.

④ 방금 쓴 것을 바로 지우는 교수자가 있다.(도대체 왜 쓰는 것인가?)

⑤ 약자가 너무 많다.

특히 조심해야 할 것은 칠판에 적는 동안은 강의를 하지 말라는 것이다.

등을 돌리고 말하는 것은 수업효과를 낮춘다.

칠판에 강의 내용을 적을 때에는

① 전체 내용의 개요를 적어놓으면 좋고

② 알아보기 쉽게, 산뜻하게 적어야 하고

③ 왼쪽 상단부터 오른쪽 하단까지 적는 것을 기본으로 하며

④ 칠판 하단 끝까지 사용하지 말고

⑤ 적은 내용은 그대로 두어야 한다.

3) 몸도 말을 한다(Body Language)

(1) 교육생을 쳐다보고 눈을 마주칠 것(Look & Eye Contact)

눈을 마주친다는 것은 모든 인간관계에서 중요하다. 자신을 바라보지 않는 사람과는 대화가 되지 않는다. 그런데 강의 중 허공을 쳐다보거나 강의 노트만 보고 말하는 경우가 있다. 강의실에서는 교육생을 바라보아야 한다. 시선을 맞추기가 정 어려우면 차선책으로 교육생의 눈과 눈사이를 보거나, 교육생의 어깨를 보라. 두 교육생의 사이를 바라보아도 된다.

강의를 할때에 유난히 열심히 듣고 교수자의 눈을 잘 마주치고 고개를 끄덕이는 교육생들이 있다. 이들을 중점적으로 쳐다본다. 그렇다고 한사람을 정해놓고 뚫어져라 쳐다보면 해당 교육생은 곤혹스러워질 수도 있다. 게다가 옆의 교육생들은 소외감을 느끼거나 오해를 할 수도 있다.

시선을 뿌려라. 강의실을 크게 넷으로 나누어 각각의 구획에서 가장 교수자에게 호의적인 교육생을 정한다. 쭉 훑어보면 그런 교육생이 있게 마련이다. 각 구획의 호의적인 교육생을 돌아가며 쳐다본다. 시선을 배분하는 효과적인 방법이다. 이와 같이 시선을 배분하면, 교육생이 몇 명이든 모든 교육생이 교수자가 자신을 주시하는 것처럼 느끼게 된다.

시선을 뿌린다고 해서 눈을 돌리지는 말고 고개를 움직여라. 시선을 너무 빨리 옮기면 주의가 산만해진다.

(2) 움직여 말할 것(Move)

모든 동물은 본능적으로 움직이는 물체에 주의 집중을 하도록 되어있다. 가만히 서서 강의를 하는 것보다 교수자가 움직이면서 이야기하면 교육생이 더욱 집중을 잘한다. 또한 교육생이 조별로 토의를 하거나 필기를 하는 동안 강의실을 걸어다니면 교육생이 보다 편하게 질문을 한다. 상호작용을 위해 좋은 방법이다.

강의를 하면서 교단에 움직일 때에는 3~4걸음 정도 천천히 양옆으로 움직이면 좋다. 특별히 강조할 내용이 있을 때에는 1~2걸음 정도 앞으로 걸어 나가는 것도 효과적이다.

다음과 같은 행동은 삼가라.

① 손을 주머니에 넣고 움직인다. (개다가 동전이 주머니에 있는지 짤랑거리며 소리까지 낸다면,)

② 강단에 비스듬히 기대거나 강단 옆에 붙어 있지 마라.(매미 같이 보일 수 있다)

③ 움직이면서 말한다고 너무 빨리 움직이면 교육생이 산만하게 느낄 수 있다.

(3) 교육생을 움직이게 할 것
<움직이는 것의 효과>

① 읽기를 통해서는 10%

② 들은 것을 통해서는 30%

③ 보면서 들은 것을 통해서는 50%

④ 스스로 말한 것을 통해서는 80%

⑤ 활동하면서 말한 것을 통해서는 90%를 학습한다.

그러므로 교육생을 가만히 앉혀놓고 발표의 기회도 주지 않고 교수자 혼자서 강의를 하는 것은 비효율적이다. 교육생이 조별 활동을 하기 위하여 강의실 내에서 좌석배치를 바꾸어보거나 심지어는 무엇이라도 만진다면 학습이 활발해진다.

따분한 강사는 자신이 피곤할 때 말을 끝낸다.
명사는 청중이 피곤해지기 전에 말을 끝낸다.

강의를 하는 내내 가만히 서서 앞만 바라보고 한다면 강의를 하는 사람이나 듣는 사람이나 지루할 것이다.

중요한 내용은 몸짓을 크게 하고, 덜 중요한 사항은 몸짓을 작게 하면서 몸짓을 활용하라.

또한 강의내용과 손짓이 따로 놀지 않도록 유의하라. 중요하지 않은 내용을 말하면서 손짓은 매우 중요한 내용인 듯 크게 하는 것은 혼란을 일으킨다. 몸짓은 손과 발로만 하는 것이 아니다. 교육생을 바라보며 많이 웃으라. 또한 교육생의 말을 들어줄때에도 열심히 고개를 끄덕여 주면서 지지를 표시하라. 강의실내에서의 상호작용을 높이는데 큰 도움이 된다.

평범한 사람은 시간을 어떻게 소비할까 생각하지만 지성인은 시간을 어떻게 사용할 까 궁리한다.
- A. 쇼펜하우어

---

(4) **보충설명**[27]

참가자들이 충분히 이해하지 못하거나 동의하지 않는 부분이 있다면 보충설명을 한다.

첫째, 참가자들이 아이디어의 사실성이나 가치에 대해 의구심을 갖는 사항에 대해 보충설명을 한다.

둘째, 이해하기 어려운 개념을 소개할 때도 보충 설명이 필요하다. 다음과 같은

---

27) 밥파이크. 앞의 책. pp. 239~241

방법을 사용하여 보충설명을 할 수 있다.

① 수량－사실이나 사건을 표현하는 구체적인 숫자

② 통계－숫자에 근거를 둔 통계적 수치나 상관관계

③ 사실－제3자에 의한 또는 직접 관찰한 결과로 증명된 과거와 현재에 대한 서술

④ 정의－특정한 것의 본질을 이해하기 위해 일반적인 것에서 구체적인 것으로 좁게 정의를 내린다. 예를 들면 '랜치(Ranch) 스타일(용어)의 집은 한 층으로 (특성) 지어진 집의 종류이다(일반적 종류).'

⑤ 일화－요점을 설명하기 위한 이야기나 경험으로서 반드시 사실 여부를 설명할 필요는 없다.

⑥ 보기－일반적 설명을 증명하거나 명확히 하기 위한 사례

⑦ 예증－요점을 구체적으로 증명하고 설명하는 구체적인 보기

⑧ 권위자－당시의 이야기를 지지할 수 있는 당신보다 더 믿을 만하고 알려진 사람의 이야기

⑨ 유추－이야기하고 있는 주제와 비슷한 조건을 설명한다.

사람들이 당신이 이야기하려는 요점보다 구체적인 예, 보기, 일화 등을 더 오래 기억하기도 한다. 그저 일반적인 광범위한 용어들만 이야기하면, 참가자들은 당신이 프레젠테이션을 그저 형식적으로 준비하였거나 당신이 하는 말에 자신이 없다고 생각할 것이다. 우리가 증거를 가지고 말하지 않으면 참가자를 완벽하게 이해시키거나 그들에게 영향을 미치는 데 실패할 것이다.

불행히도 그저 입으로만 건성으로 '조사결과에 따르면.........', '그들이 말하기를..........', '모든 사람이 알다시피.............' 라고 말하기는 쉽다. 하지만 무엇을 조사하였고, 누가 조사하였으며, 모든 사람은 누구인지 반드시 한두 명은 여기에 대해 질문할 것이고, 그렇게 되면 당신의 프레젠테이션은 신뢰성을 잃게 될 것이다. 애매하고 일반적인 표현은 피하고, 스스로 분명하고, 명확하고, 정확하게 말하고 생각하는 법을 배우라. 예를 드는 경우에는 가능한 구체적인 사람 이름, 장소, 사건 등을 이야기 하라. 보충 설명은 관련성이 있고, 명확하고, 정확하며, 설명하기 쉽고, 반대되는 의견에 강하게 맞설 때만 효과가 있다.

(5) 전환[28]

프레젠테이션의 다양한 내용을 연결시키는 데 활용할 수 있는 일곱 가지의 전환 방법이 있다.

가. 질문과 답

참가자들은 혼자, 또는 짝을 짓거나 아니면 소그룹으로 모이게 하여 1~2분 정도의 시간 내에 생각을 정리하고 질문을 생각해 보게 한다. 이때 분위기를 전환하고 효과적으로 내용을 검토할 수 있게 한다. 그러나 질문과 대답 부분에는 제한 시간을 두라. 질문과 대답을 시작하기 전에 미리 제한 시간을 모두에게 알려 주라.

나. 몸의 움직임

강사가 방의 이쪽에서 저쪽으로 움직이거나, 참석자들을 직접 움직이게 함으로써 전환한다는 것을 나타낼 수 있다. 예를 들어 나는 가끔 질문에 대한 대답을 적게 한 후에 참가자 모두를 일으켜 세운다. 모든 사람이 일어나면 몇몇 사람들에게 답을 발표해 달라고 요청한다. 여기서 움직임을 전환방법으로 사용할 뿐 아니라 참가자들에게 몸을 움직일 수 있는 약간의 휴식 시간도 제공한다.

다. 미디어 활용

예를 들어 당신이 미디어를 전혀 사용하지 않았다면 이제 플립차트를 펼칠 때이다. 새로운 도구를 소개함으로써 전환을 나타낼 수 있다.

라. 미디어 변화

예를 들어 플립차트를 치우고 파워포인트를 꺼내면 전환의 신호가 될 수 있다.

마. 간단한 요약

나는 가끔 프레젠테이션을 중단하고 참가자들에게 이제껏 모은 그들의 행동 아이디어를 개인별 또는 그룹별로 나타나게 한다. 소그룹이라면 나눈 이야기 중에 두세

---

28) 앞의 책. pp.241~242.

개를 리더가 발표하게 한다. 이 간단한 요약은 이제까지 어떤 요점을 이야기하였는지에 대한 피드백을 주고, 다음 주제로 넘어가기 위한 전환방법이 된다.

바. 재집중

토의가 만약 옆길로 빠지는 것 같을 때 나는 다음과 같은 말을 한다. '방금 홍길동 님이 이야기하기 전에, 우리가 무엇에 대해 이야기 하고 있었지요?

누군가가 우리의 이전 주제를 이야기 할 것이다. 그러면 시간을 낭비하지 않고 참가자를 당황하게 하지 않고도 토의를 제자리로 되돌릴 수 있다.

사. 중단

잠깐의 침묵은 프레젠테이션의 한 부분이 끝났고, 이제는 다음 부분으로 넘어갈 것임을 나타낸다.

4) 질문 주고 받기/효과적 질문 전략(Q&A)

(1) 교육생에게 질문하기

강의실 안에서 일어나는 상호작용의 대부분은 교육생들의 질문과 교수자의 답변, 교수자의 질문과 교육생들의 답변이다. 그러나 많은 교수자들이 이 방식을 포기하고 일방적인 강의를 함으로써 교육생들과의 의사소통을 단절해 버린다.

교육생들이 질문에 답하게 하고 또한 질문을 하도록 만들기 위해서는 몇가지 질문의 전략이 필요하다.

가. 질문의 준비

① 사소한 것보다 핵심적인 내용을 질문할 수 있도록 질문의 내용을 정한다. 교육생들은 교수자의 질문 내용에 따라 학습한다. 교수자가 질문하는 내용을 중하게 여기고 이를 중심으로 공부하고 학습한다. 그러므로 덜 중요한 것을 질문하면 교육생들은 중요한 것과 덜 중요한 것을 혼동하게 된다.

② 질문을 미리 써서 강의시간에 갖고 들어간다. 강의시간 중에 더욱 좋은 질문이 생각나면 그 질문으로 대체한다. 그렇지만 준비된 질문이 있으므로 더욱 좋은

질문이 생각났을 것이다.

나. 질문하는 전략

① 질문을 먼저 한 다음 답할 사람을 찾는다.

질문을 먼저 한 다음→답할 사람을 찾고→답할 사람이 없는 경우, 지명을 한다. 먼저 사람을 지명하고 질문을 던지면 해당 교육생만 열심히 답을 고민하고 나머지는 방관자가 되기 쉽다. 모두들 수업에 참여시키려면 질문을 먼저 던지는 것이 중요하다.

② 질문을 한 다음에는 대답할 동안 기다려준다. 질문을 던지고 약 3~5초의 시간을 준다. 연구에 따르면 보통 교수자들은 질문을 하고 1초의 시간도 기다려주지 않는다고 한다. 교육생들이 장학퀴즈식의 바른 대답을 하는 훈련을 위함이 아니면, 사고할 시간을 주는 것이 필요하다.

사람이 시간을 낭비하는 것은 일종의 자살이다.

- 해리팩스

---

(2) 교육생의 답변듣기

가. 대답하는 교육생을 주시한다.

교육생이 질문에 답하는 동안, 교수자가 다른 교육생들이 질문에 집중하는지를 살피는 것보다 질문하는 교육생을 바라보며, 경청하는 것이 좋다. 교육생의 말에 끄덕이며 표정이나 몸짓으로 지지하는 분위기를 표현하면 더욱 좋다. 교육생의 말에 교수자가 관심을 가지고 있음을 충분히 표현해야 한다.

나. 교육생의 대답 끝나고 기다리는 시간을 갖는다.

교육생의 대답이 끝났다고 생각한 다음, 1~2초간 기다린다. 간혹 대답이 끝났다고 생각했으나 그렇지 않은 경우도 있기 때문이다.

다. 교육생의 대답을 교수자가 정리한다.

교육생의 대답이 끝난 다음, 이를 정리요약하고 교육생의 대답이 맞는지 확인하는 절차가 필요하다. 이러한 과정은 대답을 한 학생을 위해서도 필요하며, 강의실 전체가 교육생의 대답을 제대로 듣고 이해할 수 있도록 하기 위해서도 필요하다. 이러한 과정은 교수자가 교육생의 이야기를 열심히 들었음을 확인시켜주며, 다른 교육생들도 해당 내용을 제대로 정리할 수 있도록 도와준다.

라. 교수자가 기대하는 답이 나오지 않더라도 유연성을 발휘하여 반응한다.

교수자가 유연성을 갖고 반응을 해야 교육생이 자유로운 분위기에서 자신의 생각을 표현할 수 있게 된다.

(3) 교육생이 질문하도록 만들기

교육생이 질문이나 질문에 대한 답변을 자연스럽게 할 수 있는 분위기를 조성해야 한다. 교육생이 질문을 할 때에는 성의없이 대하지 말고 친밀한 분위기로 대한다. 이러한 모습을 보면 다른 교육생들도 편안한 마음으로 질문할 수 있다.

예를 들면 '그것 참 좋은 질문입니다' 라든가, '그러한 점을 지적하다니 놀랍습니다.' 와 같이 교수자가 반응하면 교육생은 강의실 내에서 의사표시를 하는 것을 두려워하지 않게 된다.

많은 교수자들이 교육생들에게 질문이 있느냐고 매시간 물어본다. 하지만 곰곰이 생각해보면, 진정으로 교육생들의 질문을 받으려고 했는지는 의문이다. 흔히 '질문이 있습니까?' 라고 물은 다음 그 물음과 동시에 '좋습니다. 질문이 없으면 계속해서 진도를 나가겠습니다'라는 식이다. 사실은 질문이 있느냐고 물어본 다음에는 몇초라도 기다려주어야 하는데 말이다. 말로는 질문을 받는다고 하지만, 사실은 질문을 피하고 있는 것이 아닌지 자신의 내면을 살펴볼 필요가 있다. 질문을 피하고 있다면 이는 강의준비나 자료가 불충분하여 강의에 대한 자신이 없기 때문이다.

교육생들이 자유롭게 질문할 수 있는 강의실을 만들어 시간이 지난 뒤 교육생들이 그 교수자를 생각할 때에 '우리들의 유치한 질문까지도 모두 성의 있게 대답해 주었다.' 라고 기억되는 교수자가 되기 바란다.

(4) 교육생의 질문을 받는 전략

교육생이 질문을 하는 경우, 질문한 교육생과 교수자만의 대화가 되지 않도록 주의한다. 질문을 받으면 큰소리로 되풀이한다. 특히 앞줄에 앉는 교육생들이 질문도 활발히 한다.

교육생의 질문을 들은 다음에는 교수자가 이를 명확히 이해했는지 반드시 확인하여야 한다. 이러한 확인절차가 없으면

교육생의 질문을 할 경우에는,
① 질문하는 교육생에게 집중하고
② 질문에 대한 설명은 전체를 바라보며 하며
③ 설명이 끝난 직후에는 질문한 교육생을 다시 쳐다보지 않는다.

질문한 교육생을 바라보며, 확인을 구하게 되면 지금까지의 내용이 교수자와 질문한 교육생 둘만의 대화로 마감되기 때문이다.

(5) 질문의 답을 모르는 경우

간혹 교육생의 질문에 답변을 못할 경우가 있다. 교수자가 답을 모르면서 둘러대거나 얼버무리는 것에 교육생들은 속지 않는다. 강의실에서 가장 어리숙한 교육생이라도 교수자가 답을 모르기 때문에 당황하고 있다는 사실을 알아차린다.

교수자라고 해서 모든 것을 다 알 필요는 없지만, 반드시 정직해야 할 필요는 있다. 정직하지 않으면 교육생으로부터 존경을 잃을 것이다. 답을 모를 때에는 솔직하게 말한 다음, 다음 시간까지 답을 주겠다고 약속하라. 그리고 그 약속을 반드시 지켜라.

시간을 가장 서투르게 쓰는 자가 그것이 짧다고 불평한다.

- J.라브뤼에르

(6) 그룹 참가자에 대한 질문과 대답[29]

전환의 첫 번째 방법이 질문과 대답이었는데 이것에 대해 조금 더 자세히 살펴보기로 하자.

질문은 대화를 촉진시키고 의사소통을 하는 데 매우 훌륭한 도구이다. 프레젠테이션에서 질문을 활용하는 몇 가지 핵심 포인트가 있다.

① 질문을 미리 계획하라. 프레젠테이션에서 언제 무슨 질문을 할 것인지 생각해 둔다.

② 각 질문의 목적이 무엇인지 생각한다. 일반적으로 질문은 정보(예: 어디에 사십니까? 직원 수가 몇 명이지요?) 또는 의견(예: 이 아이디어에 대해 어떻게 생각하십니까? 혹은 이 계획이 효과가 있을까요?)을 구할 때 사용된다.

③ 질문을 할 때는 참가자나 개인의 경력이나 관심사에 연결시켜라.

④ 일반적인 질문에서 시작하여 구체적인 것으로 좁혀나가라.

⑤ 한 질문은 한 가지 주제로 제한하라.

⑥ 짧고 명확하고 이해하기 쉬운 질문을 하라. 예를 들어 다음과 같은 질문은 하지마라. '다음의 가망, 약속, 프레젠테이션, 등록, 추천 등 다섯가지 판매 주기 중에서 무엇이 제일 중요하다고 생각하십니까?' 써 놓으면 간단한 질문 같지만 개인이나 참가자에게 말로 물어 볼 때는 플립차트나 파워포인트로 요점을 정리한다. 예를 들어 판매 주기의 핵심 파트를 파워포인트로 보여준 후에 어떤 것이 중요한지 물어본다. 그렇게 하면 판매의 다섯 가지 주기를 외우느라 질문이 무엇인지 듣지 못하는 경우는 없을 것이다.

⑦ 질문 사이에 논리적인 전환을 만들어라.

⑧ 당신이 토의를 진행하고 있을 때, 처음에는 그룹에게 질문하고 그 다음에 개인에게 질문을 한다. 학습을 할 때 질문의 목적은 학습 효과가 일어나게 하는 것

---

29) 앞의 책. pp.242~244.

이지 시험을 보는 것이 아니다. 작은 그룹들이 질문에 대한 답을 토론을 통해 답을 이끌어 내게 하는 것은 더 많은 사람들을 참여하게 하고, 모든 사람들을 복습하게 해서 더 많은 내용을 더 깊이 기억하도록 해준다. 질문은 자는 사람을 깨우거나 사람들을 무지하다고 생각하게 해서 모든 이의 입을 닫아 버리게 하는 데 사용하는 도구가 아니다.

⑨ 단순히 '예', '아니오'로 대답할 수 있는 질문, 또는 답이 암시되어 있는 질문은 피한다. 그리고 참가자가 대답할 시간도 주지 않고 강사가 미리 답을 이야기하는 일은 없도록 한다.

⑩ 일단 질문을 했으면 대답을 방해하지 말라.

(7) 질문에 답하기

내용(무엇을 물어보는지)과 의도(무슨 의미인지) 모두를 파악하라. 다시 말해서 질문 뒤에 숨겨져 있는 느낌과 감정도 다 파악하라는 것이다. 질문 하나하나를 인정하고 되받아 말함으로써 당신이 제대로 이해하고 있다는 사실을 보여주라. 필요한 경우에는 '제가 이해한 바로는 당신이..........'라고 명확하게 확인하라.

정확하고 확실하게 대답하도록 하고 질문한 사람의 만족도를 확인하라. '제 말이 충분한 대답이 되었나요?' '당신이 알고 싶어 하는 것에 대해 제가 다 이야기했나요?' 등 부가적인 보충 설명, 증명, 명확성 등을 줄 수 있도록 준비하라.

질문에 대답할 때 다음의 다섯 가지 행동은 하지 않는다.

① 무응답
비록 어떤 사람이 너무 많은 질문을 하더라도 그 사람을 무시하지 않도록 한다.

② 질문이 부적절하고 어리석거나 시간낭비라는 느낌을 주는 것

③ 질문을 다른 방향으로 바꾸는 것

④ 옆길로 빠지기
질문에 답하면서 이렇게 이야기하지 말라. '그 질문을 받고 보니 생각나는 이야기가 있군요........' 10분이나 걸리는 옛 전쟁 이야기를 하고 나면 아무도 질문이 무엇이었는지 기억하지 못할 것이다.

⑤ 두 가지 질문을 하나로 취급하기

두 사람이 비슷한 질문을 해도 따로 따로 대답한다.

4. 끝맺음[30)

강의에 대한 시작을 준비했듯이 강의에 대한 끝맺음도 준비되어야 한다. 강의가 끝나기 10분전부터 끝맺음을 시작하라.

① 이번 시간에 강의한 내용을 정리해주고

② 교육생이 배운 내용에 대하여 질문할 시간을 주고

③ (다음 시간에 이어질 경우)다룰 내용에 대한 예고와 읽어 올 부분에 대한 안내를 한다.

끝 종이 울리면 즉시 교육생을 보내주라. 3분만 더 강의를 하겠다고 사정해서 그들을 억지로 붙들어 놓을 수는 있겠지만, 그 3분의 강의는 아무런 효과가 없다. 아무리 훌륭한 강의법으로 좋은 내용을 가르쳐도 교육생은 더 이상 배우지 않는다. 그들의 마음은 이미 강의실을 떠났다. 이렇게 보면 끝 종이 울리고 나서도 수업을 하는 것은 교육생을 위하기보다는 교수자의 자기만족일 수도 있다. 끝 종과 더불어 학습은 더 이상 일어나지 않으니까.

강의가 끝난 다음, 교육생들은 서둘러 강의실을 빠져나가더라도 교수자는 횅하니 강의실을 떠나지 말고 강의실에 잠시 남아 있으시기 바란다. 칠판도 정리하고 자료도 챙긴다. 그러다 보면 무언가 질문하러 오는 교육생이 있기 마련이다. 교육생으로서는 여러 동료들이 있는 가운데 교수자에게 질문을 하는 것보다 교수자와 조용히 이야기 하는 것이 훨씬 편안하기 때문이다. 교수자가 늘 강의실에 끝까지 남아 있다는 것을 교육생이 알게 되면, 교수자에게 질문을 하려고 남는 교육생이 생겨난다. 저절로 강의실의 상호작용이 높아지기 마련이다.

---

30) 연세교육개발센터. 앞의 책. pp.80~81.

제7절 시각 교구

1. 시각교구의 중요성[31]

시각교구가 적절히 사용될 경우, 주어진 시간내에서 보다 많은 학습을 할 수 있다는 연구결과가 있다. 시각교구는 일반적으로 비추는 것과 비추지 않는 것, 두 가지로 나눈다. 비추는 시각교구는 필름, 비디오테이프, 슬라이드, 필름 스트립, 컴퓨터 그래픽 등이다. 비추지 않는 시각교구에는 사진, 포스터, 플립차트, 모델, 지도, 오디오 테이프, 게시판, 칠판 등이 포함된다.

시각교구를 잘 기획하고 사용해야 하는 이유는 다음과 같이 열 가지가 있다.

① 주의를 환기시키고 유지시키기 위하여
② 아이디어를 강조하기 위하여
③ 구체적으로 설명하기 위하여
④ 오해의 소지를 없애기 위하여
⑤ 기억력 향상을 위하여
⑥ 현실감을 더하기 위하여
⑦ 시간과 경비를 절약하기 위하여
⑧ 생각을 정리하는 것을 돕기 위하여
⑨ 주요 포인트를 확인하기 위하여
⑩ 자신감을 갖게 하기 위하여 등이다.

2. 기자재의 활용[32]

강의에서 3가지 이상의 개념을 다룬다면, 파워포인트, 슬라이드, 비디오 등의 기자재가 도움이 된다.

---

31) 밥파이크. 앞의 책. pp.93～97.
32) 연세교육개발센터. 앞의 책. pp.58～59.

1) **연구에 따르면**(Kornikau et al., 1975)

① 말로만 가르치면 3시간 후 70%를 기억하고, 3일후에는 10%

② 보여주기만 할 때는 3시간 후 72%를 기억하며, 3일 후에는 20%

③ 말을 하면서 보여줄 때는 3시간 후 85%를 기억하며 3일 후에는 65%를 기억한다.

2) **연구에 따르면**(Pike, 2001에서 재인용)

① 미각을 통해서는 1%

② 촉각을 통해서는 1.5%

③ 후각을 통해서는 3.5%

④ 청각을 통해서는 11%

⑤ 시각을 통해서는 83%를 학습한다.

시각적 기자재를 활용하는 것의 효과를 입증하는 연구다.

3) **파워포인트를 구성하여 사용할 때에는**

① 여백을 충분히 남겨 놓는다.

② 단순하게 만든다. 한 컷에 너무 많은 개념을 담으려 하지 말라. 한 컷에 개념 하나를 담는다고 생각하라. 한 컷에 두 개 이상의 개념이 들어가면 교수자가 첫 번째 개념을 설명하는 동안 두 번째 개념을 읽고 있다. 결과적으로 첫 번째 개념 설명을 열심히 안 듣게 되고, 두 번째 개념을 설명할 때에는 '아주 지겨워' 한다.

③ 교재의 내용을 모두 옮겨 놓지 말라. 핵심만 적어라. 더군다나 내용을 모두 옮겨 담고 이를 읽기까지 하면 교육생은 교수자가 소리내어 읽는 것보다 빠른 속도로 내용을 읽어버리고 딴 일을 한다.

④ 내용은 가로로 적는 것을 원칙으로 한다. 세로 읽기는 익숙하지 않다.

⑤ 파워포인트에 띄워놓을 내용은 복사하여 교육생에게 한 부씩 나누어 주라. 컴컴한 강의실에서 위의 내용을 받아 적으려면 고역이다.

⑥ 강의시 처음 30초간은 기자재를 사용하지 않는 것이 좋다. 주의가 산만해지기 때문이다.

⑦ 기자재에 기대고 강의하지 않도록 주의하라. 교육생을 바라보아야 한다.

⑧ 강의실을 캄캄하게 해놓고 파워포인트를 장시간 활용하면 많은 교육생이 잠들

어 버리므로 주의하여야 한다.

⑨ 교육생이 첫 눈에 시각적 자료가 말하고자 하는 내용을 알아차릴 수 있도록 만든다.

⑩ 글자를 적절하게 활용하라. 최소한 18포인트 크기나 그 이상을 사용한다. 굵은 글씨체와 단순한 글자 모양을 사용한다. 각 시각교구에 동일한 글자체를 사용한다.

⑪ 색상을 사용하되 너무 많이 쓰지는 말라. 한 장의 슬라이드에 두세 가지 색상이면 충분하다.

3. 좋은 시각교구를 만드는 방법[33]

프레젠테이션을 준비할 때 당신이 사용하는 모든 시각교구의 효과를 알아보기 위해 다음의 일곱가지 질문을 해보라.

1) 시각교구는 명확한가

한 눈에 보기에 명확한가? 당신이 전달하려는 의미를 잘 나타내고 있는가?

2) 쉽게 알아볼 수 있는가

참가자가 정보를 쉽게 읽을 수 있는가? 아니면 너무 복잡하거나 글씨가 너무 작아서 알아보기 힘들지 않는가?

3) 한 가지 아이디어만을 전달하고 있는가?

이야기 하고자 하는 중요 포인트를 알아낼 수 있는가?

아니면 한 가지 이상의 아이디어를 나타내어 참가자가 혼란스러워 하는가?

4) 연관성이 있는가

당신이 왜 이 시각교구를 쓰고 있는지 참가자가 알 수 있는가?

프레젠테이션의 내용과 부합하는가?

---

33) 밥파이크. 앞의 책. pp.110~111.

5) 재미있는가

참가자의 주의를 집중시키고 지속시키는 데 도움이 되는가?

6) 간단한가

참가자가 보기에 간단한가? 아니면 너무 자세하거나, 너무 그래픽이 많거나, 너무 화려하거나, 너무 다양한 종류의 정보가 많아서 집중하기가 어렵지 않은가?

7) 정확한가

이야기 하고 싶은 것을 정확하게 이야기 하고 있는가?

파워포인트를 보조자료로 활용하는 것이 효과적인 경우는 다음과 같다.

① 3가지 이상의 개념을 다루어야 할 때

② 복잡한 그림이나 도표

③ 다양한 색을 보여주어야 하는 그림이나 도표

④ 여러 장을 겹쳐 놓음으로써 3차원의 입체를 나타낼 때

제8절 이미지 메이킹

1. 보이는 모습의 효과[34]

효과적인 강의법을 위한 연구에 따르면 교수자의 말보다는 음성, 음성보다는 보이는 모습에 따라서 교수자에 대한 교육생의 신뢰도가 커진다.

•보이는 모습의 효과

① 교수자가 무슨 말을 하는지는 교수자에 대한 교육생의 신뢰도를 7% 설명하고,

② 교수자의 음성이 어떠했는지 교수자에 대한 교육생의 신뢰도를 38% 설명하며,

③ 교수자의 말할 때에 어떠한 모습이었는지는 무려 교육생의 신뢰도를 55%나 설명한다.

---

34) 연세교육개발센터. 앞의 책. p.66.

자신감이 없어 보이는 모습의 사람이 하는 말에 신뢰를 보내는 사람은 없다. 자신 감과 열의에 찬 교수자의 모습을 교육생은 보고 싶어 한다.

2. 교수자의 복장[35)]

1) 반드시 머리, 수염, 손톱이 정리된 모습으로 강단에 선다.
2) 액세서리나 옷의 색이 지나치게 화려한 것은 피한다. 이러한 경우, 교육생은 강의 내용보다 교육생의 옷에 주위 집중을 한다.
3) 주머니에 동전, 핸드폰, 열쇠를 넣고 만지작거리지 말라.
4) 양복/수트

대부분의 남자는 정장이 스포츠 자켓보다 더 멋있다. 게다가 키가 작은 사람은 정 장을 하면 더 크게 보이는 장점도 있다. 남자의 가장 전통적인 비즈니스 양복은 짙 은 블루, 혹은 회색의 싱글(저고리와 바지가 같은 색)이다.

5) 드레스/셔츠

셔츠는 양복만큼이나 입는 사람의 품위를 나타내는 옷이다. 아무리 고급 양복을 입어도 드레스 셔츠가 안 받쳐주면 옷태가 나지 않는다.

셔츠는 땀을 흡수해 몸을 쾌적하게 해주는 속옷이기 때문에 면이 원칙이다. 주름 이 안진다고 화학사를 많이 섞어 빤뜩거리는 셔츠를 입는 것은 고급스럽지 않다.

드레스 셔츠는 조금만 사이즈가 작아도 불편할 뿐 아니라 무척 촌스럽다. 드레스 셔츠는 상당히 풍성하다 싶은 느낌을 줄 정도로 넉넉한 사이즈가 제멋이 난다. 영화 에 나오는 18~19세기 유럽 남자 귀족들의 블라우스 풍의 느낌이랄까? 구체적으로 목칼라는 윗단추를 채우고도 손가락 3개가 여유 있게 들어갈 정도여야 하며, 팔 기 장도 책상에 손을 얹었을 때 손목뼈가 들러나지 않을 정도로 넉넉해야 한다. 특히 우리나라에서는 백화점 판매원들까지도 '셔츠는 원래 타이트하게 입는 것'으로 잘못 알고 있는 경우가 많으므로 주의하라. 기성 셔츠가 맞지 않으면(대부분은 그렇다) 맞 추어 입는 것도 좋은 생각이다.

---

35) 앞의 책. pp.67~68.

흰색 셔츠가 평범하다는 사람도 있지만, 웨딩드레스가 하얗기 때문에 진부하지는 않다.

6) 넥타이는 공식적인 자리에서는 붉거나 자주 계통이 일반적이다. 국가원수들이 공식적인 회담을 할 때에 어떠한 옷차림을 하는지 눈여겨 보라.

7) 양복을 입을 때에 흰색 양말은 금물이다.

3. 의상을 통한 이미지 메이킹[36]

1) 의상을 통한 이미지 메이킹(image making)에 대하여 보다 상세히 알아본다.

의상 공학을 도입하려는 사람에게 중요한 것은 우선 양복, 드레스 셔츠, 넥타이 등 셋을 조화시켜 성공적인 이미지를 창출할 수 있는 두 가지 원리를 이해하는 것이다.

첫째, 셋 중 둘을 단색으로 하고 하나는 패턴이 있는 것으로 한다. 예를 들어 감청색 양복에 흰 바탕에 하늘 색 줄이 있는 와이셔츠를 입는다면, 넥타이는 빨간색 단색으로 맬 수 있고, 만약 회색에 하얀 줄이 있는 양복을 입고 싶으면, 하얀 남방에 검정색 넥타이 같은 단색을 매면 단정해 보인다.

너무 단조롭다는 생각이 들면, 아주 공식적인 파티에 턱시도를 입은 남자들을 생각해 보라. 단색으로 까만 양복, 하얀 와이셔츠, 까만 넥타이, 심플하면서도 얼마나 세련돼 보이는가?

둘째, 기초 색상과 악센트 컬러를 조화시킨다.

양복을 기초 색상으로 하면, 와이셔츠나 넥타이 중의 하나를 악센트를 줄 수 있는 색깔로 할 수 있다. 양복을 밝은 색으로 하면 넥타이를 좀 어두운 것으로, 양복이 어두운 색이면 와이셔츠나 넥타이를 좀 밝은 색으로 입으면 된다.

양복 색깔은 역시 감청색이 가장 품위가 있다. TV에 비치는 국회의원들이나 회사의 윗사람들이 입은 옷 색깔을 보면, 왜 감청색을 입어야 하는 가를 알 수 있을 것이다. 다른 색을 입은 사람은 거의 없다.

회색은 파워를 상징하는 면이 있으나 미국에서는 대체로 세일즈에 종사하는 사람

---

36) 한국생산성본부(2004). 프레젠테이션의 응용, 서울 : 한국생산성본부. pp.52~59.

들이 입는 색깔로 되어 있다. 그러나 머리가 희끗해진 사람들은 쥐색 양복도 잘 어울린다.

와이셔츠의 소매 커프스를 양복 소매 밑으로 1인치 정도 보이게 하면, 품위 있고 단정한 인상을 줄 수 있으므로 여름이라도 중요한 자리라면 반소매 대신 긴 소매를 입는다. 와이셔츠 소매엔 커프링보다는 커프스에 달린 것을 선호하지만, 커프스 버튼을 해야 하는 와이셔츠라면 단순한 것일수록 좋다. 값보다는 색깔이 중요한데, 성공과 부의 상징인 금색이 가장 무난하다. 와이셔츠 주머니는 장식이므로 펜이나 연필을 꽂지 않는 것이 좋다.

왜 남자라고 해서 다양한 색깔을 이용하여 멋있게 보일 수 없겠는가? 요즘은 기분을 상승시키는 색깔들인 아주 엷은 복숭아색, 하늘색, 매색, 분홍색이 보편화 되어있다.

한 가지 유의할 점이 있다면 겨울철 와이셔츠 위에 입는 스웨터나 가디건은 정장이 아니라는 점이다. 정장을 하고자 할 때에는 조끼를 입는 것이 좋다.

넥타이를 맬 때는 단단하게 매서 매듭이 목 가까이 중심에 오도록 하고, 길이는 넥타이를 끝이 벨트 아랫단에 닿게 한다.

넥타이를 고를 때는 색깔이나 패턴이 너무 화려한 것보다는 눈에 덜 띄는 것이 낫다. 넥타이를 맨 것이 가슴에 네온사인을 하고 다니는 것 같은 인상을 주어서는 안 될 것이다.

넥타이 폭은 유행을 많이 타기는 하지만, 유행에 관계없이 폭이 너무 넓거나 너무 좁은 것은 피하는 게 좋다.

나이가 들면서 넥타이 폭을 점점 넓히는 사람들은 나이가 들어 아랫배가 나오면 그것을 가리기 위해 넥타이 폭을 점점 넓히는 멋을 아는 사람들이다. 사실 뚱뚱한 사람이 가느다란 넥타이를 한 것처럼 보기 흉한 것도 없다.

그럼 가장 멋있게 보일 수 있는 복장은 어떤 것일까? 카메라 앞에서 잘 보이는 것은 심플한 것이다.

남성의 경우에는 감청색 양복, 엷은 하늘색 단색 와이셔츠에 빨간 실크 넥타이, 이것은 미국 방송인의 유니폼 이라고 까지 불릴 정도로 인기 있는 콤비네이션이다.

여기에 조금 다양성을 주려면 넥타이를 무늬가 약간 들어간 것으로 하는데, 빨강에 자신이 없으면 자주색 계통도 무난하게 보인다.

회색 양복, 엷은 회색 무지 와이셔츠에 파랑과 녹색의 페이즐리 무늬의 실크 넥타이도 좋다. 또 연한 회색 양복, 하늘색 와이셔츠, 회색과 빨강 또는 회색과 감청색 넥타이도 무난하다.

양복, 와이셔츠, 넥타이 등은 신경을 써서 입고, 그것들을 보조하거나 돋보이게 할 수 있는 벨트, 구두, 양말 등 작은 것들에 신경을 쓰지 않으면 프레젠테이션의 전체적인 이미지와 가치가 떨어지게 된다.

벨트는 가볍고 단순한 것일수록 좋은데 보통 허리의 1~2㎝ 위로 맨다.

화려한 버클이나 장식이 많은 것은 청바지를 입거나 카우보이처럼 보이고 싶을 때나 하고 일반 직장인의 차림으로는 점잖은 것일수록 좋다.

벨트 색깔은 구두 색깔과 맞추는 것이 좋은데, 검정색과 밤색이 기초 색상이다. 미국에서 성공한 사람들 중에 벨트 대신 멜빵을 메는데 따라 한답시고 벨트와 멜빵을 동시에 하는 것은 어울리지 않는다.

신발은 얼굴 다음으로 눈에 띄는 것이다. 그래서인지 멋쟁이들은 신발에 까다롭다.

사실 양복은 세탁소에서 잘 다려진 것을 입었지만 구두에 먼지가 뽀얗거나 굽이 닳았다면 깨끗한 양복이 보일 리가 없다. 세계 어느 곳을 막론하고 지저분한 신발은 파워가 없음을 상징하는 것으로 알려져 있다.

그래서 이미지에 신경을 쓰는 사람들은 하루에도 신발을 두 번씩 닦고, 비가 오는 날이나 눈이 오는 날을 위해서 사무실에 깨끗한 신발을 여분으로 두기도 한다.

신발은 검정색이 감청색 양복은 물론 회색 등 아무 색깔이나 잘 어울리기 때문에 제일 무난하다. 밤색 신발은 밤색 계통 바지를 입었을 때나 캐주얼 한 차림에 더 잘 어울린다.

신발은 발 모양에 가장 가까운 것이어야 신었을 때 편안한데, 앞이 너무 뾰족하거나 뭉툭한 사각형으로 된 것은 피하는 것이 좋다.

양말색은 바지색에 맞추되 무늬가 있는 것은 피한다. 흔히 여름에 하얀색을 신는데, 이것은 정장에는 어울리지 않는다. 또 양말은 목이 긴 것을 신어서 다리를 꼬고 앉아도 속살이 보이지 않게 해야 한다.

특별히 TV에 출연하거나 모임에서 연사로 앞에 나가 앉을 때 짧은 양말이나 목이 줄줄 흘러내리는 양말처럼 이미지를 깎아 내리는 것은 없다. 빳빳하게 잘 다려진 손수건은 크리넥스와는 전혀 다른 '좋은 가문에서 태어난 잘 교육받은' 이미지를 준다. 구겨진 손수건, 때 묻은 손수건은 오히려 이미지를 손상시키므로 흰색 린넨으로 깨끗한 것을 갖고 다니도록 한다.

양복의 포켓 스카프는 유행을 타기는 하지만, 포켓 위로 끝이 살짝 나오게 하면 품위와 매력을 더할 수 있어 좋다.

색깔은 넥타이에 있는 단색으로, 아니면 하얀색이 좋고 넥타이 패턴과 같은 것은 피해야 한다. 옷감은 실크가 가장 좋은데 여름엔 하얀면도 좋다.

지갑은 검정색이나 밤색 가죽 제품으로 하되, 지갑을 꺼냈을 때 단정한 인상을 줄 수 있어야 한다. 명함, 메모 등 잡동사니로 불쑥 튀어나온 지갑이나 돈이 꼬깃꼬깃 나오는 지갑은 이미지를 손상시킨다.

경영자를 꿈꾸는 여성에게 가장 적합한 옷차림은 역시 정장이다.

2) **여성의 의상**

여성 프로페셔널의 경우, 옷의 디자인이나 컷이 남자 양복과 비슷할수록 권위적인 실력자의 이미지를 투사하는데 효과적이었다고 한다.

남자 양복과 마찬가지로 정장의 허리는 너무 강조되어서는 안되고 항상 긴팔 소매를 입는 것이 좋다. 치마길이는 무릎 바로 밑으로 내려오는 것이 좋으며, 미니는 유행이라도 피한다.

옷감은 겨울엔 100% 울, 여름엔 린넨이 가장 이상적이고 패턴은 격자무늬를 택한다. 남자들에게 성공의 상징인 줄무늬 정장은 여자들에게는 오히려 부정적인 이미지를 주는 것으로 나타났다.

색깔도 남자 양복과 같은 감청색과 회색이 가장 적합한데 둘 다 너무 진한 색보다는 중간정도의 색깔이 좋다. 낙타색, 베이지색, 검정색, 자주색도 사무실에 적합한 정장 색깔로 특별히 진한 자주색과 베이지색 정장은 상대방으로 하여금 신뢰감을 갖게 하는 색깔로 알려져 있다.

남성들에 비해 신체적으로 불리한 여성들이 자신의 존재를 알릴 수 있는 차림으로 회색정장에 흰색이나 자주색 블라우스 또는 쥐색 정장에 흰 색 또는 핑크빛 블라우스 콤비네이션이 가장 효과적이다. 빨간색, 노란색, 초록색 등의 원색은 눈에 띨지는 몰라도 덜 위엄 있게 보인다.

블라우스천은 100% 면이나 실크 같은 천연섬유로 색깔은 흰색, 청색, 감청색, 베이지색, 황금색, 자주색 등 정장 색깔에 따라 다양하게 선택할 수 있다. 한편 블라우스의 디자인은 프릴이나 레이스로 지나치게 여성스러움을 강조하기보다는 단순한 것 일수록 좋다.

원피스는 여성들이 여러 상황에서 가장 용이하게 입을 수 있는 옷이지만, 유행에 따라 길이나 디자인이 자주 바뀌기 때문에 경제성을 고려해야 하는 사람들이 장기적인 안목으로 사기는 어려운 품목이다.

사무실에 적합한 색깔은 정장과 마찬가지로 진한 청색, 감청색, 회색, 연회색, 베이지색, 밤색 등인데 특별히 회색에 하얀 줄무늬 원피스는 가장 권위적인 이미지를 투사할 수 있는 것으로 나타나고 있다.

꽃, 새, 배 등의 무늬가 있는 것은 여성적인 느낌을 주어 사교적인 모임에는 적합해도 야심적인 커리어 우먼이라면 그런 무늬를 선택하지 않는 것이 좋을 것이다.

또 아무리 유행이라 하더라도 어깨 패드가 너무 많이 들어가거나 장식이 너무 많이 달리거나 목선이 너무 많이 파인 것은 진지한 이미지를 투사하기 원하는 커리어 우먼들이 피해야할 디자인이다.

여성도 의상을 갖출 때 남성과 마찬가지로 끝마무리에 신경을 써야 한다. 특히 액세서리를 어떻게 연출하느냐에 따라 자신의 개성을 나타날 수 있게 할 수 있고, 눈에 띄게 할 수도 있는데 소재가 다이아몬드냐, 도금이냐에 따라 착용한 사람의 경제적 능력까지 나타낼 수 있는 중요한 부분이다.

액세서리를 가장 효과적으로 사용하려면 전체적으로 분위기를 맞추는 것이 중요하다. 부드러운 레이스 옷이라면 진주 귀고리를 하고 발레리나처럼 낮은 신발을 신어야 할 것이고 투박한 감을 쓴 옷이라면 손으로 만든 터키석 목걸이에 가죽 부츠가 어울릴 것이다.

또 체구와 옷의 실루엣에 따라 액세서리의 무게를 고려하는 것이 좋다. 두꺼운 겨울옷에는 무거운 장식을 달 수 있지만 얇팍한 여름 재킷엔 액세서리도 가벼워야 할 것이다. 체구가 큰 사람이 하늘하늘한 귀고리를 하는 것이나 체구가 작은 사람이 자기 체중보다 더 무거워 보이는 치렁치렁한 목걸이를 하는 것도 보기에 안 좋다.

왜냐하면 액세서리란 당신이 장점을 살리고 단점을 커버하면서 전체적으로 조화를 위해 꼭 필요한 것만 사용할 때 가장 효과적일 수 있기 때문이다. '적은 것이 많은 것이다' 라는 말도 이런 연유에서 나온 것인데, 커리어 우먼들이 특별히 새겨들어야 할 말이라고 생각한다.

스카프는 똑같은 옷에 다양성을 더해 줄 수 있어, 커리어 우먼들이 가장 효과적으로 사용할 수 있는 액서서리이다.

감은 역시 실크가 가장 좋고 패턴은 무지, 줄무늬, 체크, 페이즐리, 물방울 무늬가 사무실에서 근무하는 여성들에게 가장 적합하다. 너무 화려한 것을 피하고, 또 구태여 디자이너 사인이 있는 비싼 것을 하고 다닐 필요는 없다.

목걸이 역시 스카프와 같이 목선을 커버하면서 전체적인 이미지를 높이는 데 효과적이다.

귀고리는 얼굴을 돋보이게 하는 중요한 요소의 하나이다. 일반적으로 커리어 우먼들은 달랑거리는 귀고리보다 귀에 딱 붙은 금색 또는 진주 귀고리를 하는 것이 좋다.

또한 반지나 팔지를 잘하면 전체적인 분위기를 돋보이게 하지만 너무 많이 하면 허세를 부리는 듯한 인상을 주거나 시선을 손과 팔찌에만 집중시킬 수 있으므로 피하는 것이 좋다.

마른 사람은 큰 팔찌로 마른 것을 커버할 수 있지만, 너무 요란한 소리가 나는 것들은 피하도록 한다. 커리어 우먼은 반지를 하나만 끼거나 양손에 하나씩 끼는 정도가 적당하다. 알이 크게 튀어나온 것보다는 납작한 것이 일하는 여성으로서의 능률적인 이미지를 줄 수 있다.

신발은 각선미에 자신이 있는 사람이라면 너무 높지도 낮지도 않은 것으로 당신의 다리를 가장 아름답게 보일 수 있는 것을 택하라.

신발이 예쁘면 눈이 자연히 다리로 쏠리게 마련이다. 비즈니스 우먼에게 적합한 스타일은 앞뒤가 막히고 4~5cm 정도의 뭉툭한 힐이 있는 신발로 색깔은 감청색, 검정색, 밤색, 회색들이 가장 무난하여 선호되는 것으로 나타나고 있다.

남녀를 불문하고 향수를 사용하되 은은한 향을 풍기는 정도라야 한다. 스프레이보다는 손끝에 한방울 묻혀 귀 뒤쪽이나 손등에 문질러 주어야, 옷감에 향수가 직접 닿아 옷감이 상하는 것을 막을 수 있다.

제9절 참여활동 관리

1. 그룹참여

1) 참가자 중심 교육에서 꼭 기억해야 할 것[37]

그룹참여를 효과적으로 사용하기 위해서는 좌석배치, 소그룹 규모, 그룹리더 활용 등이 주요한 사항이 될 것이다. 여기서는 참가자 중심교육에서 기억해야 할 것 등과 같은 내용들을 알아본다.

(1) 정시에 시작하라. 늦게 오는 사람들을 기다린다면 모든 단계가 모두 늦게 시작될 것이고 결국 당신은 사람들에게 늦게 시작하는 것을 가르치는 셈이 된다. 당신이 정확하게 정시에 시작하는 것을 보게 되면 참가자들도 정확하게 시간을 지키는 것을 배울 것이다. 강의를 할 때는 크게 중요하진 않지만 유용하게 활용할 수 있는 보조자료를 갖고 시작하라. 그렇게 하면 정시에 온 사람들에게는 유익하고 늦게 온 사람들은 중요한 정보를 놓치지 않게 된다.

(2) 모든 그룹 활동을 완전히 마쳐야 하는 것은 아니다. 여러 부분으로 구성된 그룹활동을 순차적으로 하지 않아도 될 경우, 그룹별로 활동의 일부를 나누어 준 다음 발표를 시키면 참가자들이 모든 정보에 익숙해 질 수 있다. 이 방법은 짧은 시간에 많은 것을 할 수 있게 해주는데 만약 참가자들이 조금 더 많은 시간을 필요로 하면 그들의 요구를 받아 줄 수도 있다.

(3) 강사는 촉매자로서의 역할에 충실해야 한다. 자기의 생각을 일방적으로 설교하거나 강요하지 말고, 자신의 의견 쪽으로 토의를 몰고 가지 말라. 물론 당신은 이 내용을 잘 알고 있기 때문에 더 명쾌하게 요약할 수 있겠지만 우리의 목적은 그것이 아니다. 사람들은 자신의 발견과 통찰력을 가치 있게 여기는데, 만약에 참가자들이 당신과 경쟁하고 있다는 느낌을 갖게 되면 미리 포기하고 이렇게 말할 것이다. '그래요, 똑똑하신 양반, 당신이 다 이야기 하세요.' 그러고는 다시 참여하지 않을 것이다.

---

37) 밥파이크. 앞의 책. pp. 152~154.

(4) 상사의 이미지를 피하고 모범을 보여라. 참가자들을 비판하고 놀리고 당황하게 하면 그들은 당신을 존중하지 않을 것이다. 참가자들이 다른 의견을 제시하면 그에 동의하지 않더라도 그것을 존중하라.

(5) 참가자들의 이름을 외워라. 가능하다면 참가자 모두의 이름을 외워라.

(6) 참가자들이 서로 어울리게 하라. 그룹을 자주 바꾸어 전체 그룹의 단결력을 높이고 서로 친밀감을 느끼게 하라.

(7) 개인의 문제를 그룹의 문제로 만들어라. 누군가가 질문을 했을 때, '아주 흥미로운 질문이군요. 다른 사람들은 어떻게 생각하는지 물어볼까요?' 라고 이야기하면 덜 권위적면서 모범이 될 수 있다. 개인의 질문을 전체 과제로 바꾸어 토론하면서 참가자에게 많은 도움이 된다.

(8) 누가 옳고 그른지 참가자와 논쟁하지 말라. 그 대신 그들이 옳은 답을 찾는데 도움이 되는 자료를 활용하도록 도와주어라.

(9) 참가자들이 다른 사람들과 함께 일할 수 있게 하라. 함께 일하는 사람을 언제나 우리 마음대로 선택할 수는 없다. 같은 문제로 고민하고 해결책을 찾기 위해 협동심을 기르고 스스로 성장할 수 있다.

(10) 제일 먼저 도착하고 맨 나중에 강의실을 떠나라. 모든 자재를 미리 확인하라. 프로그램 진행을 위한 자료를 미리 준비하고 배치해 두라.

(11) 프로그램의 정신을 실천하라. 열정적이고 긍정적으로 참가자들을 배려하라.

(12) 친근감을 주는 리더십을 가져라. '중단 하세요', 등의 문장을 사용하지 말고 '시작할까요?', '시간이 다 되었네요' 등의 말을 사용하면 더 편하게 들릴 것이다. 참가자들은 스스로 통제하는 것을 좋아하는 어른들임을 기억하며 명령하기 보다는 제안을 하라.

(13) 토의 내용을 엿듣거나 토의에 끼어들지 말라.

(14) 조장이 발표시간을 준수하게 하라. 이 점에 대해 부드러우면서도 확실하게 해야 하는데, 이러한 통제를 하지 못하면 대부분의 참가자로부터 불만을 듣게 된다.

그룹참여에 음악을 활용할 수 있다.
· 밝고 경쾌한 음악으로 참가자들을 자리에 앉게 할 수 있다.
· 개별 활동을 할 때에는 조용한 음악이 좋다.
· 보통 속도의 음악은 소그룹 대화를 계속하게 한다.
· 음악소리를 크게 하거나 낮춤으로써 활동시간이 끝났음을 알릴 수 있다.

2) 휴식시간 이후에 참가자들을 정시에 돌아오게 하는 방법[38]

(1) 시간
예를 들어 '13시 6분까지 쉬겠습니다' 처럼 일상적이지 않은 시각을 사용하라.

(2) 음악
휴식시간 도중에 음악을 틀고 휴식시간이 끝나는 것을 알리기 위해 소리를 높이거나 줄인다.

(3) 보상
사람들이 참여하도록 활동점수를 준다. 예를 들어 정시에 오는 사람들에게 1점씩 주고, 전체 테이블이 다 정시에 돌아오면 두 배의 점수를 준다.

(4) 시간 알리는 사람
한 사람을 지정하여 휴식시간이 끝나는 것을 알리게 하거나 벨을 울리게 한다. 강사가 하는 것보다 참가자가 하는 것이 더 효과적이다.

(5) 조명
휴식시간이 끝나기 5분전에 조명을 깜박인다.

(6) 퀴즈게임
휴식시간이 끝나갈 무렵 퀴즈나 퍼즐 등 간단한 활동을 시작하여 사람들이 자리로 돌아오게 한다.

---

38) 앞의 책. pp. 164~165.

(7) 힌트

휴식시간이 끝났을 때 참가자들이 의자에 앉도록 하기 위해 힌트를 알려준다. 늦게 오는 사람은 중요한 힌트를 놓치게 된다.

(8) 그룹 리더

각 테이블별로 그룹리더가 정시에 돌아오는 것을 책임지게 한다. 그룹리더는 휴식시간이 되었을 때 제일 먼저 자리에서 일어나는 사람이거나 맨 마지막으로 일어나는 사람이 될 수 있다.

2. 참가자 동기부여[39]

참가자들이 적절히 동기부여 되어 있을 때 학습에서 높은 효과를 올릴 수 있다. 그러면 성인들에게 어떻게 동기를 부여 할 것인가.

1) 필요를 느끼게 하라.

사람들은 끊임없이 자기 자신에게 '여기에서 무엇이 내게 도움이 되는가?'라고 질문한다는 것을 기억하라. 당신은 모든 프레젠테이션의 첫 부분에서 그들에게 도움이 되는 것을 이야기하는 데 시간을 할애해야 한다.

① 왜 이 정보가 필요한가?
② 어떻게 이익을 얻을 것인가?
③ 실제로 어떻게 활용할 것인가?

2) 개인적인 책임감을 키워 주라.

동기부여의 기본원칙을 기억하라. 즉 당신은 다른 사람에게 동기부여 할 수 없고 단지 그들이 스스로 동기부여 할 수 있는 환경과 분위기를 조성 할 수 있을 뿐이다. 학습에 대한 책임은 개인에게 있지만 학습할 수 있는 최고의 분위기를 조성하는 것은 당신의 책임이다.

---

39) 앞의 책. pp.75~92

그렇게 할 수 있는 효과적인 방법은 수업을 시작할 때 참가자들이 다음 사항을 이야기하도록 기회를 주는 것이다.

① 무슨 기대를 갖고 있는가?
② 기대하는 성과는 무엇인가?
③ 성과를 얻기 위해 기꺼이 할 수 있는 것은 무엇인가?

또한 참가자들에게 앞으로 유용하게 쓰일 자료의 일부를 배부하여 그들이 그 자료를 채워 넣게 할 수도 있다. 예를 들어 휴식 시간이 끝난 후 수업시간에 정확히 맞춰서 돌아오기 등의 방법을 이용하여 그룹의 책임감을 조성할 수도 있다.

3) 흥미를 불러일으키고 지속시켜라.

이를 위한 효과적인 방법은 계속해서 질문을 하고 격려하는 것이다 질문은 흥미를 자아내고 주의를 환기시킨다. 질문보다 대답하는 것이 더 잘 어울리는 경우는 전환할 때뿐이다. 흥미를 유발하고 지속시킬 수 있는 다른 방법은 게임이나 역할 연기 외에도 다양한 방법과 기법을 활용하는 것이다. 예를 들면 차트, 토의, 강의, 필름, OHP, 프로젝트, 사례연구 등이 있다. 참가자들의 주의를 집중시키고 학습과정에 참여시키기 위해서는 여러 방법들을 혼합하여 활용하도록 하라.

동기를 부여하는 또 다른 방법은 참가자들이 채워 넣은 자료를 제공하는 것이다. 예를 들면 과정이 진행되면서 주요 단어를 적어 놓을 부분 트랜스페어런시(Transparency) 또는 부분적 개요를 주는 것이다. 이 활동들은 참가자들을 학습과정에 참여시키고 그들에게 과정 후에 활용할 가치 있는 것들을 제공하여 준다.

이 간단한 방법들은 제한된 시간에 보다 많은 자료를 다룰 수 있도록 해준다. 잘 준비된 자료는 당신이 프레젠테이션을 아주 꼼꼼하게 준비했음을 참가자들에게 보여 준다.

4) 배운 내용을 생활에 어떻게 적용할 수 있는지 알려라.

당신이 하는 대부분의 프레젠테이션과 교육 프로그램에서 사람들은 '이것이 어떻게 내게 유용할 것인가?', '이것이 정말로 의사결정, 문제해결, 판매 등에 도움이 될 것인가?'에 대해 알고 싶어 한다.

물론 이론도 중요하지만 그들은 배운 것을 실제로 적용하고 싶어한다. 사람들은 그 이론을 어떻게 적용해야 실제 상황에서 일을 능률적으로 할 수 있는지, 그래서 자신들의 인생과 일이 얼마나 더 재미있어지는지 확인하고 싶어한다.

5) 인정하고 격려하고 승인하라.

하버드 심리학자 윌리엄 제임스(William James)는 '모든 사람의 가장 큰 욕구는 인정받는 것'이라 말했다. 대부분의 사람들은 칭찬의 물방울을 기다리는 마른 스펀지와 같다.

사람들은 누군가 무엇을 잘못하기만 하면 매우 재빨리 그것을 지적하지만 잘한 일을 인정하는 데는 시간이 오래 걸린다.

우리는 자신도 믿기 어려울 정도로 대단한 일을 해냈을 때 누군가가 우리가 성취한 것을 인정해 주기를 기다린다. 기다리고 또 기다린다. 결국 사람들을 붙잡고 우리가 한일에 대해 생생하게 설명한 다음 '정말 대단하군', '그것이 당신이 한 일이었어?', '엄청난 노력의 결실이군' 이라는 얘기를 듣기 바란다.

강사는 강의실 내에서의 칭찬의 필요성을 알아야 한다. 참가자들이 하는 말을 반복적으로 되풀이 하는 것이다. 예를 들어 세미나 중간에 누군가가 와서 바로 전 수업 내용에 대해 무엇인가를 이야기했다면, 다음 세미나가 시작될 때 긍정적인 방식으로 짧은 설명을 잘 수도 있다. '방금 우리가 배운 내용을 적용할 수 있는 방법에 대해 프란이 매우 재미있는 아야기를 했는데 우리가 함께 나눌 필요가 있다고 생각합니다.'

이렇게 간단한 방법으로 얻을 수 있는 효과는 무엇인가?

① 당신은 인정해 주었다.
② 프란을 격려했을 뿐 아니라 나머지 다른 사람들도 참여할 수 있도록 격려했다.
③ 당신이 피드백과 설명을 원한다는 사실을 명백히 보여 줬다.

칭찬은 강(river)처럼, 또는 RIVER처럼 흘러야 한다는 점을 기억하라.
① 무작위로(Random)
② 간헐적으로(Intermittent)
③ 다양하게(Variable)
④ 강회지속(Reinforcement)

'무작위'는 예측할 수 없는 시점에 칭찬하라. '간헐적'이라는 것은 가끔 칭찬하라는 뜻이다. '다양하게'는 매번 다른 방식으로 칭찬하라는 의미로 이 세 가지 원칙을 지킨다면 놀랄 만큼의 강화지속이 실현된다.

내가 미국 해군 사관학교의 생도로 있을 때 훈련 일정을 마치고 밴크로프 홀(Bancroft Hall)로 돌아오건 날이었다. 일곱 번째 복도에 들어서는 순간 자판기 옆에 사탕 껍데기가 있는 것을 발견했다. 아무 생각 없이 그것을 집어서 휴지통에 던져놓고 높은 계단을 뛰어 올라갔다. 갑자기 '생도, 정지'라는 말을 듣고 나는 곧장 멈춰선 뒤 소리 나는 쪽을 바라보며 외쳤다. '1학년 사관생도 파이크입니다.' 그 4학년 사관생도가 내가 집었던 종이가 내 것인지를 물어 보았을 때 나는 '아닙니다'라고 말했다. 그러자 그는 다른 사람이 나에게 그것을 집으라고 시켰는지 물어보았고 나는 다시 '아닙니다'라고 대답했다. 그는 나에게 왜 그 종이를 집어서 휴지통에 버렸는지 물어보았다. 내 대답은 '거기에 그 종이가 있으면 안되기 때문입니다'였다. 그는 내 부서의 전화번호를 물었고 사라졌다. 며칠이 지나서 나는 부서장의 사무실로 불려갔다. 그 4학년 생도가 편지를 보내왔기 때문이다. 편지에는 1학년 사관생도가 명령이 아닌데도 해야 할 일을 실천하는 모습이 신선한 충격이었다고 적혀 있었다.

지금부터가 이야기의 핵심이다. 그 후 10년이 지난 나는 처음으로 디즈랜드에 갔었다. 중심가를 걸어 올라가다가 종이조각 하나를 발견했다. 내가 그것을 집으려고 하자 어떤 흰옷을 입은 젊은이가 그것을 집어서 휴지통에 버리는 것이다. 그 순간 내게 디즈랜드는 지구상에서 가장 깨끗한 곳이 되었다. 나는 그 후 단 한번도 다시 편지를 바라지는 않았지만(사실은 하나도 받은 적이 없다!) 수천 번을 쓰레기를 주워서 버렸다. 매번 그러한 행동을 할 때마다 그 때 얼마나 기뻤는지를 기억했다.

6) 건전한 경쟁을 하라

건전한 경쟁은 사람들로 하여금 스스로를 돌아보게 해 준다. 사람들로 하여금 '나는 다른 사람과는 경쟁하지 않아, 내 자신과 경쟁하는 거야' 라고 이야기하게 하라. 그리고 '내가 현재 어디쯤에 와 있고, 어떻게 해야 더 나아갈 수 있을까?' 라고 묻게 하라.

7) 스스로 즐겨라

당신보다 참가자들이 프로그램과 내용에 더 열광하기를 기대할 수는 없다. 주제에 대한 당신의 순수한 열정을 사람들에게 보여 주라.

당신의 성향에 상관없이 다음 두 가지 방법을 사용할 수 있다.

첫째, 사람들과 만나라. 최소한 세미나 시작 15분전에 도착해서 사람들에게 주제와 참가자들에 대한 당신의 흥미와 열정을 보여 주고 그들과 이야기 하는 것이 좋다.

둘째, 눈을 맞추어라. 주제에 대해 자신이 없거나 관심이 없는 강사들은 절대 참가자들을 똑바로 보지 않는다. 그들은 '부드러운 응시'에만 익숙하여 이마 근처나 코 주위만 계속 바라볼 뿐 절대 눈을 맞추지 않는다.

8) 장기적 목표를 세워라

당신은 토의하고, 소개하고 가르치는 영역에 대해 그들이 자신감을 가지고 임할수록 장기적인 이익이 된다는 점을 깨닫게 하라. 어른이 아이들과 다른 점이 여기에 있다. 아이들에게 과제를 주면 아이들은 단순히 그것만 하며 특별히 그 과제가 다른 것과 연관되어야 한다고 생각하지 않는다. 하지만 어른들은 큰 그림을 먼저 보고난 후 그 다음 세부 조각에 초점을 맞춘다.

9) 개인적 동기를 인정하라

당신은 강사로서 동기를 갖고 있으나, 참가자들은 개인적이고 내적인 열망으로 동기부여가 더 잘될 수 있다. 따라서 그들의 개인적 동기를 인정하고 격려하라.

나는 관리자가 교육이 승진에 도움이 될 것이라고 생각하고 교육에 참가한 사람들을 보았다. 당신은 이것이 좀 치사한 이유라고 말할 수도 있지만 아예 이유가 없는 것보다는 낫다.

10) 참가자들 사이의 관계를 강화하라

강의실 내에서 참가자들에게 다른 사람들을 만나고 사귈 수 있는 기회를 주고 당신 자신도 참여하라. 일찍 강의실에 도착하여 늦게까지 머무르고, 휴식시간, 점심시간, 사교 시간에도 함께 어울릴 수 있도록 하라. 참가자와 관계를 맺는 것은 귀중한 일이지만 참가자들이 다른 사람과 관계를 맺는 것은 더 귀중한 일이다.

교육이 모두 끝난 후에 참가자들과 연락을 하고 만나는 것은 대단히 어렵다. 당신은 곧 그 그룹과 함께 일하게 될 것이므로 이 그룹을 다시 만나는 일은 더 어려워진다.

하지만 우리가 한 사람 한 사람과 친밀해진다면 교육이 끝난 후에도 충분히 관계를 유지할 수 있고 그들의 네트워크를 활용하여 그들이 배운 교육 내용을 실천하게 할 수 있다.

11) 선택할 수 있게 하라.

예를 들어 2~3개의 사례를 준비하여 참가자들에게 그 중 하나를 선택한 다음 연구하게 하거나, 또는 사전에 3개의 실행 활동을 준비하여 사람들로 하여금 그중 하나를 실행하게 하라.

우리 모두는 자기 인생을 스스로 통제할 수 있다고 느끼고 싶어 하는데, 선택을 할 때 그 기분을 느낄 수 있다.

개개의 모두를 흥분시킬 수 있는 연습문제, 과제, 사례나 활동들을 기획 하는 것은 불가능하다. 하지만 2개나 3개, 혹은 4개의 활동 과제 중 하나를 선택하게 하면 사람들에게 보다 개인적인 동기부여 환경을 조성해 줄 수 있다.

통제는 참가자들이 강의가 시작될 때 강사에게 넘겨주는 하나의 수단인데 이것이 없으면 강사가 강의를 진행할 수 없을 것이다. 현명하지 못한 강사는 참가자들이 자발적으로 넘겨준 통제력을 남용해서 자기가 통제하고 있다는 것을 과시하며 강의실 전체를 지배하려고 한다. 반면 현명한 강사는 가능한 한 빠르고 완벽하게 그 통제력을 참가자들에게 돌려줄 수 있는 방법을 찾는다.

이러한 방법 중의 하나는 참가자들에게 선택권을 제공하는 것이다. 물론 처음에는 선택권이 주어졌을 때 개인적인 책임이 뒤따른다는 사실을 참가자들이 인식하지 못할 수도 있다. 그러나 참가자들은 자신의 학습에 대해 개인적인 책임을 느끼기를 원하고 있으므로 선택권은 필수적으로 부여해야 한다.

그러면 의무감 때문이 아니라, 매우 자발적으로 프로그램에 참석하는 참가자를 만날 수 있게 될 것이다.

3. 참가자 관리기법

1) 참가자 관리기법의 장점[40]

창의적 교수법 하나인 참가자 관리기법을 사용하면 당신은 다음과 같은 장점을 얻을 수 있다.

① 모든 참가자의 참여를 극대화 시킨다.

② 참가자들의 비협조적인 태도를 줄인다.

③ 활달한 참가자의 의견을 많이 듣게 되지만 그렇다고 소심한 참가자들이 배제되지는 않는다.

④ 각 참가자들에게 리더십을 발휘할 기회가 부여되기 때문에 그들의 자신감이 증대된다.

⑤ 학습과정에 직접 참가함으로써 기술이나 지식을 더 잘 기억할 수 있다.

⑥ 그룹 활동을 통해서 각 참가자들에게 핵심 내용을 탐구하고 이해할 수 있는 시간을 더 많이 줄 수 있다.

⑦ 통제의 책임을 그룹으로서의 참가자들에게 넘기기 때문에 강사는 참가자들의 기술과 지식의 습득 여부에만 초점을 맞출 수 있다.

2) 참가자 관리의 7가지 핵심요소[41]

참가자들을 5~7명의 그룹으로 나누어라. 그룹이 이보다 작을 경우 한 사람이 토의를 주도해 버릴 수 있고, 이보다 클 경우에는 소심한 사람이 말할 기회가 줄어든다.

각 조원들이 서로를 볼 수 있도록 자리를 배치하는데 원형 테이블을 사용한다면 2/3정도만 앉게 하고, 강의장 앞쪽의 1/3은 비워놓아라. 원형 테이블이 없다면 두 테이블을 붙여서 양 방향에 두 명을 앉게 하고, 나머지 두 방향에 한명씩 또는 한 방향에 두 명을 앉게 하라. 아무도 강사와 등을 돌린 방향으로 앉게 하지 말라. 고정된 의자가 있는 커다란 강의실인 경우에는 주위의 5~6명이 한 그룹이 되도록 의자를 서로 둥글게 앉게 하라.

언젠가 강의장에 커다란 테이블 한 개만 놓여 있는 경우가 있었다. 그때 최상의 해결책은 아니었지만 테이블 위에 선 테이프를 가로로 붙인 다음에 서로 마주보고

---

40) 앞의 책. pp.348.

41) 앞의 책. pp.348~354.

있는 사람끼리 같은 그룹이 되게 하였고, 테이블 맨끝쪽 나머지 네명을 또 다른 한 그룹으로 만들었다.

3) 각 그룹의 조장을 선출하도록 한다.

조장은 계속하는 것이 아니고 임시직이다. 조장 역할을 돌아가면서 하게 해야 한 사람이 그룹 전체를 휘두르지 않게 된다.

4) 조장을 선출할 때 다양한 방법을 사용하라.

셋을 셀 때 손가락으로 조장이 되었으면 하는 사람을 지목하게 할 수도 있다. 또는 이전 조장이나 다음 조장을 선출하게 할 수도 있고, 가족 수, 애완동물의 수, 이사 다닌 횟수 등을 가지고 선출할 수도 있다. 이런 방법들은 웃음을 자아내서 엔돌핀이라 불리는 유익한 화학물질을 뇌로 전달하게 하는데, 그러면 학습에 도움이 되는 활기찬 분위기로 바뀌게 된다.

이러한 선출법이 별 의미 없이 보여도 이 방법은 내성적인 참가자들의 참여를 유도하면서 외향적인 참가자를 통제할 수 있다. 예를 들어 '자기 성에 획수가 가장 많은 사람이 조장이 됩니다' 라고 말하면 아마 '이'씨 성을 가진 사람은 조장이 될 수 없을 것이다. 또는 '몸에 가장 빨간색이 많은 사람이 조장이 됩니다' 라고 말하면, 빨간색 스웨터를 입은 내성적인 조장이 되어 그룹을 이끌게 할 수 있기 때문에 강사가 깊이 관여하지 않으면서도 통제를 할 수 있는 것이다. 이러한 참가자 관리기법이 강의실에서 한정되어 사용될 경우에는 조장들만이 전체그룹을 대상으로 이야기할 기회를 갖게 된다. 따라서 부정적인 태도를 가진 참가자가 강의 분위기를 망치지 않게 하려면 그 부정적인 태도를 가진 사람이 결코 조장이 되지 않도록 조절한다.

5) 조장이 설명 또는 문제들을 크게 읽게 한다.

이 방법은 읽기능력이 부족한 사람도 활동에 대한 내용을 이해하도록 도와준다. 어떤 경우에는 조장만이 활동 내용을 알게 할 수도 있지만 대부분의 활동에서는 각자가 모두 인쇄물 또는 개인 노트 등을 가지고 있다. 조원들 읽기와 듣기를 통해서 이해력이 증가될 수 있다. 또 다른 방법으로는 활동 내용을 슬라이드나 트랜스페어런시로 만들 수도 있다.

6) 조장이 자신의 그룹 토의 내용을 전체에게 요약 발표한다.

이 방법은 그룹의 생각들이 발표 될 때에 그 의견을 낸 조원의 익명성이 보장되므로 내성적인 사람도 안심하게 된다. 이러한 익명성의 보장은 교육환경을 편안하게 만드는 핵심사항이다. 만일 강사가 어느 참가자를 토의에 참가시키기 위해 그 사람의 이름을 부른다면 그 사람은 심리적으로 위축된다. 이런 교육 분위기에서는 감정적으로 불안해지고 의사소통 면에서 어려움을 겪게 된다.

무작위로 선택된 서기가 해당 그룹의 내용을 발표한다면 서기는 자신의 결론을 발표하는 것이 아니라 자신 그룹 전체를 결론을 발표하는 것이 된다. 따라서 그룹의 어떤 조원이 그 의견을 제시했는지를 강사는 알 수 없기 때문에 이러한 익명성이 정직한 의사소통을 가능하게 하고 안심을 준다.

7) 수시로 그룹을 재편성하라.

하루 일정의 프로그램의 경우에는 오전에 한 번, 그리고 오후에 한 번 정도 바꾸면 충분할 것이다. 더 긴 일정의 프로그램일 경우에는 과제물 등을 함께 하는 소속 그룹을 두고, 때때로 몇 시간 동안의 특정 활동들은 다른 그룹에 참가시키는 방법도 있다.

무작위로 그룹을 편성하는 방법으로는 번호를 부여하는 방법이 가장 먼저 떠오를 것이다. 또는 모두 테이블에 있는 여러 펜 중에 한가지 색의 펜을 선택하도록 한 후에 각 테이블을 '파란색 테이블', '초록색 테이블', '노란색 테이블', 로 지정해 줄 수도 있다.

무작위성을 통한 그룹의 이동은 순수한 운이기 때문에 참가자들의 불평을 막을 수 있다.

그리고 카드를 뽑든, 번호를 정하든, 펜을 집든 당신이 테이블을 마음대로 정할 수 있다는 점을 기억하라. 즉 비협조적인 참가자를 강의실 앞쪽으로 데려오고 싶다면, 그 참가자가 어떤 색을 선택했는지 힐끗 보고 그 색을 앞쪽 테이블의 색으로 지정하여 당신은 한 참가자를 원하는 대로 이동시킬 수 있다. 이러한 기법들이 사소해 보일지 몰라도 참가자들을 관리하는 당신의 능력에 아주 중요한 것임을 알기 바란다.

8) 질문을 하거나 답변을 할 경우 그룹을 이용하라

전체 그룹에 대해 '다른 질문 없습니까?' 같은 진부한 표현을 하지 않도록 하자. 이렇게 말하면 보통은 외향적인 사람들만이 질문을 하게 되는데, 아마 그들은 이전에도 질문을 했을 것이다. 이것은 내성적인 사람들은 질문이 없다는 뜻일까? 물론 아니다. 이것은 그저 참가자들이 편안하게 질문할 수 있는 방식을 쓰지 않았다는 것만을 의미한다. 다음과 같이 해 보자.

'각 그룹별로 다음 문제에 대해 토의 해봅시다. 90초의 시간을 드립니다. 시작!' 90초가 지난 후에 각 조장에게 그 그룹의 토의 내용을 물어본다. 질문의 경우에는 각 그룹이 2분 동안 묻고 싶은 질문 두 개를 생각해 내도록 한다. 2분이 지나면 또 시간을 제한하여 (예를 들어 10~15분 정도)답을 찾게 한다. 이때 한 참가자가 시간을 재고 5분 간격으로 남은 시간을 알려 줄 수도 있고, 화면에는 타이머를 나타낼 수도 있을 것이다.

제한시간이 다 지나면 조장 가운데 지원자를 받아 그 조장이 첫 번째 질문을 하게 하고 강사는 그것에 대해 답변을 한다. 이어서 그 조장에게 다음 질문을 할 다른 조장을 선택하게 하는 방식으로 계속하면 대단히 빠른 질문과 답변시간이 될 것이다. 그 결과 참가자들은 자신들이 가졌던 많은 질문에 답을 얻게 될 것이며, 당신은 시간을 통제할 수 있게 된다.

최근에 나는 내 생애 처음으로 참가자들의 반란을 경험하였다. 점심시간이 끝나고 돌아왔을 때에 참가자들이 강의실 배치를 바꾸어 놓은 것이었다. 당신이 이 장에서 읽은 것처럼 나는 분명히 한 테이블에 5~7명씩 앉도록 구성했었지만, 참가자들은 테이블들을 모두 붙여서 커다란 'ㄷ' 자 모양으로 만든 후 그 바깥쪽에 앉아 있었다. 그때 내가 어떻게 했을까? 나는 크게 신경 쓰지 않기로 하고 내가 해야 할 일을 계속 하기로 마음먹었다. 그래서 그룹을 다시 3~4명으로 만들고 의자를 테이블 뒤쪽으로 밀고, 그룹단위로 토의를 한 후에 각자의 내용을 발표하기로 했다.

첫 번째 그룹의 토의시간 동안 한 여성 참가자가 큰 목소리로 자기 이야기를 시작했을 때 다른 조원들은 조별 활동을 멈추고 그녀의 이야기에 집중했다. 나중에 그녀가 책상을 옮기도록 선동한 장본인임을 알았다. 그녀는 참가자들이 그룹별로 분리되어 있으면 전체를 통제하기 어렵다는 것을 알았기 때문에 책상을 옮겼을 것이다. 반대로 'ㄷ' 형태의 배치는 그녀가 원하는 때 언제나 참가자의 시선을 집중시키기 용이 했을 것이다.

강사인 나로서는 당연히 원치 않는 일이었다. 그래서 그 다음 토의 시간에 각 그룹마다 두 명씩 의자와 필기도구를 가지고 'ㄷ' 자 안쪽으로 와서 그룹별 토의를 하게 했고, 토의가 끝난 후에도 참가자들을 그대로 놔두었다.

마지막 단계로 다음 활동은 자신의 그룹에서 하는 내용을 다른 그룹이 봐서는 안 된다고 말하고 그룹별로 간격을 두면서 강의실 앞쪽을 바라 볼 수 있도록 배치해 달라고 했다. 그 결과 테이블 배치는 처음 시작했을 때와 비슷했다.

여기에서 강조하고 싶은 사항은 내가 각 단계마다 요구 사항을 참가자들에게 설명했고, 참가자들도 부탁한 내용을 이해하였다는 것이다. 이렇게 함으로써 그 여성이 자신의 말을 하기 위해 다시 테이블 배치를 바꾸지 못하도록 만들어 버렸다. 그날 이후 이 장에 나와 있는 참가자 관리 원칙들은 내가 경험했던 다른 어떤 것보다도 더 효과적이라는 것을 알게 되었다. 당신도 한번 사용해 보기 바란다.

9) 보너스

그룹별로 토의를 할 때에는 조용한 배경음악을 들려주어라. 음악은 서로 다른 그룹의 이야기를 들을 수 없도록 해 주어서 모든 사람들이 편안하게 대화할 수 있게 만든다. 가사가 없는 음악이나 익숙한 멜로디를 사용해서 참가자들의 생각을 방해하지 않도록 한다. 개별적인 작업을 할 때는 음악에 방해받는 사람들이 많이 있기 때문에 음악을 틀지 않도록 한다.

대부분의 사람들이 배우고 싶어 하고, 협동하고 싶어 하고, 참여하기 원하지만 때때로 그 방법을 알지 못한다. 이러한 참가자 관리 기법들은 그러한 사람들에게 길잡이 역할을 해 주는 동시에 다른 사람에게서 받는 방해 요소들을 최소화 할 것이다.

> 남의 잘못을 꾸짖기를 너무 엄하게 하지 말라. 먼저 그 말을 감당할 수 있는가를 행각해야 한다. 남을 선으로 가르침에 그 선을 너무 높은 것으로 하지 말라. 그 사람이 행할 수 있는가를 헤아려야 한다.
>
> - 채근담-

제10절 총정리 및 추가 아이디어

1. 학습자 흥미유발 10단계[42]

　당신에게 초점을 맞춘 채 의자에 똑바로 앉아 눈썹을 치켜 올린 20명의 또렷또렷한 얼굴 등을 상상해보라. 이들은 당신의 유머에 낄낄대고 웃을 것이고, 심도 있는 질문을 해 올 것이며 휴식시간에는 당신의 프레젠테이션이 매우 고무적이었다고 말할 것이다. 그러나 이것은 강사들의 희망사항으로 좀처럼 현실이 되기는 어렵다.

　참가자들로부터 그런 반응을 불러일으킬 수 없다는 것을 말하려는 것이 아니다. 만약 임의로 12개의 강의실을 찾아간다면 그중에서 이렇게 열중한 모습을 몇이나 볼 수 있을 것인가?

　그렇다면 무엇이 문제인가? 아무리 잘 준비되어 전달된 프레젠테이션이라도 이것이 지식을 전달하기 위한 적절한 방법이 아니란 말인가? 이에 대한 답은 상황에 따라 달라질 수 있다. 일반적으로 성인이 아이들보다는 시간이 긴 프레젠테이션에 더 잘 주의를 기울인다고 한다. 그러나 성인조차도 20분이 경과하면 주의가 흐려지는 경향이 있다. 이런 점에서 보면, 성인이라도 해도 한번에 너무 긴 프레젠테이션에서는 내용의 상당 부분을 놓칠 수도 있다.

　따라서 어떤 정보를 장기적으로 저장하기 위해서는 그 정보에 어떤 영향을 줄 필요가 있게 된다. 우리는 우리의 생각 속에 있는 정보를 조직화하여 과거의 경험과 이미 습득된 지식에 따라 그 정보에 의미를 부여할 필요가 있다. 잠자는 동안 외국어를 학습할 수 있다는 일부 주장은 제외하고, 강의실 한쪽 구석에서 꾸벅꾸벅 졸기나 하는 사람이 앞에 서있는 강사에게서 뭔가를 많이 배울 수 있을 것이라고 기대하는 트레이너는 거의 없다.

　학습하는 자 만이 배울 수 있다. 강사가 할 수 있는 최선의 방법은 프로세스를 돕는 것이다. 형식적인 프레젠테이션이 있기는 하지만, 여기서는 학습자의 흥미를 능동적으로 유발하는 10가지 단계를 제시하고자 한다.

---

42) 출처 미상

1) 학습자를 위한 내용을 결정하라.

강의에서 무엇을 배우고자 하는지 참가자들에게 물어라. 참가자들이 이에 대답을 하면 참가자들이 왜 그 자리에 있는지에 대한 보다 명쾌한 개념을 형성하도록 도움을 주기 위해 더 많은 질문을 하라. 참가자들이 생각하는 것들을 리스트에 올려 게시하여 강의가 진행되는 동안 참가자나 트레이너에게 상기하도록 하는 것도 좋은 아이디어이다. 사람들은 어떤 강의를 계획하는 과정에 능동적으로 참여한 경우 그 강의에 더욱 열심히 임하게 된다.

2) 자주 점검하라.

강의를 하는 동안, 중간 중간에 그 강의 내용을 참가자들에게 설명해 보도록 한다. 금방 들은 내용도 제대로 설명할 수 없다면 그 사람은 직무에 돌아간 이후에는 강의한 내용을 전혀 행할 수 없을 것이다. 당신이 사용하는 용어나 설명하는 개념을 학습자들이 제대로 이해하고 있는지 확인하라. 그러면 다른 방법으로 설명할 필요가 있는지, 또는 학습자들은 방금 듣거나 본 것을 설명하도록 요구 받기 때문에 강의 내용에 좀 더 주의를 기울이게 될 것이다. 이것만으로도 학습자들은 정신적으로 집중된 상태에 있게 하는 효과적인 방법이 된다.

3) 응용을 권장하라.

배운 것을 응용하는 것은 실용적일 뿐만 아니라, 고무적인 것이 된다. 예를 들어 문제 직원들을 어떻게 다룰 것인가를 매니저에게 가르치는 경우, 참가자들로 하여금 주어진 정보의 여러 측면을 실제 직무에서 마주치게 되는 것과 유사한 상황에서 활용할 수 있도록 토론이나 짧은 연극, 사례 연구, 롤 플레이 또는 시뮬레이션 등을 해 보도록 하라. 개념, 규칙 및 원리를 현실적인 시나리오에 응용함으로써 학습자들은 이러한 추상적인 것에 자신의 구체적인 의미를 부여하게 되고, 또한 지식을 자신의 의미 구조에 통합시키게 된다. 이러한 응용이 특히 효과적인 이유는 사람들은 대체로 자신의 의견을 통해 문제를 해결하고자 하기 때문이다. 이는 다른 사람들과 함께 관련된 상황에서 더욱 그러하며 사람들은 이런 활동을 통해 더 큰 자극을 받는다.

4) 테스트를 시행하여 피드백을 주라.

테스트를 시행하는 이유는 의도한 학습결과를 학습자가 얼마나 잘 성취해냈는가를 판정하기 위해서다. 그러나 대개 성인들을 대상으로 트레이닝을 실시하는 경우, 테스트를 하지 않는 경향이 있다. 물론 사람들은 테스트에 대한 부정적인 시각을 가지고 있으며, 아무도 자신의 실패를 보여주고 싶어 하지 않기 때문에 테스트를 회피하는 것은 상당수 이해할 만하다. 하지만 강의가 잘 기획되었을 때 그리고 학습자가 개념을 명확히 이해하고 원리들을 적용하며, 질문을 하고 문제를 토론할 수 있는 충분한 기회를 가졌을 때에는 테스트를 시행함으로써 강의내용의 상당한 정도가 학습되었음이 확인될 것이다. 또한 어느 부분이 제대로 학습되지 않았는지 밝혀질 것이다. 그리고 테스트를 시행하는 것은 주제에 대한 학습자의 흥미를 넓혀주는 경향이 있다. 테스트 결과가 매우 좋지 않은 것에 크게 당황하거나 침체되는 경우를 제외하고는 학습자들은 자신의 테스트 결과가 어떤지 또 그 올바른 답은 무엇인지를 알고자 한다. 그러므로 테스트는 학습 프로세스 및 실제 경험내용에 포함 될 수 있는 것이다.

5) 질문으로 시작하라.

정보를 주는 것으로 학습활동을 시작하기 보다는 질문을 하라. 가령 차별대우에 대한 불평에 대응하는 몇 가지 방법을 설명하는 대신에 다음과 같은 질문을 함으로써 학습을 시작할 수 있다.

'만약 어느 여직원이 승진 평가에서 차별대우를 받았다는 공식적인 항의를 제기한다면 당신은 어떻게 하시겠습니까? 우선, 어떻게 하면 그런 항의를 미연에 방지할 수 있을까요?'

강의의 주제가 문제 직원을 다루는 12가지 방법이라고 가정해 보자. 질문을 연속적으로 하는 것, 즉 한 번에 문제처리 방법을 한 가지씩 물어보는 것은 어떠할까? 여기서 흥미로운 사실은 한 번에 하나의 질문과 그 답에 대해 생각해 나가면서 학습자는 당신이 질문을 모두 마치기도 전에 학습자는 효과적인 문제처리를 결정하는 기본원리와 패턴을 조금씩 알아가게 된다는 것이다. 결국 학습자들은 당신에게 답을 기대하기 보다는 스스로 답을 찾을 수 있을 것이다.

6) 예상을 거스르라.

당신은 이 방법을 질문과 함께 자주 사용할 수 있다. 예를 들어 성과가 만족스럽지 못하다고 하여 직원을 해고할 수 있는 기회가 많았는가에 대해 매니저들에게 물을 수 있다. 그 중 일부는 그런 기회가 없었다고 대답할 것이다. 그러나 공정하고 적법하고 효과적인 방법, 즉 성과가 부실한 직원을 해고할 수 있는 유효한 방법은 있다. (매니저들이 믿고 있는 것과는 반대로)즉, 지난 수년간 수백명의 사람들이 성과가 부실한 이유로 해고되었음을 설명하면서 그 방법을 알고자 하는 매니저들의 흥미를 끌 수가 있다.

7) 학습자가 아는 것으로 시작하라.

이것 역시 학습자들의 흥미를 이끌 수 있는 자연스런 방법이다. 이것은 학습자들로 하여금 자신들이 익숙한 영역, 새로운 정보를 접하기에 안전한 장소에 있다는 느낌을 갖게 한다. 질문이 여기에서도 유효하게 작용한다.

① '반대되는 두 가지 행동이 있다고 어제 배웠습니다. 그것이 무엇인가요?'
② '네, 성과에 기초한 행동과 지시에 기초한 행동입니다.'
③ '그렇다면 성과에 기초한 행동이란 무슨 뜻인가요?'
④ '네, 사람의 직무 성과에 기초한다는 것이죠. 예를 들어 업무 완료 시한을 자주 맞추지 못하는 경우를 살펴보았죠.

오늘은 성과에 기초한 행동에 대해 좀 더 자세히 알아보기로 하겠습니다.'

이제 학습자들은 관련 정보의 구조를 재구성 하였을 것이고, 새로운 정보를 받아들일 준비가 된다.

8) 시각적인 방법을 이용하라.

시각적인 방법을 통하여 학습을 하는 사람에게 모든 정보가 말로만 전달되는 강의처럼 재미없는 것은 없다. 참가자들이 강사의 강의자료를 미리 살피는 경우, 대체로 그들은 강의를 듣게 될 내용을 시각적으로 표현한 것을 찾고 있는 것으로 이는 시각적인 정보에 더 잘 반응할 수 있기 때문이다. 간단히 말해서 글로 쓰여진 것은 충분히 검토하기 전에는 전달이 되지 않는다는 것이다. 강의 내용을 미리 시각적인 자료로 준비하지 않았다면 칠판이나 플립차트를 이용할 수 있다. 이러한 시도가 시각적인 학습자만을 위해 특별한 노력을 기울인다는 것으로 생각하지 마라. 시각적 자료의 효과는 모든 학습자들의 학습활동을 향상 시킬 수 있기 때문이다.

9) 미리 정보를 조직화하여 제공하라

정보를 미리 분류조직화 하는 것은 학습자가 의미 구조 내에 정보를 배치하는 데 도움이 된다. 예를 들어 당신은 소액 투자를 위한 투자 전략에 대한 강의를 계획중이다. 그 강의는 뮤추얼 펀드에 대해 참가자들이 이미 알고 있는 것에 대해 질문을 하는 방법을 이용하든 안하든, 이제 제공하게 될 정보를 조직화하기 위해 학습자들이 이용 할 수 있도록 지적 개요를 제공할 수 있다. 예를 들면 성장 펀드, 가치펀드, 일반 시장 지수 펀드, 부문 지수 펀드, 교환 매매 펀드와 같은 몇 가지 주요 펀드의 종류를 시각적으로 나열한 자료를 제공할 수 있다. 또한 각 펀드의 간단한 정의와 그것을 선택한 주된 이유를 설명할 수 있고, 리스크에 따른 펀드 유형을 열거할 수도 있다. 모든 정보를 도표화함으로써 학습자들이 카테고리를 파악할 수 있음은 물론 지식 영역에서 자신만의 정신적 지도를 만들어 낼 수 있는 것이다. 그러면 새로운 각각의 정보를 하나씩 소개함에 따라 학습자는 제공된 시각적 구조 내에 그 정보를 배치할 수 있고, 따라서 학습자들이 그 정보를 기억할 가능성이 더 커지게 된다. 시각적 분류자료를 제공함으로써 강의가 진행되는 동안 학습자들이 계속 참고할 수 있고 이해를 이룰 수 있는 토대가 마련되어 전달된 정보를 보다 더 잘 받아들일 수 있게 된다.

10) 유머를 활용하라, 농담을 하라는 뜻이 아니다.

매 강의를 실시할 때 마다 유머 감각을 발휘 하라는 것을 의미한다. 재미있는 실수나 우연히 발생한 유머러스한 사건 때문에 웃을 수 있는 기회는 많을 것이다. 누군가가 희생하여 발생한 유머의 경우, 사람들의 긴장을 풀게 하고 분위기를 자극하여 현재 진행 중인 활동을 보다 잘 받아들일 수 있게 해준다. 또한 강사와 참가자 사이의 유대가 이루어지고 학습에 대한 열의가 더욱 높아진다.

무엇보다 중요한 학습 원리는 10가지 단계를 모두 잘 지키는 것이다, 각 단계를 통해 학습자들이 학습내용을 받아들여 자신들의 이해구조 내에 그 학습내용을 둠으로써 언제든지 상기할 수 있도록 하고 또한 또 다른 의미를 구성할 수 있도록 해야 한다.

① 흥미유발은 학습 프로세스에 불을 붙이는 것이며, 학습자들이 행동하도록 자극한다.
② 흥미유발이 없다면 강의실 한쪽 구석에 앉아 있는 학습자는 강의 내내 졸고 잇을 가능성이 크다.

2. 학습자의 7가지 법칙[43]

1) 가르치는 사람의 법칙

가르치는 사람은 당연히 가르치는 내용을 알고 있어야 한다. 당신이 모르는 내용을 가르칠 수는 없다. 또한 준비된 교재를 가지고 준비된 자세로 가르쳐야 한다. 어떤 주제이건 가장 효과적인 강사는 자기가 가르치는 것에 대해 경험이 있는 사람이다.

지식에는 지적인 지식과 경험적인 지식 두 가지 종류가 있다. 사람들은 단지 주제에 대한 지식만 아는 사람에게서 배우기를 원하는 게 아니라 그 분야에 대해 살아있는 경험을 한 사람에게서 배우고 싶어 한다. 다시 말하면 단지 머리로만 아는 사람이 아니라 가슴으로 아는 사람에게서 배우고 싶어 하는 것이다.

참가자들과 나누게 될 경험을 위해 당신은 어떤 대가를 치렀는가? 이것이 사람들 앞에서 자신 있게 서서 하고자 하는 이야기를 할 수 있는 유일한 방법이다. 그리고 이것이 어떤 학습 환경에서든 당신이 배울 수 있는 유일한 방법이고, 당신의 그룹과 의사소통할 때 말할 소재가 떨어져서 곤욕을 치르지 않을 유일한 방법이다. 영국의 철학자 루이스가 한 말을 기억하라. '경험으로 이야기하는 사람은 절대 논쟁에서지지 않는다.'

단지 머리만 아니라 실제적인 경험으로부터 나온 지식과 가슴으로 아는 지식을 가지고 강의실에 들어갈 때 당신은 넘치는 힘을 가질 수 있다.

---

43) 밥파이크. 앞의 책. pp.355~360.

2) 배우는 사람의 법칙

배우는 사람은 흥미를 가지고 참석해야 한다. 만약 당신이 가르치는 것에 대해 흥미와 열정이 있다면 당신은 동기부여가 되는 환경을 조성할 수 있을 것이다. 학습자들이 '이 프로그램이 내게 어떤 도움이 되는가?' 라고 질문할 때 대답할 수 있어야 한다. 학습자는 자기 자신을 위한 이익을 얻고자 하는데 어떻게 그것을 얻어 낼 수 있을까? 그것들을 어떻게 적용하고 활용할 것인가?

'말을 물가로 몰고 갈 수는 있지만 물을 마시게 할 수는 없다'라는 말이 사실인 것처럼 참가자들이 갈증을 느끼게 할 수 있다는 것도 사실이다. 교육 프로그램이 자기 자신에게 얼마나 이익이 되는지를 알게 된다면 그들은 흥미를 가지고 집중할 것이다. 그리고 짧은 시간 동안 당신과 내가 기대하는 것보다 더 많이 배워 갈 것이다. 신념의 힘과 욕구의 힘을 과소평가하지 말라. 사람들이 자기 자신을 믿고 자신이 세운 목표를 믿을 때 우리가 상상한 것보다 더 많은 것을 이루어 낼 수 있다.

3) 언어의 법칙

학습자가 이해하기 쉬운 언어를 사용하라. 아무도 전문가가 아니기 때문에 우리는 기초부터 시작하여 학습자를 존중해야 한다. 그들이 서 있는 자리에서 시작하여 그들이 필요로 하는 자리로 데려다 주어라. 알고 있는 것에서 시작하여 모르는 것으로 가라. 만약 학습자들에게 익숙하지 않은 용어나 새로운 용어를 써야 할 때는 그것들을 즉시 설명해야 한다. 언어는 뛰어넘을 수 있는 작은 돌이 되어야지 걸려 넘어지는 장애물이 되어서는 안 된다.

4) 학습의 법칙

가르칠 때는 이미 알려진 사실이나 내용을 통해 학습할 수 있도록 해야 한다. 학습자들이 있는 곳에서부터 출발하고 그들이 이미 알고 있는 것부터 시작하라.

나는 성격심리학의 새로운 이론을 다루는 세미나에 참석한 적이 있다. 나는 상담과 심리학에 학문적 배경을 가지고 있기 때문에 강사가 무슨 이야기를 할지 정말 흥미가 있었다. 강사는 이렇게 프레젠테이션을 시작하였다. '내가 이야기하는 것을 이해하기 위해서는 이미 성격에 대해 알고 있는 것, 즉 프로이트, 융, 아들러, 매슬로우, 맥그리거, 로저스 등에 대해 배운 것을 기꺼이 잊어버려야 합니다. 왜냐하면 그들이 내린 성격의 정의를 생각하고 있으면 이것을 이해하는 데 어려움이 있기 때문이죠. 이 개념들을 처음 접했을 때 나 자신도 이해하지 못했는데 10개월 동안의 노력 끝에야 개념들이 어떻게 작용하는지 알게 되었어요.

이미 알고 있는 것을 생각하지 않는 것이 얼마나 어려운지 아는가? 90분간의 프레젠테이션이 끝나고 그 그룹 전체가 가진 공통적인 생각은 우리가 알고 있는 것을 잊어버리고 옛날 것과 일치되지 않는 새로운 개념을 배운다는 것이 거의 불가능하다는 사실이었다. 더군다나 프레젠테이션의 초반에 200명이 넘는 사람 중에서 40명 정도가 자리를 뜨고 난 다음이라 우리들도 끝까지 남아 있기가 힘들었다.

아마 강사는 이렇게 이야기했어야 할 것이다. '성격심리학과 성격의 여러 개념과 모델들을 조사해 보았더니 그 중 많은 부분은 아주 유용하지만 어떤 부분에는 문제가 있었어요. 예를 들어······' 그리고 성격에 대한 이론들을 간단히 검토한다. 예를 들어 '프로이트는 성격에 대해 이렇게 이야기했지요. 그리고 융은······' 몇몇 이론가들을 이렇게 이야기 한 후에 '이런 이유들 때문에 저는 오늘 소개하려는 새로운 개념에 관심이 생긴 것이지요. 아주 다른 개념인 것처럼 보이겠지만, 아마 여러분은 제가 제기한 질문들에 이 개념이 어떻게 답이 될 수 있는지 보시게 될 것입니다.' 이러한 접근은 우리의 사전 지식으로부터 얻을 수 있는 장점도 취하면서 동시에 숨어 있는 문제를 알게 해 줄 것이고, 새로운 지식을 받아들일 수 있는 준비를 시켜 줄 것이다.

5) 교육 과정의 법칙

학습자들 스스로 동기부여가 되도록 당신은 열정적으로 그것을 지도해야 한다. 사람들은 스스로 무엇을 발견했을 때 제일 효과적으로 배울 수 있다. 나는 사람들이 배우는데 세 가지 방법이 있다고 생각하는 데 그 중 처음 두 가지는 효과가 없어서 사용하지 않는다.

① 사람들에게 사실을 이야기 하라. 예를 들어 그룹 앞에 서서 이렇게 말한다. '여러분이 알아야 할 첫 번째 사실은 여러분 모두 형편없는 참가자들이라는 점이다. 자. 이제 효과적으로 경청할 수 있는 몇 가지 힌트를 드리지요.' 이 경우 당신의 참가자들이 '와, 내 문제를 지적해주어서 정말 고마운 걸, 어떻게 고칠 수 있지?' 라고 생각한다면 다행이다. 하지만 그들은 아마 이렇게 생각할 것이다. '나는 형편없는 참가자가 아니야. 당신이야말로 형편없는 강사인 걸. 재미

있는 것을 이야기하면 내가 들어 주지. 그렇지 않으면 나도 안 듣겠어. 내가 듣지 않는 이유는 내 문제가 아니라 당신 때문이야.'

② 통계자료를 활용할 수 있다. 예를 들어 당신은 이렇게 이야기할 수 있다. '최근의 모든 행동조사에 따르면 95%는 형편없는 참가자랍니다.' 불행하게도 방에 있는 모든 사람들은 아마 이렇게 생각할 것이다. '맞아, 당신 말이 맞아, 어떻게 그들을 도울 수가 있지? 내 상사가 이것을 들어야 하는데, 내 아내(남편)가 들으면 좋을 텐데. 내 부서원들이 여기 있어야 하는데,' 왜냐하면 우리는 '나는 아니다' 라고 생각하는 경향이 있기 때문이다.

③ 사람들 스스로 자신의 태도가 효과적인지 아닌지를 발견할 수 있는 상황을 만들어 준다. 그저 수동적으로 관찰만 하는 것보다 학습과정에 스스로 적극적으로 참여할 때 제일 효과적으로 배울 수 있다. 예를 들어 나는 지난 수년간 여러 교육과정에서 자료들을 말로 읽어 준 다음에 조금 전 한 내용이 무엇인가 테스트를 해 보았는데 참가자들은 대부분 낮은 점수를 받았다. 이것을 통해 그들은 더 훌륭한 경청자가 되기 위한 기술이 필요하다는 것을 실감한 것이다.

6) 학습 과정의 법칙

학습자는 배운 내용을 통해 스스로 스스로의 삶을 재창조해야 한다. 행동이 바뀌지 않는 한 학습은 일어나지 않는다. 이것은 단지 아는 것이 아니라 적용하는 것이기 때문이다. 강사와 학습자가 친밀하게 된다고 해서 학습이 자동적으로 일어나는 것은 아니다. 가능한 한 많은 감각을 동원하고, 당신이 할 수 있는 많은 접근법을 사용하여 학습자들로 하여금 그들이 배우기를 원하는 자료들을 갖고 활용하게 하라.

7) 복습과 적용의 법칙

학습자 모두가 내용을 습득했는지 확인하고 실제 생활에서 적용하도록 강조해야 한다. '이것을 실제 생활에 어떻게 활용하겠어요?', '배운 것을 적용하면 무엇을 얻을 수 있나요?' 라고 질문하라.

우리는 메헤라비안의 연구결과를 통해 어떤 정보를 단기적 기억에서 장기적 기억으로 옮기려면 어느 정도 시간 간격을 두고 6번 이상 반복해야 한다는 사실을 알았다. 그러나 강사가 그것을 반복하기 보다는 참가자들 자신이 직접 참여하면 할수록 기억 속에 더 강하게 남을 것이다.

학습에 대한 이러한 일곱 가지 법칙을 검토하고 적용하면 당신은 보다 효과적인 강사가 될 수 있을 것이다. 제1법칙은 '강사로서 당신은 가르치는 내용을 개인적으로 적용해 본 경험이 있는가?'이다. 제 2법칙은 '프레젠테이션을 통해 <이 안에서 무엇이 내게 도움이 되는가?>라는 참가자의 질문에 당신은 일관되게 답을 하고 있는가?'이다.

제3법칙은 '참가자들이 이해 할 수 있게 이야기하고 있는가? 혼자서 연습해 본적이 있는가?' 이다. 제4법칙은 '알고 있는 것에서 시작해서 모르는 것으로 가고 있는가?' 그들이 현재 있는 곳에서 출발하고 있는가?' 이고, 제5법칙은 '사람들을 참여시키고 있는가?'이다 제6법칙은 '행동이 변하지 않는 한, 학습은 일어나지 않는다. 단지 당신이 할 수 있는 것을 보여주는 단계를 넘어서 그들이 그렇게 할 수 있도록 해야 한다'이다. 제7법칙은 '실제 상황에서 어떻게 적용되는지 사람들에게 알려 주고 있는가?'이다.

> 인내심을 가져야 한다고 생각한다면 교육자로서는 낙제다. 애정과 즐거움을 가져야 한다.
> - 페스탈로치-

3. 실수 및 성공적인 요소

1) 22가지 치명적인 실수[44]

참가자들을 중간에 뛰쳐나가게 하고 환불을 요구하게 하며, 항의편지를 쓰거나 여러 가지 방법으로 당신의 프레젠테이션과 강연, 그리고 노력들을 깎아내리게 하는 잘못이 있다.

수년에 걸쳐서 나는 청중들에게 자신들이 참석한 프레젠테이션에서 주의를 산만하게 하는 치명적인 요인에 대해 물어보았는데 다음 항목이 반복해서 나왔던 22개 내용들이다. 이 책에는 이와 같은 치명적인 잘못된 요소들에 대한 해결책을 담고 있

---

44) 앞의 책. pp. 360~370.

다. 그러나 그 문제들을 분석해 보고 이것들이 우리의 프레젠테이션에 어떻게 영향을 미쳤는지를 알고 난 후에 이 책을 해결책으로 이용하는 것도 좋다.

우선 가장 많이 부각되는 문제점부터 찾아보고 그것을 해결해 보도록 하자.

(1) 준비가 안 된 것처럼 보인다.

실제로 준비가 안 되어 있다는 것이 아니다. 그렇게 보인다는 것이다. 다음 트랜스페어런시를 제대로 챙겨 놓지 않아서 그것을 찾을 때까지 다음 내용이 무엇인지를 몰라 허둥대는 행동은 준비성이 없어 보일 수 있다. 준비되지 않아 보이는 강사는 자격이 없는 것으로 보일 위험이 있다.

(2) 늦게 시작하기

사람들이 다 모이지 않았더라도 정시에 시작하라. 그렇지 않으면 늦게 오는 사람에게 상을 주고, 정시에 오는 사람에게는 벌을 주는 것과 마찬가지다. 그러나 강사에게 정시는 시작 시간보다 일찍 도착하는 것을 말한다. 내가 가진 규칙은 한 시간 먼저 도착해서 준비 상태, 자료 등을 미리 확인하는 것이다.

내가 통제를 할 수 없는 상황인 경우, 준비할 것이 많은 경우에는 두 시간이나 세 시간 먼저 가기도 한다. 세미나 시작 30분 전에 도착하는 것은 방 배치가 잘되어 있는지, 필요한 자재는 제대로 설치되었는지를 확인하기에는 너무 늦다. 시작 15분전은 참가자들과 상호작용하는 시간이다.

(3) 질문을 부적절하게 다루기

이것은 질문을 옆으로 미루거나 무례하게 '그것은 조금 있다가 설명할 거예요, 조금만 기다리세요.' 라고 말하는 것을 가리킨다. 혹은 '이 두질문은 비슷한 것 같으니 합쳐서 대답을 하지요'라고 말하면서 두 개의 약간 다른 질문을 합쳐 한꺼번에 답하는 것이다. 혹은 사람들에게 그것은 곤란하거나 어리석은 질문이라든지, 질문할 필요가 없었다는 인상을 주는 것이다. 이 모든 행동은 질문을 부적절하게 다루는 예이다.

(4) 당신 자신이나 조직에 대해 사과하기

만약 문제가 발생한다 해도 참가자들의 80%는 잘 알아차리지 못하므로 문제를 가지고 있는 사람들하고만 개별적으로 접촉을 하라.

나는 최근 약 600명이 모인 총회에서 참석한 적이 있다. 총회의 의장이 앞으로 나와 시작 멘트를 하는데 '여러분 중 몇 분이 지난밤에 바퀴벌레 때문에 고생을 하셨습니다. 그래서 여러분의 방을 다 소독하였고, 호텔 측에서 더 이상 문제가 없을 거라고 하였습니다.' 라고 하였다.

나중에 그 문제 때문에 고생한 사람은 3명 때문이라는 이야기를 들었다. 하지만 의장의 발표를 들은 사람들은 바퀴벌레 때문에 고생한 사람들이 3명뿐이라고 생각했을까? 다른 사람들은 어땠는지 모르겠지만 나는 방으로 돌아가서 침대 밑과 화장실 등을 살펴보았고, 바퀴 벌레가 침대위로 기어 올라오지 않을까 하는 걱정에 아주 불쾌한 밤을 보냈다. 단 세 명에 국한 되었던 문제가 적어도 300명에 대한 문제처럼 되어 버린 것이었다.

(5) 꼭 알아야 할 정보에 둔감한 태도

이것은 임원회에서 프레젠테이션을 할 때 앞에 앉아 있는 주요 임원들의 이름을 모르는 것, 프레젠테이션을 하고 있는 조직의 이름을 모르는 것 등을 말한다. 누군가 이렇게 이야기하는 것을 들은 적이 있다.

'이 프레젠테이션에 저를 초청해 주신 American Society for Training Directors에 진심으로 감사드립니다.' 하지만 실제 명칭은 'American Society for Training and Development'였다. 그 조직에서 쓰는 명칭을 알아야 한다. 소비자라고 하는지 고객이라고 부르는지, 환자라고 부르는지를 알아야 하고, 회사가 직원을 조합원이라고 부르는지를 알아야 한다.

(6) 시각 교재의 미숙한 사용

이것은 슬라이드 프로젝터 사용법을 모르거나 형편없이 만들어진 트랜스 페어런시를 보여주는 것을 말한다. 시각 교재가 참가자들에게 잘 보이는 것도 중요하지만, 그것을 통해 당신의 프레젠테이션이 더 흥미로워져야 한다.

(7) 일정계획을 어기는 것처럼 보이기

도입에서 오늘 하루의 프레젠테이션에서 열 가지 사실을 다루게 될 것이라고 이야기했다고 하자. 점심시간이 되어서 2개 밖에는 하지 못해도 당신은 계획한대로 하고 있다고 생각할지도 모른다. 왜냐하면 이 2개는 중요한 부분이고 나머지는 오후에 할 수 있기 때문이다. 하지만 당신이 일정에 대해 설명하지 않는 한 참가자들은 5개는 오전에 다루고, 5개는 오후에 다루어질 것이라고 예상 할 것이다. 그들이 일정 계획보다 뒤쳐져 있다고 생각한다면 너무 많은 양이 오후에 다루어진다고 생각할 것이다. 일정 계획을 어기는 것처럼 보이지 않기 위해서는 어떻게 시간을 사용할 것인지, 어떤 방법으로 진행을 할 것인지를 미리 알려주어야 한다.

(8) 참가자들을 참여시키지 않는 것

학습 과정에 참가자들을 많이 참여시킬수록 더욱 효과적인 학습이 될 것이다. 당신의 프레젠테이션에 참석한 사람들이 경험과 전문성이 있을 경우, 그들은 그것을 인정받고 싶어 하고, 그것들을 활용하여 기여하고 싶어 한다. 신임관리자 교육과정에서는 관리경험이 한 번도 없는 참가자들을 만날 수도 있다. 그러나 그들은 관리를 받아 본 경험이 있기 때문에 좋고 나쁜 관리가 무엇인지 차이점을 알고 있을 것이다. 신입 영업 사원들은 영업 경험이 없어도 고객으로서 경험이 있기 때문에 좋고 나쁜 점을 알고 있을 것이다. 참가자들이 갖고 있는 경험과 전문성을 활용하라.

(9) 개인적인 친밀감을 형성하지 않는 것

친밀감을 형성하는 방법은 간단하다. 프레젠테이션을 하는 동안 지속적으로 눈을 맞추는 것과 휴식시간, 점심시간, 시작 전과 끝나고 난후 사람들과 어울리는 것이다. 프레젠테이션 15분 전에는 항상 도착해 있고, 끝나고 15분 후에도 그곳에 머무르며, 휴식시간의 최소한 반은 참가자들과 어울려라.

(10) 늦게 끝내기

이것은 늦게 시작하는 것보다 더 나쁘다. 나는 일정 계획보다 늦게 끝나는 교육이나 프레젠테이션에 참가하여 즐거워하는 사람들을 본적이 없다. 나는 한 시간짜리 프레젠테이션은 15분전에 모든 것을 끝내려고 노력하고, 세 시간짜리는 30분전에, 6시간짜리는 45분전에 마치려고 한다. 이렇게 함으로써 주어진 시간 안에 끝낼 수 있을 뿐 아니라 충분한 여유를 갖고 과정을 마무리 할 수 있게 된다.

(11) 무질서하게 보내기

당신이 제대로 소개를 못하거나 프레젠테이션에서 다음 부분으로 넘어갈 때 논리적인 전환을 못하거나, 이제껏 이야기한 것을 제대로 요약하지 못하면 참가자들에게 무질서하게 보일 것이다. '당신이 말하려고 하는 것을 이야기하고, 그 다음에는 당신이 이야기한 것을 말하여라' 라는 말을 명심하라.

(12) 처음 단계에서 긍정적인 이미지를 만들지 못하는 것

대부분의 프레젠테이션에서 참가자들은 집중하는데 약간의 시간이 필요하다. 하지만 프레젠테이션을 하는 사람이 집중하는 데 시간이 필요하다면 이것은 곤란하다. 생동감 있는 예를 소개하면서 시작하고 질문을 던져서 사람들을 참여시켜라. 당신이 즉각적으로 주도권을 잡으면 당신이 누구인지, 어디에 있고 어디로 가고 있는지를 잘 알고 있는 사람이라는 인상을 줄 것이다. 그렇게 되면 과정이 진행되면서 그들은 점점 재미있고 열정적으로 임할 것이다.

사실은 당신이 말을 시작하기 전에 당신과 당신의 프로그램에 대한 이미지는 형성된다. 프로그램을 홍보하는 자료를 보면서, 등록할 때 받게 되는 교재를 통해 프로그램에 어떤 종류의 기자재와 자재들이 사용되는지를 보면서, 그리고 당신의 어떤 옷차림을 하고 있느냐에 따라 당신의 첫인상은 벌써 형성된다.

나는 참가자들이 기대하는 것보다 조금 더 격식을 차려서 옷을 입어야 한다고 생각한다. 너무 편한 옷차림으로 가는 것 보다는 격식을 차린 옷차림에서 재킷을 벗고, 넥타이를 느슨하게 하고, 소매를 걷는 등으로 조금 더 가벼운 분위기를 낼 수 있는 강사가 어떻게 옷을 입느냐에 따라 얼마나 참가자를 존중하는지 알 수 있다.

(13) 약속한 목표를 이행하지 않는 것

모든 강의실에서 약속한 모든 것이 제대로 이행되고 있는지를 세밀하게 확인하는 사람이 늘 있게 마련이다. 언젠가 이틀 과정의 세미나를 진행하고 있었을 때 한 참가자가 프로그램 안내 책자를 들고 앉아 있는 것을 발견했다. 그 책자에는 '이 세미나에서는 다음과 같은 것을 배울 수 있습니다..........,' 라는 아주 긴 안내문이 적혀 있었다. 난 그 사람에게 무엇을 했는지 물어보았다. 그는 안내 책자에서 다루겠다고 약속한 내용들이 모두 다루어지고 있는지 확인하고 있다고 했다.

그는 최근에 어느 세미나에 참석했었는데 세미나 안내 책자에서 기록된 내용은 모두 다루어질 것이라고 기대했지만 실제 세미나에서는 그렇지 않았다고 한다. 그는 약속된 내용을 다 듣지 못했기 때문에 세미나에 대해 허위 안내를 했다고 말했는데, 나에게는 정신이 번쩍 드는 이야기였다. 다음날에도 나는 그에게 가서 안내 책자에 나온 내용들을 내가 모두 다루었는지를 물어보았다. 그는 웃으면서 대답하기를 이제 확인하지 않을 것이라고 했다. 그는 안내 책자에 담긴 내용 외에 더 많은 것들이 다루어질 것을 확신하였기 때문이라고 말했다.

피닉스 시에 있는 컨설턴트 조엘 웰던은 '약속을 많이 하되 실제 이행은 더 많이 하라'라고 제안 하였는데 나도 동의한다. 우리는 우리가 약속한 것을 성실히 이행하여야 한다. 프로그램을 성공시키기 위해서는 더 가치 있는 자료와 기대 이상의 것을 제공하라.

(14) 충분한 휴식시간을 주지 않는 것

모든 참가자들이 우리처럼 주제에 매료되어 있지는 않다. 가장 흥미가 있는 참가자라도 오랜 시간 동안 집중하기는 어렵기 때문에 사람들로 하여금 몸을 풀고 움직일 수 있는 기회를 주어야 한다. 최소한 1시간마다 10분의 휴식시간을 주는 것을 고려해 보라. 정규 휴식 시간 외에 주어진 짧은 휴식시간을 통해 사람들은 몸을 풀고 조금 걸어 다닐 수 있다.

내가 사용하는 다른 두 기법은 통제된 스트레칭 휴식과 작업 휴식이다.

예를 들면 스트레칭 휴식은 먼저 참가자들에게 3~4개의 질문에 답하도록 한 후에 답을 먼저 적은 사람이 그 자리에서 일어서게 한다. 모든 사람이 일어서게 되면 다시 모두를 자리에서 앉게 하고 다음 주제로 넘어간다. 60초 동안 참가자들은 일어서서 스트레칭을 할 기회를 갖게 된 것이다.

때로는 참가자들에게 작은 그룹 프로젝트를 주는데 휴식시간을 포함해서 25분을 준다. 각 그룹은 프로젝트를 끝내고 휴식을 취할 것인지, 아니면 휴식을 먼저 취하고 프로젝트를 할 것인지 선택할 수 있게 되는데 이는 자신들이 통제할 수 있는 것이다. 평균적으로 그들의 실제 휴식시간이 내가 당초에 계산했던 것보다 더 짧아지는 것을 보면 이 작업이 효과가 있음을 알 수 있다.

(15) 나쁜 버릇을 보여 주기

당신 자신의 프레젠테이션을 자주 녹화해서 보면서 프레젠테이션을 방해하는 나쁜 버릇이 없는지 확인하라. 당신도 모르게 주머니에서 잔돈을 꺼내 손에 쥐고 흔들고 있다면 주머니에서 잔돈을 모두 치워라. 당신이 강단에 비스듬히 기대 서 있다면 강단을 치워 버려라. 주머니에 손을 너무 많이 넣고 있다면 손에 무엇을 쥐고 있어라. '음'이나 '어' 하는 의성어를 자주 사용하고 있다면 이러한 소리를 내지 않도록 연습하라.

이렇게 무의식적으로 하는 나쁜 습관이나 행동을 없애면 프레젠테이션의 효과를 한층 높일 수 있을 것이다.

(16) 주변 환경을 확인하지 않기

방 배치, 기온, 조명, 음향, 기자재, 참가자와 당신 자신에게 필요한 모든 자료 등 프레젠테이션에 관련된 모든 요소를 계속 확인하고 또 확인하라. 주변 환경을 사전에 점검하라는 것이다. 문제점들을 해결하는데 있어서 참가자들과 함께 신경을 쓰기보다는 참가자들이 강의실에 나타나기 전에 문제를 해결하는 것이 더 낫다.

(17) 최신 자료를 만들지 않는 것

우리는 참가자들이 원하는 최신자료를 제공해야 한다. 전문가로서 자신의 프레젠테이션 방법과 내용에 스스로 만족해서는 안 된다. 당신의 자료와 시각 교재를 마지막으로 수정한 것은 언제인가?

당신 자료의 수준은 적당한 것인가? 우리는 최신의 소프트웨어를 활용하여 매우 전문적인 자료와 시각 자료들을 만들 수 있다. 이러한 자료를 갖지 못하는 것에 변명은 있을 수 없다.

(18) 실수를 인정하지 않는 것

강사라고 해서 완벽하고 실수하지 않으며 모든 질문에 답할 수 있는 것은 아니다. 질문에 대한 답을 모르거나 실수를 했을 때 개인적으로 필요하다면 전체 그룹 앞에서 그 사실을 인정하라.

겉으로 보기에는 이것은 치명적 실수의 네 번째 항목(당신 자신이나 조직에 대해 사과하기)과 대립하는 개념으로 보일 수 있다. 하지만 네 번째 항목은 당신은 알고 있지만 청중들은 모를 수 있는 내용들에 대한 것이다. 이것은 그룹이 알고 있는 실수뿐만 아니라 당신의 프레젠테이션을 통해 그룹이 받게 되는 불이익에 대한 책임도 당신이 져야 한다는 것을 의미한다.

이렇게 치명적인 잘못의 예로는 그룹 앞에서 누군가를 비판하거나 비방하는 논평, 또는 '지금은 잘 모르겠지만 곧 알려드리겠습니다. 라고 말하는 대신 답을 추측하여 답하는(대부분 틀릴 가능성이 많다)것 들이다.

(19) 부적절한 유머를 사용하는 것

공격적이거나 참가자를 놀리는 유머는 부적절할 뿐 아니라 프레젠테이션 자체를 망치게 된다. 일반적으로 성, 정치, 종교 등과 관련된 유머는 피하는 것이 좋다.

(20) 부적절한 용어를 사용하는 것

자기 분야에서 전국적인 명성을 얻고 있는 한 친구의 프레젠테이션에 참석한 적이 있다. 그는 자기가 쓰게 될 용어는 단지 효과를 높이기 위한 것이라고 이야기하였으며, 그의 이전 프레젠테이션에서는 모두가 그 용어를 이해했기 때문에 아무도 기분이 상하지 않았다고 처음 10분 동안 설명을 하였다. 그러고는 그가 처음에 이야기했던 노골적인 용어를 사용하면서 프레젠테이션을 진행해 나갔다. 그때 내 옆자리에 있는 사람이 이렇게 이야기하였다. '이제까지 아무도 기분이 나쁘지 않았는지는 모르지만 나는 기분이 나빠요.'

전국적으로 유명한 컨설턴트가 만든 베스트 비디오 테이프가 있었다. 내 고객 중의 한명은 비디오테이프에 사용된 언어 중 특정 언어가 지워질 때까지 그 테이프를 구입하지 않았다. 그 용어들이 그 회사에서 일하는 직원들 몇 명에게는 기분 나쁠 수 있다고 생각했기 때문이다.

나는 가끔 위의 두 가지 예를 언어의 중요성 강조하기 위해 사용한다.

성공적이 될 수 있는 프레젠테이션이 저속한 언어와 표현을 사용함으로써 오염되거나 실패할 수 있다.

(21) 모든 것을 다 알고 있는 전문가처럼 행세하기

우리가 일하고 있는 분야에서 우리 대부분은 전문가이기 때문에 교육의 책임이 우리에게 있다. 하지만 전문가라면 모든 것을 다 알고 있는 척하여 참가자들의 기를 죽이지는 않는다. 다른 사람을 무시하지 않으면서도 우리는 우리의 전문성을 보여줄 수 있다.

(22) 서툰 문법, 발음, 억양

'당신 발음이 형편없어서 도저히 알아들을 수가 없어요' 라고 참가자들이 말하지 않게 하라. 다시 한 번 비디오 카메라를 꺼내들고 당신이 말하는 것을 녹화해서 들어라. 누구나 자신의 말하는 기술을 개선할 수 있다.

■ 당신의 경험을 활용하기

프레젠테이션을 할 때 자유롭게 당신의 경험을 활용하라. 참가자들이 당신의 성공과 실수를 바로 알게 되면 당신과 개인적인 친밀감과 동질감을 갖게 될 것이다. 이런 미묘한 방법으로 강사로서 당신의 권위도 높아질 것이다. 당신이 어떻게 그것을 적용했고 그것이 당신에게 어떤 영향을 미쳤는지에 대해 개인적인 사례를 나누게 되면, 참가자들 또한 그렇게 할 수 있다는 것을 보여주는 것이다. 신이 사용하는 사례 가운데 시도해 본 것과 성공한 것들의 균형을 잡아야 하는데 언제나 완벽한 인간이 아닌 이상 당신도 실수할 수 있는 인간임을 보여주고, 성공뿐 아니라 실수를 통해서도 배울 수 있었음을 보여 주어라.

> 사람이 알아주지 않는 것을 근심하지 말고 자기의 능력이 모자람을 걱정하라
>
> - 공자-

2) 교육을 성공시키는 27가지 요소[45]

(1) 완전한 일정 계획을 만든다.

(2) 정시에 시작하고 정시에 끝낸다.

(3) 강사소개는 간략하게 한다.

---

45) 앞의 책. pp.374~376.

(4) 세심한 부분까지 주의를 기울여라. 일회용 컵이나 스티로폼 컵 대신에 유리컵이나 커피잔을 사용하라.

(5) 각 참가자에게 노트와 펜을 제공하라.

(6) 휴식시간에 간단하고 다양한 간식거리를 제공하라.

(7) 강의실 뒤쪽 테이블에는 음료수 준비하라.

(8) 사후미팅은 즉각적으로 하라.

(9) 참가자끼리 어울릴 수 있는 기회를 만들어라.

(10) 가벼운 점심식사를 제공하고 디저트는 생략하라. 이렇게 하면 오후에도 참가자들이 맑은 정신을 유지할 수 있다.

(11) 친구를 만들 수 있고 서로 편하게 이야기 할 수 있는 적절한 휴식시간을 제공하라.

(12) 준비를 확실히 하라. 능력이 있고 잘 도와줄 수 있는 스텝을 미리 선정하라.

(13) 방 배치를 다양하게 하라.

(14) 음향시스템을 미리 확인하라.

(15) 교육이 방해받지 않도록 모든 것을 미리 확인한다. 시설 담당자에게 요구 사항을 미리 이야기 하라.

(16) 만약 방이 너무 덥거나 추우면 누구에게 연락을 해야 하는지 미리 알아 둔다.

(17) 교육 전에 자재들을 미리 확인하여 방 배치와 전력이 모두 이상 없는지 확인하라.

(18) 등록은 간단하고 쉽게 한다.

(19) 만약 2~3일짜리 프로그램이라면 배우자를 동반하는 프로그램을 준비한다. 교육이 개최되는 도시의 특별행사도 확인하라.

(20) 프로그램의 자료가 잘못 전달되는 경우도 있으므로 주최 측에서 제대로 보냈는지 미리 확인해야 한다. 또한 자료에 표시를 잘못하여 혼동되는 일이 없도록 하라.

(21) 시설 담당자에게 당신이 기대하는 것이 무엇인지를 명확하게 기록한 계약서를 공문과 함께 보내라. 그리고 교육 기간 동안에 절대 발생하면 안되는 사항들도 포함시켜라.

(22) 사전에 비상연락망을 확보하라. 만약 당신이 교육 장소에 갈 수 없는 상황이

생길 경우 신속하게 연락하여야 한다.

(23) 시설 준비 합의서를 모든 강사와 필요한 교육 스텝들에게 복사해서 나누어 주어라.

(24) 하루 이상 걸리는 교육이라면 하루 전에 미리 도착하라. 만약 1일 프로그램 이라면 최소한 2시간 전에 도착하라.

(25) 교육장소가 당신의 목표에 맞는지 확인하라. 예를 들어 휴양지 같은 곳에서 하루에 16시간짜리 프로그램을 하지 말라. 그리고 아무런 여가활동도 할 수 없는 곳에서 하루 4시간짜리 프로그램은 하지 말라.

(26) 강사들이 프레젠테이션을 하는 중간에 자신의 교육프로그램을 홍보하지 않도록 사전에 합의하라. 참가자들을 광고대상으로 만드는 것처럼 참가자들의 흥미를 잃게 하는 것은 없다.

(27) 프레젠테이션이 끝난 후와 휴식시간, 식사시간에 강사들과 편한 토의와 대화가 가능하도록 하라. 끝나자마자 강사가 그냥 가버리는 프레젠테이션을 만들지 말라.

〈참고문헌〉

KREI, 농업전망, 2013
KREI, 농업전망, 2012.

권대봉(2006), 성인교육방법론, 서울 : 학지사
농협경제연구소, 『협동조합 길라잡이』, 2010.
밥파이크(2004), 밥파이크의 창의적 교수법, 서울 : 김영사, 김경섭·유제필 옮김.
연세교육개발센터(2005). 명강의 핵심전략, 서울 : 연세대학교
조벽(1999), 새시대 교수법, 서울 : 한단북스.
한국협동조합연구소, 『한국 협동조합 섹터의 발전방향과 사회적 기업과의 연계가능성』, 2011.
한국생산성본부(2005). 프레젠테이션의 응용, 서울 : 한국생산성본부, 이성호(2000), 교수방법론,
　　　　서울 : 학지사.
황영모, 『협동조합을 통한 사회적경제의 준비와 실천』, 전북발전연구원, 2012.
전성군, (2008) 『최신협동조합론』, 한국학술정보
최용주, 『사회적경제의 도래와 협동조합운동』, 농협경제연구소, 2009.

Berger, Allen N. and Robert DeYoung, "Technological Progress and the Geographic Expansion of the
　　　　Banking Industry," Federal Reserve Bank of Chicago WP, 2002.
Bias, Peter V., "Regional Financial Segmentation in the United States," Journal of Regional Science
　　　　32(3), 1992, 321-334.
Carlino, Gerald and Robert DeFina, "The Differential Regional Effect of Monetary Policy: Evidence
　　　　from the U.S. States," Journal of Regional Sciences 39(2), 1998, 339-358.

전성군(全聖君)

전북대학교 대학원(경제학박사)과 캐나다 빅토리아대학 및 미국 ASTD를 연수했다. 현재 농협안성교육원 교수, 전북대 겸임교수, 농진청 녹색기술자문단 자문위원, 마을디자인 자문위원, 한국귀농귀촌진흥원 이사, 시인(자유문예 작가협회회원)등으로 활동 중이다. 주요저서로〈초원의 유혹〉〈초록마을사람들〉〈최신협동조합론〉〈정읍별곡〉〈힐링경제학〉등 다수가 있다.

송춘호(宋春浩)

일본 북해도 대학 대학원(농업경제학박사) 및 북해도 대학 객원교수를 역임했다. 현재 전북대학교 환경생명자원대학 생명자원유통경제학과 교수, 한국식품유통학회 이사, 신협중앙회 논문집 편집위원, 사단법인 익산시 서동마 향토사업단장 등으로 활동 중이다. 주요저서로〈알짜배기 쌀농사〉〈농산물 마케팅 전략〉〈농식품 마케팅전문가를 위한 기획전략〉〈협동조합 지역경제론(공저)〉등 다수가 있다.

장동헌(張東憲)

전북대학교 대학원에서 농업경제학(경제학박사)을 전공하였고, 전북대학교 농업과학기술연구소 연구원, 전북대학교 쌀·삶·문명연구원 HK연구교수, 전북발전연구원 부연구위원 등을 역임하고, 현재는 전북대학교 환경생명자원대학 생명자원유통경제학과 조교수로 재직중이다. 저서로는〈협동조합 지역경제론(공저)〉가 있다.

초판인쇄 2014년 3월 14일
초판발행 2014년 3월 14일

지은이 전성군, 송춘호, 장동헌
펴낸이 채종준
펴낸곳 한국학술정보㈜
주소 경기도 파주시 회동길 230(문발동)
전화 031) 908-3181(대표)
팩스 031) 908-3189
홈페이지 http://ebook.kstudy.com
전자우편 출판사업부 publish@kstudy.com
등록 제일산-115호(2000. 6. 19)

ISBN 978-89-268-6139-4 13520